機能性色素の新規合成・実用化動向
New Synthesis and Practical Use Trend of Functional Dye

監修：松居正樹
Supervisor：Masaki Matsui

シーエムシー出版

はじめに

　1970年代後半，エレクトロニクス技術の進歩と関連して，新たな有機材料の開発が必要となり，染料や顔料の機能性が見直された。染色用染料では繊維への染着性や堅牢性が重要であった。しかし，新たな分野では外部刺激による変色，光導電性，昇華性，特定波長での吸収，蛍光，二色性，増感作用やエネルギー移動等の機能性が重要となってきた。大阪府立大学の故北尾教授，故松岡教授，中澄教授等が中心になってこの分野を牽引し，これらの先端技術分野で使用される色素を「機能性色素（Functional Dye）」と名付けた。

　1990年代前半には，感圧・感熱色素や電子写真用の有機感光体（OPC）の電荷発生用色素等が実用化された。1990年代後半には，CD-RやDVD-Rの記録用機能性色素やインクジェットやDye Diffusion Thermal Transfer（D2T2）のプリンター分野を中心とした表示用機能性色素も実用化されるに至った。

　この分野ではこれまで日本の企業が世界を牽引してきた。しかし，最近ではこの情勢は変化しつつある。平成27年6月に経済産業省から公表された「機能性素材産業政策の方向性」や平成27年1月にみずほ情報総研から発表された「平成26年度製造基盤技術実態等調査（機能性素材動向調査）報告書」が最近のデータを示している。

　1993年にICIが事業ポートフォリオの入れ替えを行い，それに追随するようにして欧米の機能性素材メーカーの事業再編が行われた。各機能性素材メーカーは，その強みのみを追求する戦略をとり，市場規模の大きな建築用化学製品や産業用洗浄剤分野で存在感を増した。それに対して我が国の機能性素材メーカーは，川下ユーザーとの良好な関係を通じて，主に中規模の素材産業分野で技術的な進化を遂げた。ディスプレイ等の電子材料分野での高機能化学品は有力ユーザーのお膝元で育った。しかし，この分野でもここ数年で韓国，台湾，中国，インド等のアジア勢の伸長が著しくなってきた。2005年の液晶ディスプレイ材料の分野では，カラーレジスト，ブラックレジスト，偏光板，カラーフィルタの各分野での日本企業のシェアは91，94，68，95％であったが，2012年にはそれぞれ63，61，60，11％になった。

　機能性素材産業については世界レベルでの問題点として以下の3点が指摘されている。即ち，

　① 特に米国やドイツ等の先進国で，豊富な基礎研究の成果を速やかに実用化に結び

付ける必要性,
② 産業蓄積を総合的な競争力に結び付けていく川下連携やクラスター政策,
③ 公的／民間研究機関の活動を有機的，効果的にコーディネートしていくネットワーク組織の活用,

である。これにより，研究所の設立，経済支援，連携支援，人材養成支援が実施されてきている。

このように，機能性素材分野での競争環境はここ数年で大きく変化しつつあり，電子材料分野では一日の長がある我が国も予断を許さない状況にある。しかしながら，主に電子材料分野に材料を供給する機能性色素の分野は日本のお家芸でもあり，これまでの我が国の優位は揺るがないと考える。したがって，本書ではこれまでの歴史を踏まえつつ，今後の展開を探ることに焦点を当てた。本書が機能性色素の分野の発展に少しでも寄与できれば幸いである。

貴重な時間を割いて原稿作成下さった執筆者各位に感謝します。最後に，本書の出版にあたり多大なご援助をいただいた㈱シーエムシー出版の池田朋美氏に感謝します。

2016年10月

岐阜大学
松居正樹

―――― 執筆者一覧（執筆順）――――

松居 正樹	岐阜大学　工学部　化学・生命工学科　教授
松本 真哉	横浜国立大学　大学院環境情報研究院 人工環境と情報部門　教授
前田 壮志	大阪府立大学　大学院工学研究科　物質・化学系専攻 応用化学分野　助教
小野 利和	九州大学　大学院工学研究院　応用化学部門　助教
久枝 良雄	九州大学　大学院工学研究院　応用化学部門　教授
村中 厚哉	（国研）理化学研究所　専任研究員； 埼玉大学　大学院理工学研究科　連携准教授
内山 真伸	東京大学　大学院薬学系研究科　教授； （国研）理化学研究所　主任研究員
窪田 裕大	岐阜大学　工学部　化学・生命工学科　助教
船曳 一正	岐阜大学　工学部　化学・生命工学科　准教授
樋下田 貴大	日本化薬㈱　機能化学品研究所　3グループ　第1開発
望月 典明	日本化薬㈱　機能化学品研究所　3グループ　第1開発 セクションマネージャー
八木 繁幸	大阪府立大学　大学院工学研究科　物質・化学系専攻 応用化学分野　教授
櫻井 芳昭	（地独）大阪府立産業技術総合研究所　研究管理監
平本 昌宏	㈱自然科学研究機構　分子科学研究所 物質分子科学研究領域　分子機能研究部門　教授
坂本 恵一	日本大学　生産工学部　環境安全工学科， 大学院生産工学研究科　応用分子化学専攻　教授
高尾 優子	（地独）大阪市立工業研究所　有機材料研究部　研究主任
久保 由治	首都大学東京　大学院都市環境科学研究科 分子応用化学域　教授
大山 陽介	広島大学　大学院工学研究院　物質化学工学部門 応用化学専攻　准教授
榎 俊昭	広島大学　大学院工学研究科　応用化学専攻

目　次

【総論】

第1章　機能性色素の現況　　松居正樹

1　感熱・感圧色素 …………………… 2
2　熱転写色素 ………………………… 3
3　カラーフィルタ用色素 …………… 4
4　二色性色素 ………………………… 5
5　記録用色素 ………………………… 7
6　インクジェット色素 ……………… 7
7　有機光電導体（OPC）の電荷発生材料 …………………………………… 8
8　トナー ……………………………… 9
9　太陽電池用色素 …………………… 9
10　医療用色素 ………………………… 10
11　波長変換色素 ……………………… 10
12　センサー色素 ……………………… 10
13　その他 ……………………………… 11

第2章　機能性色素の構造・物性の評価と設計　　松本真哉

1　はじめに …………………………… 12
2　色素分子の電子状態 ……………… 13
3　固体状態の色素の電子状態の検討 …………………………………… 15
4　機能性色素の分子設計について …………………………………… 19

【新規合成技術編】

第1章　新規スクアレン色素の開発　　前田壮志

1　はじめに …………………………… 23
2　縮合反応によるスクアレン色素の合成 ………………………………… 24
3　触媒的クロスカップリングによるスクアレン色素の合成 …………… 28
4　スクアレン発色団への官能基の導入と応用展開 ………………… 30
5　おわりに …………………………… 35

第2章　分子の自己組織化を用いた新規の機能性色素開発　小野利和，久枝良雄

1　はじめに …………………………… 40
2　分子の自己組織化を利用した共結晶デザイン …………………………… 41
3　分子の自己組織化を利用した多成分結晶の調製 …………………… 43
3.1　多成分結晶の設計と構造 …… 43
3.2　多成分結晶の光機能特性 …… 47
3.3　有機化合物センサーへの応用 …………………………… 49
4　おわりに …………………………… 51

第3章　フタロシアニン系近赤外色素の合成技術　村中厚哉，内山真伸

1　はじめに …………………………… 53
2　アズレン縮合型フタロシアニン誘導体（アズレノシアニン）……… 54
3　芳香族性ヘミポルフィラジン …… 54
4　拡張型フタロシアニン …………… 59
5　おわりに …………………………… 60

第4章　ホウ素錯体色素の開発　窪田裕大

1　はじめに …………………………… 63
2　有機ホウ素錯体と蛍光特性 ……… 63
3　有機ホウ素錯体の表記法 ………… 65
4　N^N型ホウ素錯体 ………………… 65
　4.1　対称型BODIPY色素の合成法 …………………………… 65
　4.2　非対称型BODIPY色素の合成法 …………………………… 65
　4.3　BODIPY色素のメソ位（8位）への置換基導入法 ………… 67
　4.4　BODIPY色素のβ位（2位および6位）への置換基導入法 …………………………… 67
　4.5　BODIPY色素のα位（3位および5位）への置換基導入法 …………………………… 68
　4.6　BODIPY色素のβ'位（1位および7位）への置換基導入法 …………………………… 68
　4.7　BODIPY色素のホウ素原子上（4位）への置換基導入法 … 69
　4.8　BODIPY色素の吸収および蛍光特性 …………………… 70
　4.9　BODIPY色素のメソ位の置換基の吸収・蛍光特性への影響 …………………………… 70
　4.10　BODIPY色素のα位，β位，β'位の置換基の吸収・蛍光特性への影響 …………… 72
　4.11　BODIPY色素のホウ素原子上の置換基の吸収・蛍光特性への影響 …………………… 74

4.12	縮環型 BODIPY ……………… 74	6.1	チアゾール単核ホウ素錯体 … 80
4.13	アザ BODIPY ………………… 76	6.2	ピラジン単核ホウ素錯体 …… 82
4.14	BODIPY 色素における固体蛍光発現のための指針 ………… 76	6.3	ピリミジン単核ホウ素錯体 … 82
		6.4	ピリミジン二核ホウ素錯体 … 82
4.15	ピリドメテンホウ素錯体 …… 78	6.5	キノイド型二核ホウ素錯体 … 84
5	O^O 型ホウ素錯体 …………………… 78	7	おわりに ……………………………… 84
6	N^O 型ホウ素錯体 …………………… 80		

第5章　シアニン色素の新展開　船曳一正

1	はじめに ……………………………… 90	3.1	メソ位に各種アミド基を有するヘプタメチンシアニン色素の合成 …………………………………… 95
2	高耐熱性ヘプタメチンシアニン色素の開発 ……………………………… 91		
2.1	ヨウ化物イオンを有するヘプタメチンシアニン色素（GF-8）の合成 ………………………… 91	3.2	メソ位に各種アミド基を有するヘプタメチンシアニン色素のアニオン交換 …………………… 96
2.2	各種アニオンを有するヘプタメチンシアニン色素の合成 …… 91	3.3	メソ位に各種アミド基を有するヘプタメチンシアニン色素（GF-20,30）の CH_2Cl_2 溶液中での紫外可視吸収および蛍光スペクトル …………………… 97
2.3	各種アニオンを有するヘプタメチンシアニン色素（GF-8,9,10,11,15,16,17）のジクロロメタン（CH_2Cl_2）溶液中での紫外可視吸収および蛍光スペクトル ………………… 93		
		3.4	メソ位に各種アミド基を有するヘプタメチンシアニン色素（GF-20,30）の TG-DTA 測定 ……………………………… 98
2.4	各種アニオンを有するヘプタメチンシアニン色素（GF-8,9,10,11,15,16,17）のTG-DTA 測定 ……………… 94	3.5	分子軌道計算によるヘプタメチンシアニン色素のカチオン部分の構造 ……………………… 99
3	高耐光性ヘプタメチンシアニン色素の開発 ……………………………… 95	3.6	色素（GF-8,15,17,20,30）のジクロロメタン溶液中での耐光性試験 ……………………… 100
		4	おわりに ……………………………… 101

【実用化動向編】

第1章　エレクトロニクス分野

1　ディスプレイ用二色性色素の開発
　　………　樋下田貴大，望月典明…　105
　1.1　液晶ディスプレイ市場と偏光板
　　　の要求の変化　……………　105
　1.2　染料系偏光板の特徴　………　106
　1.3　新規高性能染料系偏光板の開発
　　　　………………………………　109
　1.4　色相制御可能な偏光板の開発　112
　1.5　おわりに　………………………　116
2　有機EL用発光材料の開発
　　………………………　八木繁幸…　119
　2.1　はじめに　………………………　119
　2.2　発光材料の分類　………………　120
　2.3　蛍光材料　………………………　121
　2.4　りん光材料　……………………　124
　2.5　TADF材料　……………………　133
　2.6　おわりに　………………………　136
3　マイクロレンズアレイの開発
　　………………………　櫻井芳昭…　141
　3.1　はじめに　………………………　141
　3.2　マイクロレンズアレイの作製方
　　　法　…………………………………　142
　3.3　電着法によるカラーマイクロレ
　　　ンズアレイの作製　………………　142
　3.4　まとめ　…………………………　147

第2章　エネルギー変換分野

1　ppmドーピングによる有機半導体
　のpn制御と有機太陽電池応用
　　………………………　平本昌宏…　151
　1.1　はじめに　………………………　151
　1.2　ppmドーピング技術　…………　151
　1.3　pn制御　…………………………　152
　1.4　ケルビンバンドマッピング
　　　―キャリア濃度とイオン化率―
　　　　………………………………　154
　1.5　共蒸着膜のpn制御　……………　157
　1.6　ドーピングイオン化率増感　…　160
　1.7　最単純n^+pホモ接合における
　　　ppmドーピング効果　………　164
　1.8　まとめ　…………………………　166
2　フタロシアニン誘導体の太陽電池
　素子への応用　………　坂本恵一…　168
　2.1　はじめに　………………………　168
　2.2　フタロシアニン　………………　168
　2.3　有機化合物系太陽電池　………　171
　2.4　まとめ　…………………………　178
3　有機太陽電池材料を目指した新規
　ポルフィリノイド系有機半導体の
　開発　………………　高尾優子…　182
　3.1　はじめに　………………………　182
　3.2　ポルフィリノイド系色素　……　182

- 3.3 有機太陽電池におけるポルフィリン色素 ……………… 183
- 3.4 有機薄膜太陽電池 ……………… 184
- 3.5 おわりに ……………………… 192

第3章　医療分野

- 1 分子認識用色素；蛍光センサーの開発動向と利用 …… **久保由治** … 197
  - 1.1 はじめに ……………………… 197
  - 1.2 設計指針 ……………………… 197
  - 1.3 Dexter型エネルギー移動 …… 198
  - 1.4 光誘起電子移動（PET）……… 198
  - 1.5 蛍光共鳴エネルギー移動（FRET）……………………… 200
  - 1.6 励起状態分子内プロトン移動（ESIPT）…………………… 202
  - 1.7 凝集誘起発光（AIE）………… 204
  - 1.8 近赤外光の利用 ……………… 206
  - 1.9 結語 …………………………… 207
- 2 光線力学的療法用色素の開発
  ……… **大山陽介**，**榎　俊昭** … 208
  - 2.1 はじめに ……………………… 208
  - 2.2 一重項酸素 $^1O_2$ 発生の評価法 ……………………………… 209
  - 2.3 ポルフィリン系光増感色素 … 211
  - 2.4 フタロシアニン系光増感色素 215
  - 2.5 BODIPY系光増感色素 ……… 216
  - 2.6 キサンテン系およびフェノチアジニウム系光増感色素 ……… 218
  - 2.7 ピリリウム系，アジニウム系およびスクアリン系光増感色素 ……………………………… 221
  - 2.8 複素多環系光増感色素 ……… 222
  - 2.9 遷移金属（Ru, Pt, Ir）錯体系光増感色素 ………………… 225
  - 2.10 おわりに ……………………… 226

【総論】

第1章 機能性色素の現況

松居正樹＊

　「はじめに」で記載したように，機能性色素が分類される機能性素材産業での競争はますます厳しくなる状況にある。有機色素を機能性色素として使用するには，目的とする機能を付与しなくてはならず，そのための分子設計・合成・性能評価が必要である。そのため，新たな骨格の開発と有機化合物の性質を熟知した新しい発想による開発戦略が重要になる。

　当初，繊維やプラスチックの染色用染料として，染着性と染色後の堅牢性を強くすることに精力が注がれてきた。これら染色用染料の生産量が最も多いと考えられるが，反応性染料の開発を最後に，研究としては完成された感がある。また，染料の生産も，より安価な海外に移っている。1856年のPerkinのモーベインの発見以来，有機色素には多くの骨格が知られている。これまでに合成された色素骨格で蓄積された吸収波長領域や各種堅牢度のデータが機能性色素の開発の参考になった。また，新たな色素骨格として，ジケトピロロピロール，ジアリールエテン，ピロメテンも見出されてきた。この分野では，1975年に二色性色素を用いた液晶ディスプレイの提案，1977年に水溶性色素を用いたバブルジェットプリンター，1982年の昇華感熱転写方式プリンターの提案，1982年に近赤外吸収色素を用いたCD-Rディスク規格の提案等がなされてきた[1]。機能性色素の現況について概観する。

　機能性色素の応用分野は表1のように分類される。まず色素の「基礎的な性質」，例えば，着色や二色性等が重要である。しかし，実用化のためにはその他に多くの乗り越えなければならない複数の「重要な機能性」がある。例えば，食用色素では，特定波長での吸収による三原色のみではなくヒトへの安全性も重要である。また，すべての場合で耐久性は重要である。複数の機能性をクリアするのは，色素分子単独で解決される場合と，添加剤によって解決される場合がある。「機能性色素」では，これまでに開発された色素を中心に分類した。「応用分野」は，プリンター，ディスプレイ，光記録メディ

＊　Masaki Matsui　岐阜大学　工学部　化学・生命工学科　教授

表1　機能性色素の基礎的な性質，主に重要な機能性，分類，応用分野

基礎的な性質	主に重要な機能性	機能性色素	応用分野
着色	親和性，耐久性	染色用色素	染色
	構造変化（色変化）	感熱・感圧色素	プリンター
	昇華性・転写性	熱転写色素	プリンター
	特定波長での吸収	カラーフィルター用色素	ディスプレイ
	特定波長での吸収	インクジェット色素	プリンター
	特定波長での吸収	BD-R，CD-R，DVD-R 用色素	光記録メディア
	帯電性	トナー	プリンター
	不可視	セキュリティー色素	その他
	特定波長での吸収	食用色素	その他
二色性	相溶性	二色性色素	ディスプレイ
増感	半導体の増感	太陽電池用色素	エネルギー変換
	酸素の増感	光力学治療（PDT）用色素	医療用
	電荷発生	OPC 用電荷発生材料	プリンター
蛍光	固体蛍光	波長変換色素	エネルギー変換
	レーザー発振	レーザー用色素	エネルギー変換
	固体蛍光	EL 用発光材料	ディスプレイ
	蛍光分析用試薬	蛍光色素	分析用
	プローブ	蛍光色素	分析用
	構造変化等	センサー色素	その他
りん光	固体りん光	EL 用発光材料	ディスプレイ
クロミズム	構造変化等	センサー色素	その他
会合	J 会合	増感色素	その他
その他	発色	ヘヤーダイ色素	その他

ア，エネルギー変換，医療，分析用，その他に分類される[2]。

1　感熱・感圧色素

　分子骨格はフルオラン系からなり，固体酸によるラクトン環の異性化による消色・発

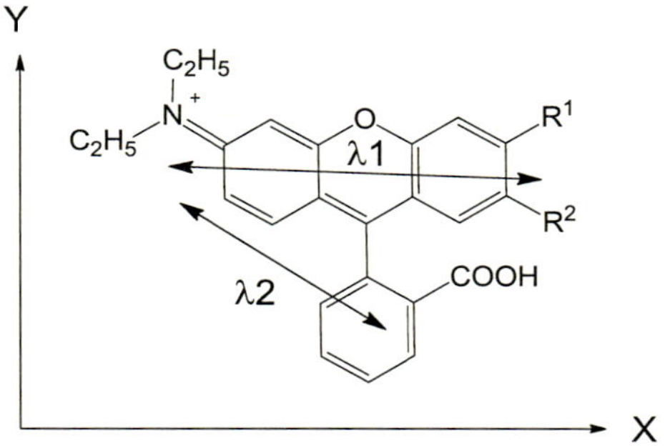

第1章　機能性色素の現況

R^1	R^2	λ_{max} / nm	
		$\lambda 1$ ($\varepsilon \times 10^{-4}$)	$\lambda 2$ ($\varepsilon \times 10^{-4}$)
H	$NHCH_3$	594 (1.3)	454 (1.4)
H	NHC_6H_5	601 (1.7)	461 (1.8)
H	$NCH_3C_6H_5$	607 (1.5)	462 (1.8)
CH_3	NHC_6H_5 (One dye black)	592 (1.6)	447 (1.5)

図1　One dye black の分子設計

色がポイントである。この系は，酸発色のみではなく，温度や有機溶媒添加によっても開環・閉環の平衡が変化する。温度変化の場合は添加剤の存在も重要である。ノーカーボン紙や温度表示材料として実用化されている。「One dye black」の分子設計は，色素の発色の考え方の貴重な成功例である。即ち，図1に示すように，一分子内の可視部での第一吸収帯（$\lambda 1$）と第二吸収帯（$\lambda 2$）の波長と吸光度の両方を置換基 R^1 と R^2 で制御して黒色を得ている[3]。感熱・感圧色素の開発は完了している。色合いを変化させ，示温材料や玩具としても応用されている。紙の消費量を減らすためにリライタブルペーパーが検討された。フルオラン系色素のラクトン環の開環・閉環平衡をアシルアミノフェノール類等を共存させ，温度によって平衡を変化させることで着色・消色を制御している。高価なため，利用分野が限られている。

2　熱転写色素

熱転写色素には，熱転写方式と昇華感熱転写色素がある。熱転写方式は，顔料をワックス類と混合しインクリボンとし，サーマルプリンターにより記録紙上に転写する。発券機等で使用されている。

昇華感熱色素は加熱のエネルギーを制御することで，諧調表現できるのが特徴で，「プリクラ」，画像分野等で利用されている。開発当初は分散染料の昇華性が重要と考えられていた。しかし，その後，加熱により樹脂間で染料が拡散移動することがわかり，Dye Diffusion Thermal Transfer（D2T2）や昇華感熱色素と呼ばれるようになった。

色素化学者の腕の見せ所として昇華感熱色素が開発されている[4]。イエローとマゼンタ色素の開発を図2に示す。アミノピラゾールアゾ色素はイエロー領域に吸収を示し，長波長側の吸収帯のすそ引きがシャープなことが知られていた。この骨格をイエロー色

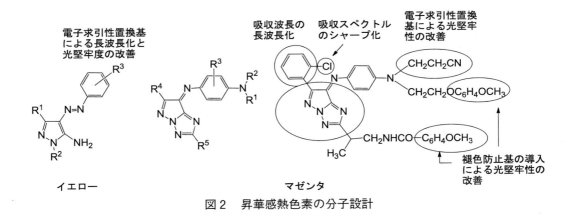

図2　昇華感熱色素の分子設計

素として利用するには，この吸収帯をより長波長シフトさせ，光堅牢性を改善する必要があった。フェニル環のパラ位に電子求引性基を導入すると長波長化した。また，電子求引性が強くなるほど，光堅牢性が高い傾向にあった。このことは，光褪色反応が酸化的であることを示している。溶解性や転写性も考慮し，R^1からR^3の置換基を最適化して実用化に至っている。

マゼンタ昇華感熱色素は，吸収波形がシャープなピラゾロトリアゾールアゾメチン色素で考えられた。この色素の転写性は問題がなかったが，光堅牢度を改善する必要があった。そこで，電子求引性基を導入して光堅牢度を改善した。吸収波長とのバランスを考慮してR^4にフェニル基が導入された。また，R^4の立体障害が大きいほど，光堅牢性に優れることがわかった。R^4のフェニル基のオルト位に置換基を導入すると，吸収がシャープになることが見出された。R^5部位とジアルキルアミノ部位にメトキシフェニル基を導入することで更に褪色が防止された。メトキシフェニル基が，この色素の励起二量体を消光し，褪色を防止すると考えられている。

3　カラーフィルタ用色素

カラーフィルタは，バックライトから赤色（R），緑色（G），青色（B）光を選択的に透過させ，フルカラーを実現するために用いられる。これまでは冷陰極蛍光管が用いられてきたが，最近ではLEDが使用されるようになってきた。両者ではスペクトル特性が異なるために，LEDで用いられるカラーフィルタにはコントラストの向上と輝度の改善が求められるようになった。これまで，顔料の超微粒子化と分散技術によってカラーフィルタ用色素が作成されてきた。しかし，顔料と比較して染料は光散乱がないこ

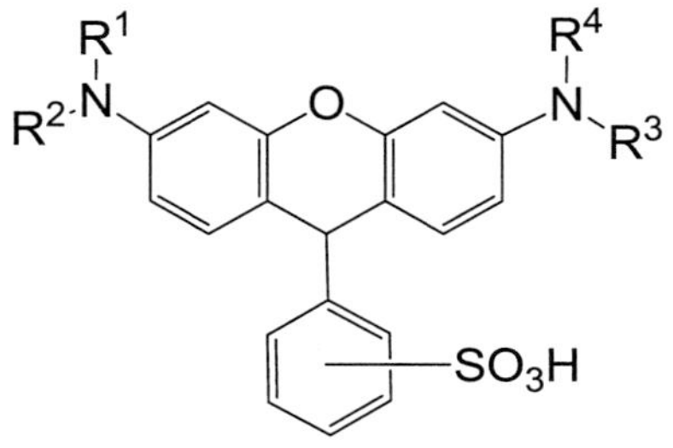

第1章　機能性色素の現況

図3　開発された青色光カラーフィルタ用色素

とから，高輝度化のブレークスルーとして染料骨格の使用が考えられた。染料を用いる場合，製造工程での230℃以上の耐熱性を満たすことが重要であった。最近，この点をクリアする染料が開発された[5]。

400～500 nmの青色光の透過を狙って，図3に示すキサンテン骨格が検討された。図ではロイコ体を示した。R^1からR^4部位の置換基の工夫により，最大吸収波長とレジスト溶媒への溶解性を付与し，高い透過率を示すようにした。スルホ基の導入で耐熱性が向上した。更に，置換基R^1からR^4を詳細に検討し，より透過性に優れる色素を得ている。今後，この分野ではこれまでの開発結果が開示されてくるものと思われる。色再現範囲を広くするためには三原色のみならず，4色カラーフィルタ，5色カラーフィルタも用いられる。

4　二色性色素

二色性色素には偏光フィルム用二色性色素とゲストーホスト型液晶表示（GH-LCD）用二色性色素がある。

偏光フィルムは液晶表示ディスプレイ（LCD）の基礎部材として不可欠である。一軸に延伸されたポリビニルアルコール（PVA）に二色性色素を吸着配向させて作成する。これにより，延伸された方向に配向された二色性色素の長軸方向に振動する光のみが吸収される。この際，二色性を得るためにヨウ素が用いられてきたが，耐熱性に問題があった。この点を改善するために，二色性色素が開発された。二色性色素には文字通り大きな二色性が要求される。そのために，色素分子構造をできるだけ細長くしてPVAの延伸方向への配向を良くすること，色素の長軸方向と吸収の遷移モーメントの方向を一致させることが重要である。また，PVAへの染色性を良くするためにPVAとの相互作用を最大にする必要があり，色素側での水素結合基の種類，数を最適化する

こ␣とも重要である。またこれにより，耐熱性も改善される。

これまでの偏光フィルムでは水溶性のPVAが主であった。最近，図4に示すように，疎水性の超延伸ポリエステルフィルム用二色性色素が提案されている。偏光度95％である[6]。

液晶ディスプレイは視野角依存性が大きく，2枚の偏光板を用いるために表示の明るさが問題となる。これらを解決するためにGH-LCDがあり，GH-LCD用二色性色素が使用される。透過型と反射型がある。用いられる色素には，液晶への高い相溶性と高二色性が要求される。分子がよりスリムになることで，液晶への配向が良好となり，二色性比（R）やオーダーパラメーターは増加するが，液晶との相溶性は低下する。色素への極性基の導入は相溶性を著しく低下させる。ある程度バルキーな置換基を導入して色素間のπ–π相互作用を減少させる必要がある。図5に示した色素では，ジオキサジン色素の置換基を工夫することで液晶への配向をより安定にし，極めて高い二色性を得ている[7]。側鎖に液晶類似構造の置換基を導入するという発想での二色性色素の開発という点で大変興味深い。GH-LCD液晶表示は，デジタル時計やガソリンメーター等で実用化されている。青色用にはアントラキノン誘導体が多い。

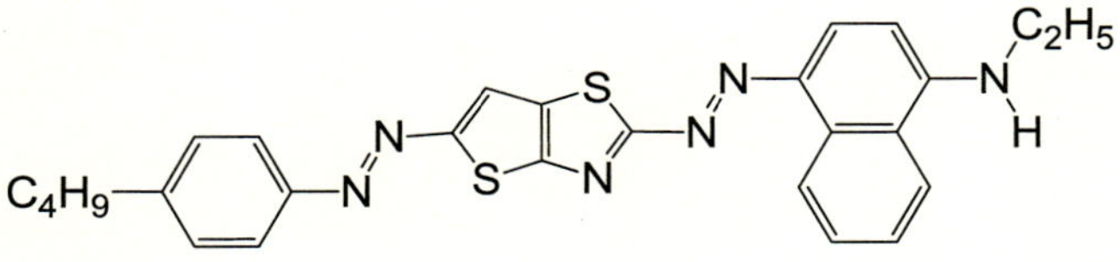

λ_{max} = 660 nm, R = 11.3

図4　ポリエチレンテレフタレート用二色性色素

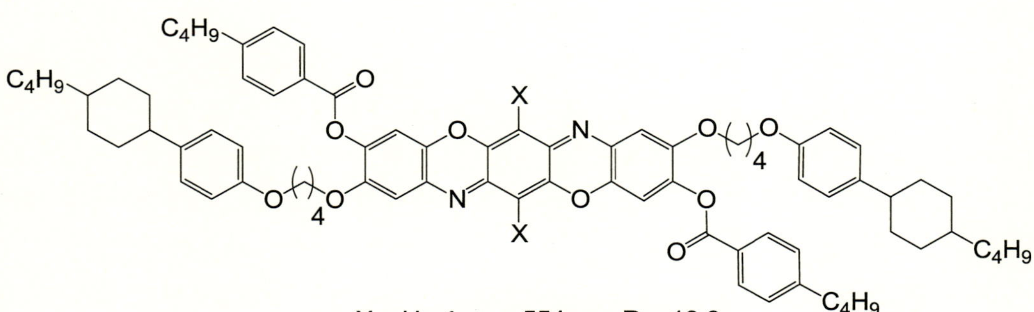

X = H, λ_{max} = 554 nm, R = 18.3
X = Cl, λ_{max} = 554 nm, R = 22.1

図5　ゲスト-ホスト用二色性色素

第1章　機能性色素の現況

5　記録用色素

　レーザー照射によって記録面上にピットが形成され，反射光の変化により情報を読み出す。即ち，色素層に強いレーザーを照射し，熱によって色素が分解することで，くぼみが形成される。次に，弱いレーザーを照射すると反射率の変化で情報を読み出すことができる。CD-R，DVD-R は，ユーザーがデータを記録をすることができる追記型である。レーザー光が短波長化することで情報量が増加する。
　CD-R，DVD-R 用色素では，シアニン色素，フタロシアニン，含金アゾ色素が開発され，実用化された。シアニンでは対アニオンを工夫することで耐久性の向上に成功している。フタロシアニンは，反射率の低さが改良され広く用いられている。含金アゾ色素は，染料骨格から見出された。近赤外領域に吸収を有する色素の開発でありながら，異なる会社によって全く異なる構造が開発されたことは，それぞれの会社のバックグラウンドを垣間見ることができ興味深い。

6　インクジェット色素

　インクジェット色素では黒色，イエロー（Y），シアン（C），マゼンタ（M）の三原色材料が開発された。色素には顔料系と染料系がある。顔料系の黒色にはカーボンブラックが用いられ，表面を酸化してCOOH基やOH基の極性基を導入し，これらの相互反発によって分散性を良好にしている。また，有色顔料では，粒子表面に分散剤モノマーをグラフト重合したり，重合性界面活性剤をコーティングして分散した色素が用いられている。
　染料系では耐久性が重要で，耐オゾン性に優れた色素が開発された。大気中に極僅かに存在するオゾンがインクジェット色素の耐久性に関係しているというのは意外である。この点に関しての分子設計も図6に示すように，大変興味あるものである[8]。
　マゼンタ色素として極めて特殊なアゾ色素が開発されている。まず，インクとしての水溶性を付与するためにスルホ基を導入している。更に，電子求引性基を導入して酸化されにくくしている。色素で用いられる助色団のジアルキルアミノ基を用いず，ジアリールアミノ基としている。これは窒素上のα位の水素とオゾンとの反応を排除するためである。また，立体障害や会合体形成することでオゾンとの反応性を低下させている。具体的には，N=N基に対してピリジン環のパラ位にジアリールアミノ基，オルト位にアリールアミノ基が置換した誘導体としている。オゾンはN=N結合とは反応性

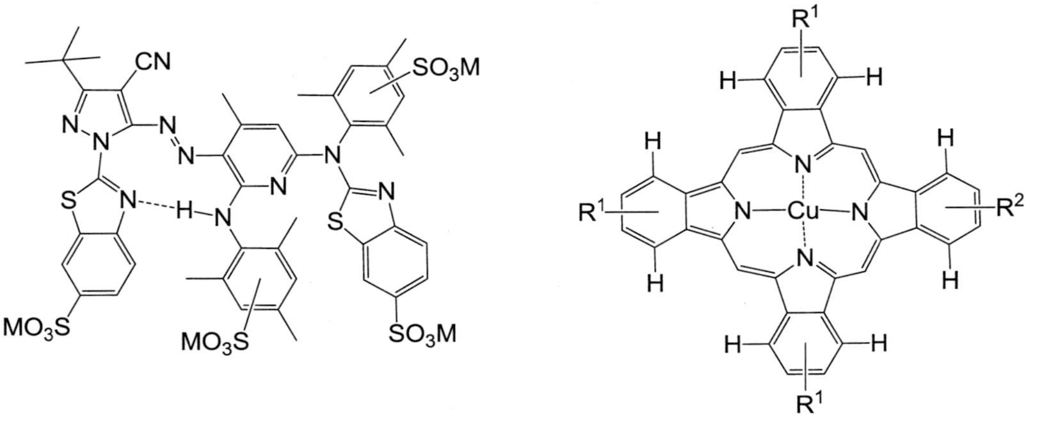

R^1: SO$_2$(CH$_2$)$_n$SO$_3$M

R^2: SO$_2$(CH$_2$)$_n$SO$_2$NHCH$_2$CH(OH)CH$_3$

図6　耐オゾン性に優れたインクジェット用色素

が低いが，ヒドラゾンのC＝N結合とは容易に反応する。そのため，アゾ色素のアゾーヒドラゾン異性平衡をアゾ形に傾けるために，ピリジン環のオルト位のアミノ水素をN＝N基を隔てたベンゾチアゾール環上の窒素と水素結合させている。この水素結合の形成はX線結晶解析で確認されている。また，このアリールアミノ基のアリール部位の両オルト位にアルキル基を導入することでアリール環を平面アゾクロモファー部分に対して垂直として立体障害基としている。その結果，耐オゾン性は10倍，耐光性は6倍改善された。

　シアン色素としてフタロシアニンが開発されている。開発方針として，水溶性を付与し，β位への置換基導入によって会合体を形成しやすくし，この置換基を電子求引性基とすることが盛り込まれている。具体的には，末端にスルホ基を導入したアルキルスルホニル基3個のR^{1}基をβ位に導入している。ある程度会合体を形成させるために，残りの1つのβ位の置換基にヒドロキシ基を含む置換基R^{2}を導入して分子間の相互作用を促進し，更に，不斉中心を設けてラセミ体とすることで溶解性を向上させている。その結果，従来品と比較して，寿命は約30倍，耐光性は約5倍改善された。

7　有機光電導体（OPC）の電荷発生材料

　OPCを用いた有機感光体は1970年代から既に研究されていた。Se，Se合金，CdS，

第1章　機能性色素の現況

ZnO等の無機材料と比較して，OPCは安価で容易にシート状に加工することができ，無毒で，メンテナンスも簡単であることから主流となった。実用化に至ったのは1990年代になる。OPCは光吸収でキャリアを発生する電荷発生材料（CGM）とそのキャリアを表面に運ぶ電荷輸送材料（CTM）とからなる。CGMには光吸収によって高効率で電荷を発生させ，その電荷を高い効率でキャリア輸送層に注入する材料が求められる。CTMには正電荷を移動させるホール輸送材料として多くのアミン誘導体が検討された。負電荷の電子を移動させる電子輸送材料は，トリニトロフルオレノン（TNF）が知られているが，その種類は少ない。したがって，OPC表面は負帯電が多い。

　白色光を使うアナログ複写機には400〜600 nmでのキャリア発生が求められ，ジスアゾ顔料が用いられる。高度な精製が重要で，工程管理には細心の注意が必要とされている。

　レーザープリンターには700〜900 nmで感度の高いCGM材料が求められる。トリスアゾ顔料やフタロシアニンが用いられている。CGMの性能は結晶型にも依存することがわかっている。この分野の歴史は古く，新たな開発は成されていない。

8　トナー

　トナーは色素，帯電制御材，バインダー樹脂から成る。黒色はカーボンブラック，カラー用はキナクリドン顔料やフタロシアニン顔料が用いられているようである。帯電制御材には負と正の帯電制御材がある。これらには，帯電が容易であること，長時間の保存によっても安定であること，湿度や温度変化による性能変化が少ないこと，安全なこと等が求められる。黒トナー用負帯電制御材としてFe-アゾ染料錯体，正帯電制御材としてはニグロシン染料，トリフェニルエタン系染料が用いられる。カラー用負帯電制御材としてサリチル酸系の金属錯体，正帯電用帯電制御材には4級アンモニウム塩が用いられている。トナーについての情報は乏しい。

9　太陽電池用色素

　有機太陽電池用色素としては，色素増感太陽電池用色素，有機薄膜太陽電池用色素が考えられる。この分野では，これらの変換効率がシリコン太陽電池のそれを上回ることと耐久性の向上が重要とされている。National Renewable Energy laboratory（NREL）に掲載されているチャートによる最新の変換効率は，色素増感が11.9％，有機薄膜太陽

電池が11.5%とされている[9]。

　最近，ペロブスカイトを用いた太陽電池が注目されている。変換効率が高いのが特徴で，チャンピオンデータは22.1%と発表されている。当初は，作成方法や安定性に問題があるとされていた。しかし，最近では，簡便に合成することができるようになってきた。また，変換効率はチャンピオンデータよりもやや劣るものの，水に対して安定なデバイスも作成されている[10]。鉛以外の元素も検討されている。

10　医療用色素

　鉄-フタロシアニン色素がアトピーのかゆみ，藍が虫除け，シアニン色素が小脳変性症，脳梗塞，アルツハイマー症に効果があるという報告がある。光力学治療（PDT）用色素は，レーザー照射によって，励起一重項を経て励起状態三重項になり，基底状態の酸素を一重項酸素にすることが重要である。一重項酸素はイオン的な反応をし，ラジカル的な反応をする三重項酸素よりも活性である。増感剤には，毒性がないこと，ガン組織に選択的に濃縮されること，近赤外領域でレーザー光を吸収すること，体内での残留性がないことが応急される。ポルフィリン骨格が最も良く研究されている。この分野は今後の展開が期待される[11,12]。

11　波長変換色素

　蛍光色素を高分子に練り込み，透過光またはエッジ部分からその蛍光を取り出す。それには，目的とする蛍光波長を有する色素の高分子との相溶性，高分子マトリックス中での強い発光が不可欠である。この光の波長を変化させることで，植物の成長をコントロールすることができる。多くの蛍光色素は濃度消光により，固体中での発光効率は低い。最近，凝集誘起発光（Aggregation-Induced Emission Enhancement, AIEE）を示す有機化合物も知られるようになってきたことから，これらの色素の開発が期待される。

12　センサー色素

　ハロクロミズムを利用したpHセンサー，サーモクロミズムを利用した温度センサー，ピエゾクロミズムを利用した圧力センサーが考えられている。その他のクロミズ

ムにはフォトクロミズムやソルバトクロミズム等があり，これらを利用した色素も開発されている。更に，金属やアニオンの取り込みによって着色や蛍光変化を利用したセンサーも多数報告されている。過酸化水素や亜硝酸では，化学変化によってセンシングされる例も報告されている。蛍光変化では光誘起電子移動（Photo-induced Electron Transfer, PET）を利用した例が多い。環境によって発光波長が変化する色素は生体プローブとしての利用が期待される。

13　その他

今後，室温りん光色素，近赤外での色素増感太陽電池用増感剤，近赤外・赤外蛍光色素等の開発が期待される。

文　　　献

1) 前田修一，化学と工業，**56**, 777-780（2003）
2) 中澄博行，色材協会誌，**86**, 190-197（2013）
3) 松岡賢，植田健次，北尾悌次郎，色材協会誌，**55**, 233（1982）
4) 御子柴尚，FUJIFILM RESEARCH & DEVELOPMENT, **52**, 11-16（2007）
5) 井上雅人，芦田徹，住友化学技術誌，4-9（2013）
6) 赤木伸生，八木繁幸，中澄博行，色材協会誌，**84**, 341-345（2011）
7) 栢根豊，荻野和哉，太田義輝，芦田徹，田中利彦，住友化学技術誌，23-30（2002）
8) 藤江賀彦，花木直幸，藤原淑記，田中成明，野呂正樹，立石桂一，宇佐見研，日比野明，和地直孝，田口敏樹，矢吹嘉治，FUJIFILM RESEARCH & DEVELOPMENT, **54**, 31-37（2009）
9) NREI chart, www.nrel.gov/ncpv/images/efficiency_chart.jpg.
10) Sawanta S. Mali, Chag Kook Hong, *Nanoscale*, **8**, 10528-10540（2016）
11) Alexandra B. Ormond , Harold S. Freeman, *Materials*, **6**, 817-840（2013）
12) Rekha R. Avirah, Dhanya T.Jayaram, Nagappanpillai Adarsh, Danaboyina Ramaiah, *Org. Biomol. Chem.*, **10**, 911-920（2012）

第 2 章　機能性色素の構造・物性の評価と設計

松本真哉*

1　はじめに

　機能性色素とは，染色などの従来の着色用途ではなく，感熱記録やインクジェット印刷のように付加的な要素を加味した着色用途や，電子写真材料や太陽電池材料のように色の性質が重要視されない用途に用いられる色素の総称である。このような色素の設計を考える場合，様々な用途に応じて要求される素材としての性質は異なるものの，基本的には着色用途で重要視される色素の色の情報がどの場合も重要である。なぜなら色素の色は，色素の物理化学的性質に関係する電子状態を反映しているからである。色素分子の電子状態は，20世紀半ばから活用され始めた分子軌道計算の発展に伴い，多くの人が容易に理論的な手法を用いて検討できるようになった。最近では，まだ議論は必要と考えられるが，定量性に関する検討結果も報告されている。このように書くと，利用可能な計算手法を用いて所望する色素分子を設計し，その分子を合成して物性評価をすればよく，このような原稿を新たに読む必要はないかのように思える。しかし機能性色素の用途を考えると，分子の電子状態が分かればよい場合だけではない。染料と顔料の例で明らかなように，分子分散状態で活用される用途では前述した計算手法を中心とした分子設計と評価が可能であるが，色素分子が凝集した粉体など固体状態で使用される場合，分子が凝集することによる電子状態の変化を考える必要がある。後者の課題については，筆者の感覚では情報収集がようやく活発になり，現在は研究成果を蓄積している段階のように感じている。本稿では，1980年前後の分子軌道計算の色素分子への適用結果に基づく色素分子の設計の考え方を，現在，利用可能ないくつかの計算手法の状況と併せて簡単に述べる。そして，凝集状態の色素の電子状態の考え方と，構造と吸収及び蛍光特性の評価手法について述べる。なお，機能性色素の具体的な用途に応じた研究開発事例などは，本書を含め既に多くの成書が刊行されているのでそちらを参照頂きたい[1〜19]。

---

　*　Shinya Matsumoto　横浜国立大学　大学院環境情報研究院
　　　人工環境と情報部門　教授

第2章　機能性色素の構造・物性の評価と設計

2　色素分子の電子状態

　色素分子の構造と物性，特に可視域の吸収に関係する研究は非常に古く，量子力学誕生以前の古典電子論に基づく重要な考え方も多い。現状では，その古典電子論に基づく知見も踏まえて分子軌道計算などの結果を解釈し理解することが一般的である。例えば，図1に示す古典的な色素の代表例であるアゾ色素（C.I. Disperse Red 1）の場合では，色素としての母体骨格である発色団に，電子供与性および電子吸引性置換基が適当な場所に導入されることで，可視域に強い光吸収を示す電子状態が形成されていると考える[20]。このような共役系を介して電子の供与と吸引を考える発色系は，分子内CT型発色系と呼ばれる。図2には，このような分子内CT発色の例として，最も単純な構造を持つ置換ベンゼン類の長波長吸収に関与するフロンティア軌道のHOMOおよびLUMOの置換基導入に伴うエネルギー準位の変化を模式的に示す[21]。この図から，発色団であるベンゼンに電子的な特徴を付与することにより二つの軌道のエネルギー準位が変化し，結果的にHOMOとLUMOのエネルギー差が小さくなり可視吸収を示すことが分かる。ここで示した考え方はずいぶん単純化されたものであり，どのような色素

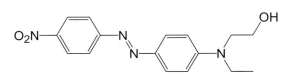

図1　C.I. Disperse Red 1 の分子構造

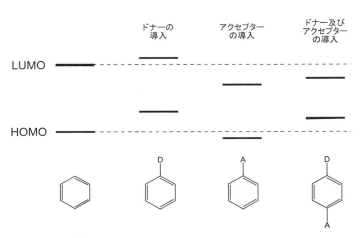

図2　置換ベンゼン類のフロンティア軌道の変化の模式図

系でも適用できるわけではないが，単純な分子内 CT 型発色系であれば，概ねここで示した特徴を持つと考えてよい。また，可視光吸収に伴って生じる電子分布の変化に相当する遷移モーメントの様子も，古典的な電子共鳴のモデルを基に理解できる場合が多い。一方，分子内で明確な電子供与性及び電子吸引性置換基を持たない色素の場合は，このような古典電子論に基づく電子状態の解釈や理解は難しい。フタロシアニンやペリレンなどの縮合環系や，カロテノイドなどのポリエン系の色素が該当する。このような色素系については，分子軌道計算を活用して，吸収に関係する分子軌道の理解から置換基導入などの影響を検討することが一般的である。

ここまでに述べた古典電子論及び分子軌道計算の双方の検討結果に基づいて色素分子の電子状態について丁寧にまとめられた成書は限られている。1980年前後に上梓された Griffiths[22]，Fabian と Hartmann[23]，時田ら[21] による書籍は，その当時までの色素の構造と電子状態について包括的にまとめており大変参考になる。それ以降に出版された書籍の中では，文献20) で引用した Zöllinger の色素化学の教科書とも言える書籍を除くと，和書洋書共に，どちらかと言えば応用色の強い資料がほとんどである。ただし前述した資料は，PPP 法が全盛時代の書籍であり，主たる計算手法は PPP 法である。これらの成果によって，色素の分子構造と光物性，そして電子状態の理解が大いに進展したことは間違いない。しかしその後，いろいろな半経験的手法の進展，そして DFT 法などの新しく精度の向上した非経験的計算手法の汎用化に伴い，現在では新しい計算手法が多く利用されるようになった。これらの手法も活用した包括的な色素の電子状態の検討はごく限られている。色素に関する計算手法の検討例として，主に吸収スペクトル計算に対する適用性が報告されている[24〜27]。Matsuura ら[25] は，色素の構造最適化と吸収スペクトル計算において，半経験法と DFT 法の適切な利用方法を提案している。その他の三つの報文では，DFT 法の色素の吸収スペクトル計算への適用性の検討結果が述べられている。いずれの研究も，近似手法と基底関数などの選択が計算結果の定性及び定量性に及ぼす影響を詳細に調べている研究であり，ある発色系に対する手法の選択などを考える場合に参考になる。しかしながら，新しい手法で算出された光学遷移に関係する分子の電子状態を細かく分析し，先述した三冊の書籍のように分子設計に結びつく方向性を包括的に示した例は今のところない。今後は，現在主流の DFT 法に半経験法の内容も含め，有機色素の電子状態の計算における適用性や限界などと共に，その発色系の電子的特徴の理解を併せて示す報告が望まれる。

第 2 章　機能性色素の構造・物性の評価と設計

3　固体状態の色素の電子状態の検討

　次に，分子が凝集した固体状態の機能性色素の電子状態の考え方とその構造と物性の評価手法について述べる。分子物性の評価については，基本的な種々の分光手法の利用が中心のため本稿では扱わない。機能性色素を活用する材料形態は，電子材料や光電子材料の用途に限るとほぼ固体状態である。そのため，低濃度の分散状態を除くと，材料評価は，粉末状態や結晶性薄膜，高濃度分散状態など，色素の凝集体としての電子状態に対して行われることが多い。また凝集体の代表格である固体状態は，一般に，結晶状態と非晶質状態に区分される。結晶状態と比較して，非晶質状態は基本的に分子間の相互作用などを考慮しなくてよいと考えることが多いが，非晶質薄膜の状態が必ずしも一様でないとの報告もある[28]。対象となる材料が非晶質である場合も，僅かな構造の差異が大きく固体物性に影響する光電子物性などを検討する場合は，後述する幾つかの手法を用いて，固体状態の異方性の有無などの確認程度は実施する方が安全である。本節ではまず色素固体の電子状態の考え方について述べ，次にその状態を実験的に評価する手法を紹介する。

　色素などの有機分子の結晶では，結晶中で分子は弱い分子間力で結びついており，共有結合結晶のように構成単位の特徴が失われるほどの大きな電子状態の変化は通常は生じない。そのため，結晶状態を想定した機能性色素の電子状態を考えるためには，凝集化に伴う分子の状態変化と，色素の凝集体としての電子状態の変化を考える必要がある。検討手順としては，まず凝集化に伴う分子構造の変化の有無を確認し，次いでその分子が凝集したことによる影響を検討する二段階で進める必要がある。前者の検討については，水素原子の取扱いなど幾つかの点に注意すれば，X線構造解析の結果を基に分子軌道計算を用いて電子状態の変化を評価できる。分子の最適化構造計算が困難でない場合は，溶液中と結晶中のスペクトルの差異も検討可能になる。図3に示すピラジン色素は結晶の色が異なる結晶多形を発現する。この場合，結晶中の分子のコンフォメーションが多形間で大きく変化し，その結果，分子の電子状態が大きく異なり色の変化の要因となっている[29]。この例では，分子の最適化計算は困難であったため色の異なる多形間の比較のみ行い，アミノ基の構造変化が色変化の重要な因子であることを明らかにしている。一方，凝集化による色素の電子状態の考え方は，その水準も含めていろいろな検討例があるが，本稿では分子性結晶の電子状態の変化の要因として考慮されることが多い励起子[30,31]の影響を検討した結果について紹介する。図4に，異なる色や蛍光性を示す同じ分子の三種類の結晶について励起子の影響を検討した例を示す[32]。この色素

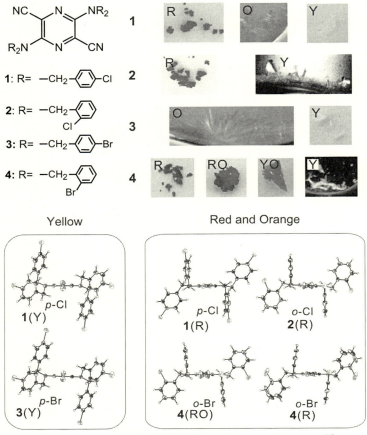

図3　ピラジン色素の結晶多形中の分子の配座の違い[29]

の場合，分光特性の異なる溶媒和結晶Ⅰと結晶多形Ⅱ及びⅢが得られた。結晶構造中の分子の電子状態には大きな差異はなく，励起子の寄与を拡張双極子モデルで計算して定性的な分光特性の違いを説明することができた。このように，単結晶の情報が得られた場合は，比較的容易に凝集状態の電子状態も検討することができる。なお，このような励起子の相互作用に基づく会合体などの分子設計については，Würthnerらの総説[33]が参考になる。次に色素固体の評価手法について，試料形態を粉末と薄膜の二種類に絞り，構造と吸収発光特性に関連する測定手法を紹介する。

　構造検討の基本情報として，対象となる固体状態に該当する単結晶の構造解析結果が得られると具体的な検討が可能になる。最近では1辺が10μm程度の立方体の単結晶でも市販の装置を用いた構造解析が可能になっている。単結晶の情報があれば，汎用の粉末X線回折装置で得られた粉末や薄膜の構造情報の詳しい解析が可能になる。本稿で

第2章　機能性色素の構造・物性の評価と設計

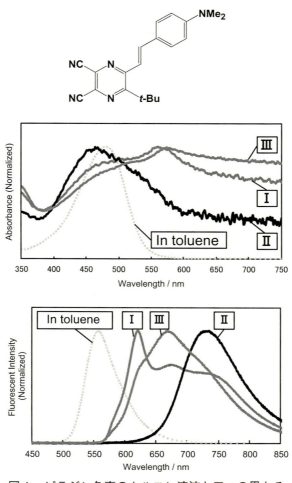

図4　ピラジン色素のトルエン溶液と三つの異なる
　　　結晶相の吸収及び蛍光スペクトル[32]

は，粉末測定において測定対象のより詳細な構造の検討を可能にする微小部測定と面内測定について紹介する。微小部測定は，名称が示す通り，試料のごく小さな領域からの回折データを測定する方法[34]である。引用した装置の場合は，照射X線の直径は50 μm であり，粉末分散試料や薄膜試料中のこの程度の領域の状態を細かく確認することができる。一方，面内測定とは，膜状試料の膜内での配列を調べる手法である。一般的な粉末試料は，通常，異方性がない無配向の試料状態が想定されている。しかし真空蒸着膜などの結晶性薄膜では，基板上に形成される結晶粒は，多くの場合，程度の大小はあるが異方的に配列している。また粉末を分散した薄膜試料でも，薄膜化の過程で粉末の配向が生じる場合もある。図5に薄膜試料の面外測定と面内測定の模式図を示す[18]。面外

17

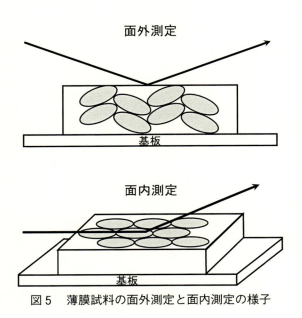

図5　薄膜試料の面外測定と面内測定の様子

測定は，通常の粉末測定の試料測定を指す。この場合は，基板に垂直な方向の配列に関する構造情報を得ることができる。このデータに面内測定の結果を加えることで，薄膜中の三次元の分子配列を推定することが可能になる。この手法を用いて，液晶素子などで用いられる配向膜を用いて，ある色素の真空蒸着膜中の結晶粒の配向を制御した薄膜試料の構造と物性の関係が明らかにされている[35]。なお微小部測定や面内測定を行う場合は，電子顕微鏡や原子間力顕微鏡などで膜の表面の形状観察も同時に行うと，より具体的な構造の解釈が可能になる[35]。

　このような構造情報の獲得と併せて，吸収及び蛍光測定を行うことで，色素固体の電子的な考察や同定が可能になる。分光測定についても粉末試料と薄膜試料に分けて記述する。色素固体の蛍光特性については，最近では，積分球を用いた絶対蛍光量子収率の測定装置が市販され広く利用されている。粉末試料の測定が一般的であるが薄膜試料でも測定は可能である。測定に際して注意する点はあるものの，現在はこの装置で測定された結果が多く報告されている。蛍光に比べて，まだ汎用性のある色素固体の吸収特性を測定する手段はなく，測定に際しても注意が必要な場合が多い。単結晶の試料に対しては，顕微分光の手法が最も有用であるが，装置が高価であり，また一般に吸収係数が大きい色素の結晶の場合は反射測定をする必要があるなど，汎用的な手段とは言い難い。一般的には，市販の分光装置に付属される積分球を用いた拡散反射法[36]が単結晶も含めた粉末試料の吸収測定として用いられることが多い。ただしこの測定では，試料を

第2章　機能性色素の構造・物性の評価と設計

すりつぶす操作が必要なため，試料調整時の応力によって相変化する試料の場合は適用できない。近年，試料に手を加えない簡便な測定が可能な導波路分光の手法を活用した分光装置[37]も市販されている。図4で示した結晶の吸収データはこの装置で測定した結果である。一方，薄膜の場合は，薄膜用治具を用いれば市販の分光装置で容易に測定できる。ただし前述したように，粉末試料と異なり薄膜中では分子が配向している可能性があるので，測定においてはその点を注意する必要がある。配向性が高い薄膜試料であれば，偏光子を用いた偏光分光によって，より詳しい固体の電子状態の検討も可能である。偏光分光と前述した薄膜の構造検討を組み合わせれば色素薄膜の構造と物性の同定が可能になり[35]，さらにその配向膜を用いた異方性半導体素子の詳細な解析も可能になる[38]。なお，本稿では吸収の時間分解測定[39]や蛍光寿命測定[40]などは扱わなかった。興味のある方は参考資料をご覧頂きたい。

最後に前述した非晶質固体の構造の非均一性の検討に関して紹介する。引用した研究例では，分光エリプソメトリー[41]により構造特性を評価している。この測定は薄膜の光学応答の様子から屈折率などの光学特性や膜の均一性などを調べる手法である。測定装置が比較的高価で，また測定自体が吸収や蛍光測定ほど汎用的ではないために，よく活用される手法とは言い難いが，試料の配向性の有無を確認する手法としては有用である。

4　機能性色素の分子設計について

これまでに述べたように，所望する吸収特性を示す色素分子を分子軌道計算を活用して設計することは，かなり現実的な状況になったと言える。しかし，電子状態の変化に付随する振動状態の変化まで含めた，つまり，吸収や発光のスペクトル形状も含めて設計することは，検討された事例はあるが，一般的にはまだ容易ではないと考えている。また，より細かなスペクトルの評価，例えば着色体やカラーフィルターなどの色みで問題になるごく僅かなスペクトルの形状の違いなどについては，理解や予測にはまだ時間がかかると考えられる。しかしこの場合も，僅かな形状の違いが，吸収スペクトルの長波長側の立ち上り形状や，鏡像関係にある蛍光スペクトルの短波長側の立ち上り形状に関係する場合は，古典的な色素化学の知見と分子軌道計算を活用した発色系の検討は不可能ではない。吸収スペクトルの短波長側の吸収端の分布を改善するような検討は，今回述べた考え方や検討手法ではまだ難しい。

固体などの凝集状態も，非晶質の材料の場合は，前述した空間的な異方性のみ注意すれば，分子物性を基に設計することが可能である。しかし，分子物性のみで解決するこ

とばかりではない。例えば非晶質薄膜の吸収スペクトルの半値幅を調整するような検討では，分子物性だけでなく薄膜作製のプロセス検討で対応することも必要だろう。結晶状態の材料設計について考えると，かさ高い置換基で近接分子との相互作用を可能な限り妨げた色素分子の場合を除くと，現時点では，固体物性を見据えた分子設計は不可能と言っても過言ではない。過去の情報を基に，ある発色系を中心に結晶構造を予想しながら試行錯誤的に分子構造を検討することは可能だが，例えば固体の蛍光特性を例に考えると，溶液では蛍光性のものが固体で消光する現象もあれば，溶液では無蛍光のものが固体で蛍光性になる現象もあり[42]，設計は容易ではない。結晶構造のみに限れば，分子性結晶の結晶構造予測の研究は日々進歩を遂げており[43]，ある色素分子に対して取り得る結晶構造を求めることは可能になっている。問題は，算出された結晶構造と実際に出現する結晶構造との整合性や多形の析出などであるが，結晶育成に関する知見の蓄積も進んでおり[44,45]，対象分子に適した検討を進めることで狙った結晶構造を持つ固体を得ることは不可能ではない。最近は，色素を含むπ共役系分子の固体物性やその応用例の研究が活発になり，類似骨格を持つ分子間の結晶構造の類似性に関する報告も非常に多い。例えば筆者のグループでは，導入したアルキル鎖の長さが変わることで結晶構造の部分的な調整が可能な色素の例[46,47]や，置換基の種類が異なっていても置換位置によって分子配座が同じ安定相結晶が得られる色素の例[29,48]を報告している。このような系統的な構造検討の結果を類似の発色系の設計の参考にすることは，現時点での機能性色素の結晶構造の設計の有効な考え方の一つと言える。色素の固体物性の設計については，色素固体の構造物性相関に関する学理が明確に示されていない現状では困難と言えるが，設計の方法がないわけではない。先述した結晶構造の構造類似性を活用し，複数の色素を用いた固体物性の設計や改善が可能である。例えば顔料分野では，二種類以上の顔料成分を混合した固溶体技術が既に活用されている[12]。このような設計の考え方は，他の用途でも適用できる可能性がある。色素固体の構造物性相関については，系統的理解を目指したこれからの研究成果の蓄積と関連する学理の確立に期待したい。

文　献

1) 大河原信，黒木宣彦，北尾悌次郎編，機能性色素の化学，シーエムシー（1981）
2) 竹田政民，篠原功，加藤政雄，草川英昭編，記憶・記録・感光材料，学会出版セ

第 2 章　機能性色素の構造・物性の評価と設計

　　　ンター（1985）
3) 池森忠三郎，住谷光圀編，特殊機能色素，シーエムシー（1986）
4) Z. Yoshida and T. Kitao Ed., "Chemistry of functional dyes, vol. 1", Mita Press (1989)
5) P. Gregory, "High-technology applications of organic colorants", Plenum Press (1991)
6) 大河原信，松岡賢，平嶋恒亮，北尾悌次郎，機能性色素，講談社サイエンティフィク（1992）
7) Z. Yoshida and Y. Shirota Ed., "Chemistry of functional dyes, vol. 2", Mita Press (1993)
8) 松岡賢，色素の化学と応用，大日本図書（1994）
9) 入江正浩監修，機能性色素の応用，シーエムシー出版（1996）
10) 速水正明監修，感光色素，産業図書（1997）
11) 時田澄男編，エレクトロニクス用機能性色素，シーエムシー出版（1998）
12) シーエムシー出版編集部編，機能性顔料の技術，シーエムシー出版（1998）
13) S. Dähne, U. Resch-Genger, and O. S. Wolfbeis Ed., "Near-infrared dyes for high technology applications", Kluwer Academic Publishers (1998)
14) A. T. Peters and H. S. Freeman Ed., "Colorants for non-textile applications", Elsevier (2000)
15) 中澄博行監修，機能性色素の技術，シーエムシー出版（2003）
16) 中澄博行監修，ディスプレイ材料と機能性色素，シーエムシー出版（2004）
17) S.-H. Kim Ed., "Functional dyes", Elsevier (2006)
18) 情報機構編，色材・顔料・色素の設計と開発，情報機構（2008）
19) 中澄博行編，機能性色素の科学，化学同人（2013）
20) H. Zöllinger, "Color chemistry, 3rd revised edition", 38-41, Wiley-VCH (2003)
21) 時田澄男，松岡賢，古後義也，木原寛，機能性色素の分子設計，75-89，丸善出版（1989）
22) J. Griffiths, Colour and constitution of organic molecules, Academic Press (1976)
23) J. Fabian and H. Hartmann, Light absorption of organic colorants, Springer-Verlag (1980)
24) D. Guillaimont and S. Nakamura, *Dyes Pigm.*, **46**, 85-92 (2000)
25) A. Matsuura *et al.*, *J. Mol. Struct. THEOCHEM*, **860**, 119-127 (2008)
26) D. Jacquemin, E. A. Perpete, I. Ciofini, and A. Adamo, *Acc. Chem. Res.*, **42**, 326-334 (2009)
27) J. Fabian, *Dyes Pigm.*, **84**, 36-53 (2010)

28) D. Yokoyama, A. Sakaguchi, M. Suzuki, and C. Adachi, *Org. Eletctron.*, **10**, 127-137 (2009)
29) S. Matsumoto, Y. Uchida, and M. Yanagita, *Chem. Lett.*, **35**, 654-655 (2006)
30) M. Kasha, Spectroscopy of the Excited State (Ed. by B. D. Bartolo), 337-363, Plenum Press (1976)
31) T. Kobayashi Ed., J-aggregates, 1-40, World Scientific Publication (1996)
32) N. Okada *et al.*, *Bull. Chem. Soc. Jpn.*, **88**, 716-721 (2015)
33) F. Würthner, T. E. Kaiser, and C. R. Saha-Möller, *Angew. Chem. Int. Ed.*, **50**, 3376-3410 (2011)
34) リガク,微小部(微小量)解析, http://www.rigaku.com/ja/technique/c01
35) T. Tanaka *et al.*, *J. Phys. Chem. C*, **115**, 19598-19605 (2011)
36) 日本化学会編,新実験化学講座4 基礎技術3 光[Ⅱ], 393-405, 丸善出版 (1976)
37) H. Takahashi, K. Fujita, and H. Ohno, *Chem. Lett.*, **36**, 116-117 (2007)
38) J. C. Ribierre *et al.*, *RSC Adv.*, **4**, 36729-36737 (2014)
39) 日本化学会編,第5版 実験化学講座9 物質の構造Ⅰ, 308-325, 丸善出版 (2005)
40) 日本化学会編,第4版 実験化学講座7 分光Ⅱ, 364-374, 丸善出版 (1992)
41) ジェー・エー・ウーラム・ジャパン,エリプソメトリーの基礎, http://www.jawjapan.com/Tutorial_1.html
42) Y. Hong, J. W. Y. Lamab, and B. Z. Tang, *Chem. Soc. Rev.*, **40**, 5361-5388 (2011)
43) D. A. Bardwell *et al.*, *Acta Cryst.*, B**67**, 535-551 (2011)
44) 松岡正邦監修,結晶多形の最新技術と応用展開, シーエムシー出版 (2005)
45) 滝山博志,晶析の強化書, サイエンス&テクノロジー (2010)
46) B.-S. Kim *et al.*, *CrystEngComm*, **13**, 5374-5383 (2011)
47) T. Jindo *et al.*, *CrystEngComm*, **17**, 7213-7226 (2015)
48) Y. Akune *et al.*, *CrystEngComm*, **17**, 5789-5800 (2015)

【新規合成技術編】

第1章　新規スクアレン色素の開発

前田壮志*

1　はじめに

　オキソカーボン酸の一種であるスクアリン酸（四角酸，3,4-dihydroxycyclobuta-3-ene-1,2-dione）が1960年代半ばに研究開発用途向けに供給されるようになって以来，スクアリン酸を用いた新規材料に関する研究開発が進んだ[1]。中でも，スクアリン酸と電子豊富な化合物の脱水縮合によって得られるスクアレン色素（squaraine dye，またはスクアリリウム色素）は，その卓越した光学特性から活発に研究が進められている。Treibsらはピロール誘導体もしくはフロログルシノールとスクアリン酸の縮合反応によってスクアレン色素が得られることを初めて報告した（図1(A)）[2]。スクアレン色素はシアニン色素と同様にそれぞれ等しく寄与する共鳴構造で表すことができるため，同色素はシアニン系色素の類縁体として捉えられる（図1(B)）。

　カチオン性のシアニン色素とは異なり，スクアレン色素は中性であり，双性イオン構造で表記される。スクアレン色素は電子供与性の芳香環や複素環と電子受容性のスクアリン酸残基からなり，ドナー－アクセプター－ドナー構造を成している。よって，対称型スクアレン色素は電子分布の観点では四重極子として扱われ，基底状態で分極している。スクアレン色素はシアニン系色素と同様に長波長領域に半値幅の狭い非常に強い吸収を示す。この吸収は基底状態（S_0）から第一励起準位（S_1）への遷移に帰属される。$S_0 \rightarrow S_1$電子遷移では，電子供与性芳香環からスクアリン酸ユニットへの電荷移動はあまり起こっておらず，主にスクアリン酸残基の酸素原子から中央の四員環への電荷移動が見られることが理論計算から明らかとなっている[3]。その極大吸収波長はスクアリン酸の1,3位に置換された芳香環や複素環の構造に依存している。つまり，1,3位の置換成分の選択を通して，スクアレン色素の吸収帯を可視光から近赤外光領域までの幅広い範囲で設定することができる。卓越した安定性，光学特性，また構造の多様性からスクアレン色素は，電子写真感光体の電荷発生剤[4]，太陽電池[5]，非線形光学材料[6]，蛍光セン

---

　*　Takeshi Maeda　大阪府立大学　大学院工学研究科　物質・化学系専攻
　　応用化学分野　助教

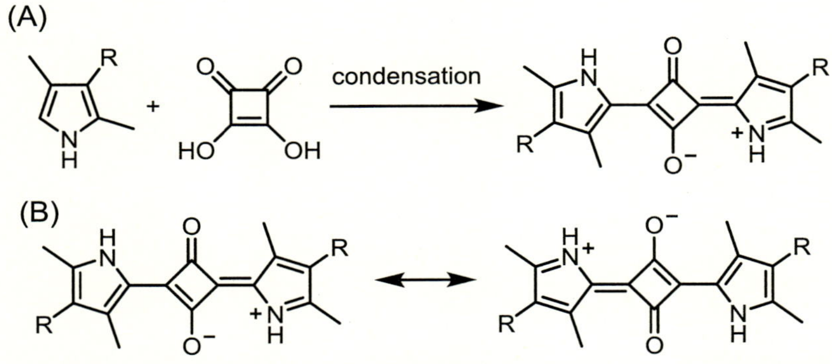

図1 (A)ピロール誘導体とスクアリン酸の縮合反応，(B)スクアレン色素の共鳴構造

シング材料[7]，光線力学的治療法[8]等の多様な分野に応用されている。スクアレン色素に各応用分野における高い性能・特性を求めるなら，それぞれの応用分野に特化した分子構造を設計して合成する必要がある。近年，この要求に応えて，各分野で利用可能な新規スクアレン色素が多数報告されている。本稿では近年報告された新規スクアレンを紹介し，それらの合成法に焦点を絞って述べる。

2 縮合反応によるスクアレン色素の合成

対称型のスクアレン色素は一般に1当量のスクアリン酸と2当量の芳香族アミン類やフェノール類，あるいは複素環成分との縮合反応によって得られる。これらの色素は，ピロールや N,N-ジアルキルアニリン誘導体に代表される芳香環との縮合によって得られるものと2位に活性メチル基を持つ種々の複素環の4級塩との縮合反応によって得られるものに大別できる（図2）。縮合反応によって得られるこれらのスクアレン色素群はいくつかの総説で纏められている[9~12]。

電子リッチなアレーン類とスクアリン酸の脱水縮合反応では中間体としてセミスクアレンが生成する（図3(A)）。続く二段階目の脱水縮合ではアレーン類はセミスクアレンの2位及び3位を攻撃可能であるが，1,3-置換体のスクアレン色素が主生成物として生成し，1,2-置換体はほとんど生成しない。このように，この反応系は位置選択的に進行する[13]。一方，スクアリン酸と塩化チオニルや塩化オキサリルの反応で得られ，スクアリン酸の酸塩化物である 3,4-dichloro-3-cyclobutene-1,2-dione とアレーン類のFriedel-Crafts 型の反応では，1,2-置換体のスクアレン色素が選択的に得られる[14]（図3(B)）。また，最近になってパラジウム触媒を用いる Liebeskind-Srogl クロスカップリ

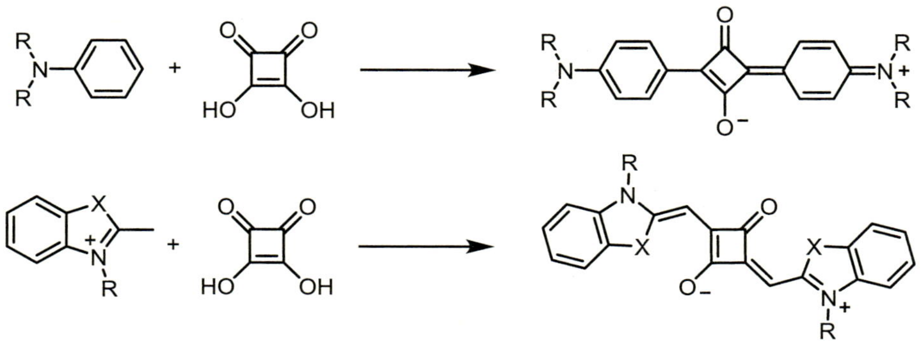

第1章 新規スクアレン色素の開発

図2 電子豊富な芳香環及び活性メチレン化合物とスクアリン酸との縮合反応により得られるスクアレン色素

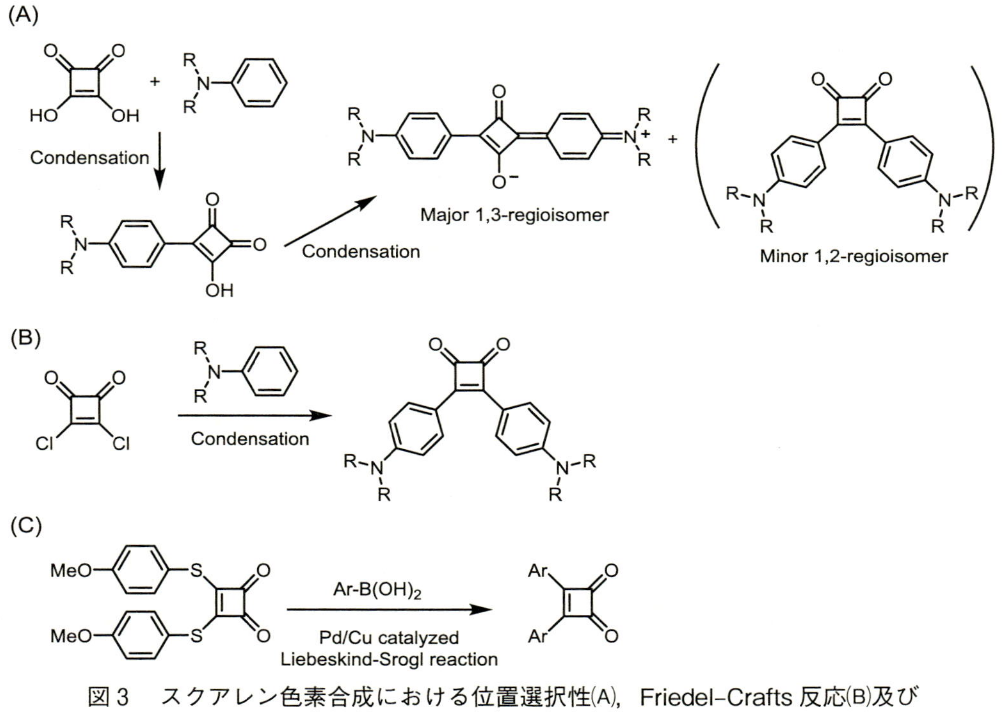

図3 スクアレン色素合成における位置選択性(A)，Friedel-Crafts反応(B)及びLiebeskind-Srogl反応(C)による1,2-置換体のスクアレン色素の合成

ング反応によって1,2-置換体のスクアレン色素が合成されている[15]（図3(C)）。

活性メチレン化合物とスクアリン酸を脱水縮合条件下で反応させると，アレーン類と同様に，1,3-置換体のスクアレン色素が選択的に得られる。しかし，位置異性体である1,2-置換体も生成していると見られる。Beverinaらは，スクアリン酸のエチルエステ

ルとベンゾチアゾリウム塩の縮合反応で1,2-置換体のスクアレンが位置選択的に生成することを明らかにした（図4(A))[16]。一般にスクアリン酸とベンゾチアゾリウム塩の反応では選択的に1,3-置換体のスクアレンが得られる。スクアリン酸エステルを用いた場合に位置選択性が変化することについて，筆者らは対応するセミスクアレンを用いてさらに検討している。セミスクアレン1とベンゾチアゾリウム塩の反応は1,2-及び1,3-置換体の異性体混合物が生成する（図4(B))。一方，セミスクアレンのエチルエステル2を用いると，1,2-置換体のスクアレン色素が位置選択的に生成する（図4(C))。この反応性の違いをスクアリン酸部位の電子密度に関連付けて説明できる。1では脱プロトン化によってスクアリン酸骨格2位の電子密度は高まっており，求核攻撃を受けにくくなっており，スクアリン酸骨格3位への反応が起こると考えられる。一方，2のスクアリン酸骨格3位はベンゾチアゾールによる共鳴効果によって電子密度が高まっているため，より電子密度の低いスクアリン酸骨格2位が求核攻撃を受けると考えられる。

　一般的なスクアレン色素は，1当量のスクアリン酸と2当量の求核剤をアルコール系溶媒とベンゼンやトルエンとの混合溶媒中で加熱することで得られる。活性メチレン化合物との反応では，少量のキノリンを用いることで対応するエナミン誘導体を経て，対

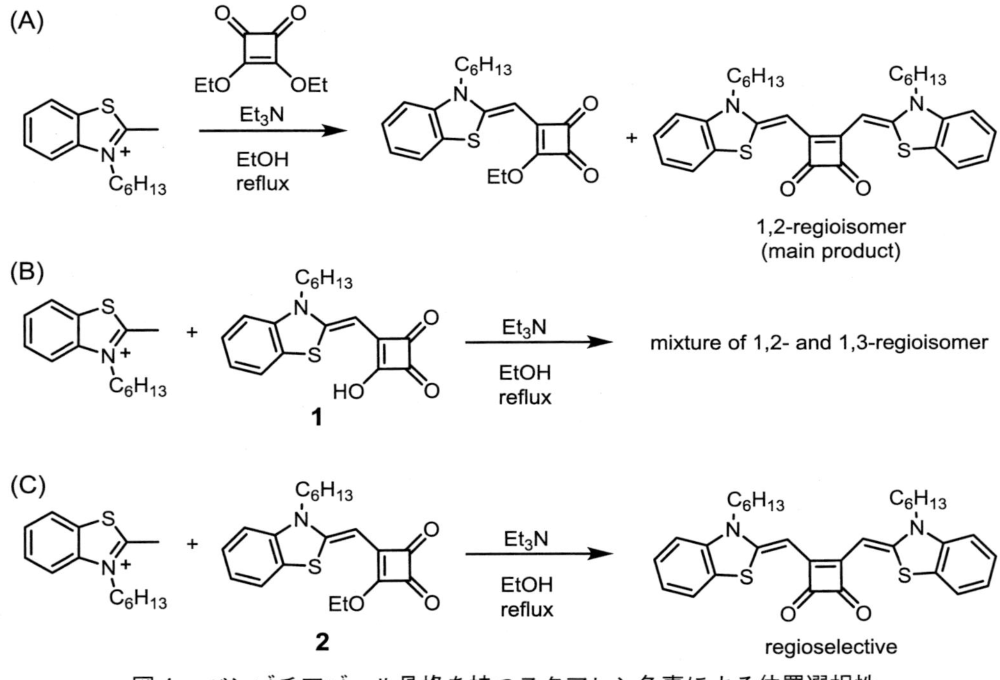

図4　ベンゾチアゾール骨格を持つスクアレン色素による位置選択性

第1章　新規スクアレン色素の開発

称型スクアレン色素が得られる。これらの反応系では微量の近赤外吸収色素の生成が確認されていた。この近赤外吸収を示す副生成物はメチン炭素で架橋された2つのセミスクアレン部位からなり，スクアリン酸部位間で形成される分子内水素結合によって高い平面性を持つビススクアレン系色素3であることが，中澄らのX線結晶構造解析より明らかにされている[17]。彼らは従来の反応系で使用されていた塩基触媒を除くことで，セミスクアリン誘導体が縮合した3が良好な収率で得られることを明らかにした（図5）。色素3は，一旦生成したスクアリリウム色素が中間体として生成するセミスクアリン酸誘導体から求電子攻撃を受けることで生成すると見られる。

これまで対称型スクアレン色素について述べたが，非対称型スクアレン色素も数多く報告されている。非対称構造の導入は分子構造の多様性を大幅に拡大し，吸収波長域をはじめとする光学・電気化学特性のより精緻なデザインを可能にする。非対称型スクアレン色素は，スクアリン酸と電子リッチな芳香（複素）環が1:1で縮合したセミスクアレンを一旦合成し，異なる芳香（複素）環をさらに縮合させる方法で合成される[18]。セミスクアレンと等モル量のスクアリン酸を用いた反応は，1,3-置換体のスクアレン色素とセミスクアレンの混合物を与えるため，セミスクアレンの合成条件として適当ではない。スクアリン酸のジエステル誘導体やスクアリン酸の酸塩化物と1当量の求核剤との反応は，多くの場合収率良く対応するセミスクアレン誘導体を与えるため，非対称型スクアレン色素の段階的合成に有用である[12,19]（図6(A)）。また，アレーン類をリチウム試薬でリチオ化し，それらを求核剤としてスクアリン酸のジエステル誘導体と反応させる方法も報告されている[20]（図6(B)）。これらの反応で得られるエステルや酸塩化物中間体を加水分解することで，セミスクアリリウムとし，非対称型スクアレンの合成に繋げることができる[21]。

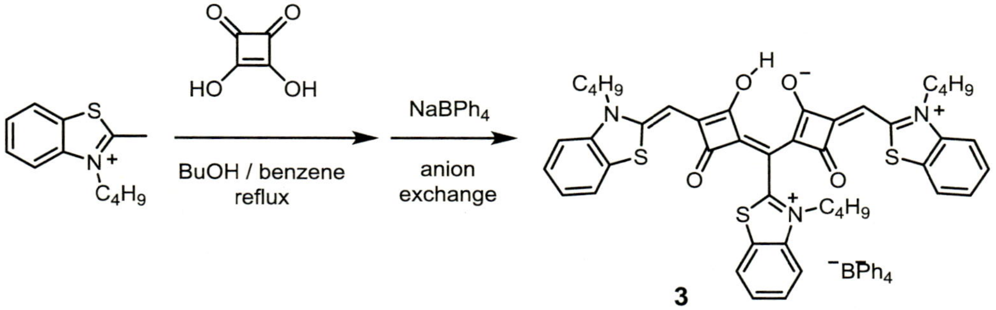

図5　メチン炭素で架橋された2つのセミスクアレン部位からなるスクアレン色素の合成

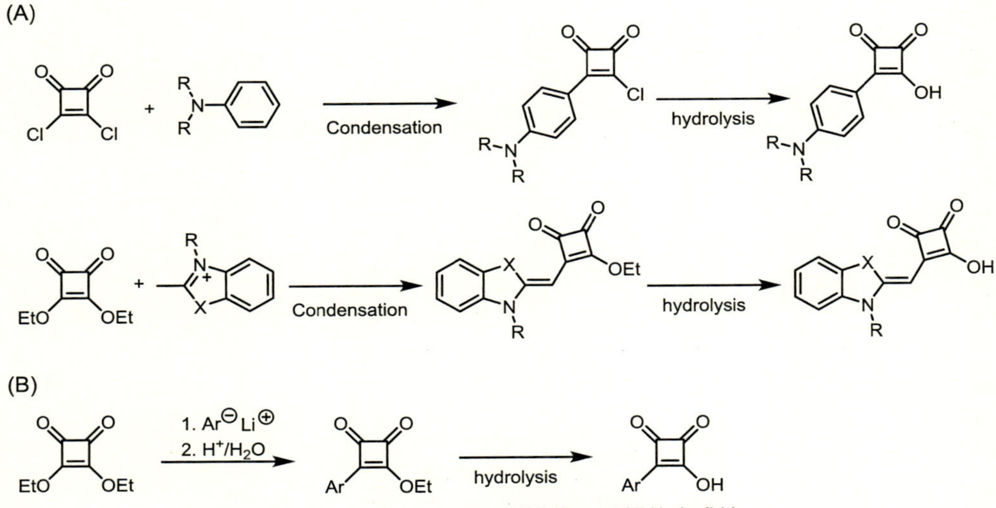

図6　セミスクアレン誘導体の選択的合成法

3　触媒的クロスカップリングによるスクアレン色素の合成

　対称型及び非対称型スクアレン色素の縮合反応による合成について述べてきた。N,N-ジアルキルアニリン誘導体やフェノール類，または活性メチレン化合物等，高度に活性化された求核剤とスクアリン酸は反応して所望のスクアレン色素を与えるが，当然のことながら求核性が乏しい化合物とスクアリン酸は反応しない。しかし，スクアレン色素に対する多様な応用分野におけるニーズに応えるには，古典的な縮合反応に代わるスクアレン合成法が求められる。Liebeskindらは，3,4-ジイソプロピルスクアレートとシリルスタニル化合物との反応により得られるスタニルシクロブテンジオン誘導体4がPd触媒存在下で種々のハロアレーン類と反応し，対応するセミスクアレン誘導体を与えることを報告した[22]（図7）。

　この方法を利用して，2つのセミスクアレン骨格が様々な芳香環で連結されたビススクアレン色素が合成することができる。各種ジヨードアレーンとスタニルシクロブテンジオン誘導体4をパラジウム／銅触媒存在下で反応させ，酸性条件下で加水分解することでビスセミスクアレン5が得られる[23]。続いて，5と活性メチル基を有する複素環4級塩との反応によって，ビススクアレン色素6が得られている（図8）。アントラセンやピレンを連結部に用いた6b及び6cでは，フェニレン骨格の6aに比べて15〜54 nmの長波長化が認められた[24,25]。連結部を電子ドナー性の高いチオフェンとしたビススクアレン色素6dは，785 nmに吸収極大を示し，吸収が最も長波長化した。これはチオ

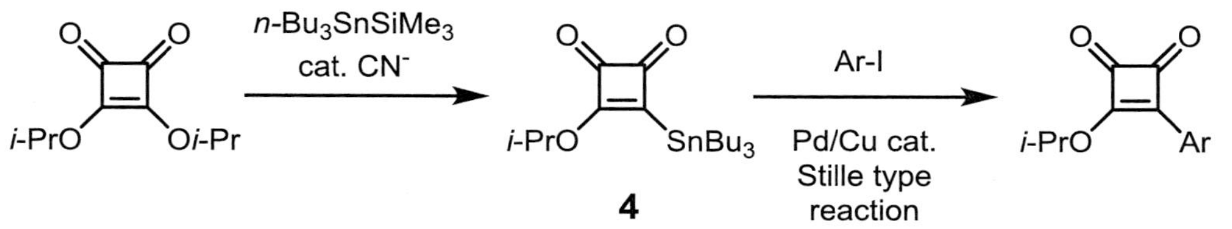

第1章 新規スクアレン色素の開発

図7 スタニルシクロブテンジオン誘導体をスクアリン酸の求核的等価体として用いたセミスクアレートの合成

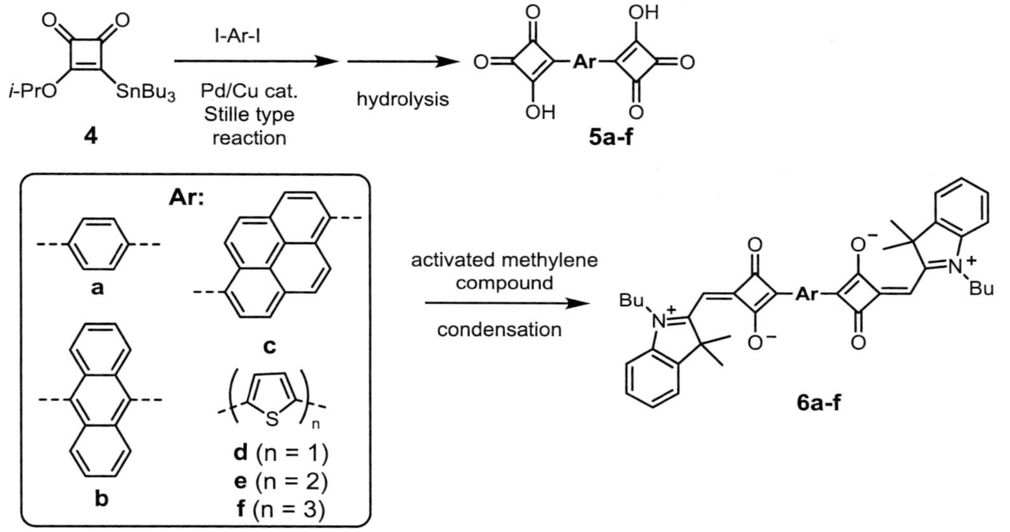

図8 2つのセミスクアレン骨格が芳香環で連結されたビススクアレン色素の合成

フェン環によって分子内電荷移動による電子遷移が促進されたためであると結論付けられている。ビチオフェン及びターチオフェンを連結部とした **6e** 及び **6f** はチオフェン骨格を持つ **6d** より短波長側に吸収を示した。これは炭素−炭素結合の回転によって pz 軌道の重なりが減少し，π−共役系の拡張が妨げられるためであると考えられる。これらの研究はπ共役系骨格を2つのセミスクアレンの間に組込むことで吸収の長波長に繋がることを明示しており，有効な近赤外スクアレン色素の合成法を提案している。

スタニルシクロブテンジオン誘導体 **4** をスクアリン酸の求核的等価体としてパラジウム／銅触媒存在下で用いて，スクアレン発色団が直線的に連結した新規色素が報告されている（図9）[26]。エチルスクアレートを用いて合成したセミスクアレンとヨウ化インドレニウム塩との縮合反応で片末端がヨウ素化された非対称型スクアレン色素 **7** が得られる。これと **4** をパラジウム／銅触媒存在下で反応させ，得られた生成物を加水分解す

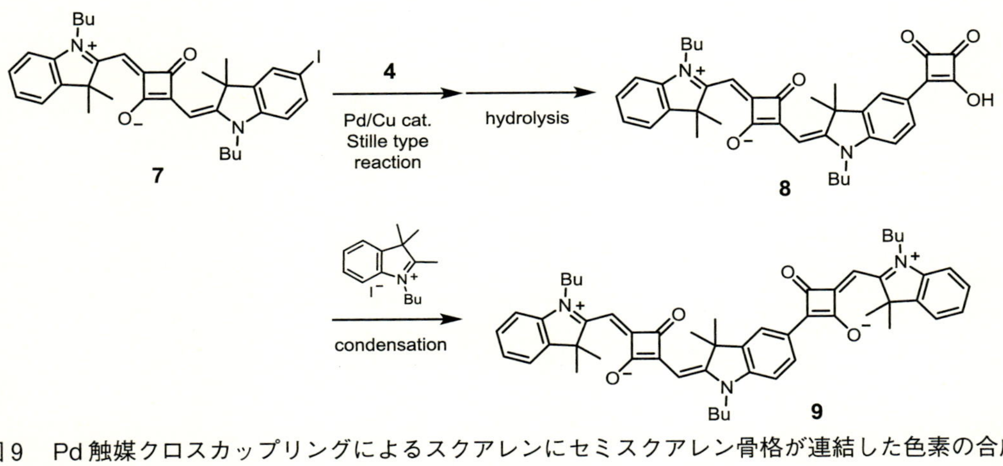

図9　Pd触媒クロスカップリングによるスクアレンにセミスクアレン骨格が連結した色素の合成

ることでシクロブテン骨格が分子末端に導入されたスクアレン色素8が得られる。最後にインドレニウム塩との縮合反応により，スクアレン色素にセミスクアレン骨格が連結した9が合成される。

　両末端がヨウ素化された対称型スクアレン色素を用いて同様に反応させると，スクアレン色素の両末端にセミスクアレンが連結した12が得られる（図10）。さらに同様の反応を繰り返すことで，シクロブテン骨格が5つ直線的に連結した色素13が得られる。原料の対称型スクアレン色素の極大吸収は642 nmに観測されるが，9，12，13の吸収はそれぞれ763 nm，862 nm，940 nmに観測され，スクアレン発色団の連結により顕著な長波長化が見られた。このように，スタニルシクロブテンジオン誘導体を基質にした触媒的クロスカップリングを利用すれば，既存の脱水縮合反応では導入困難な位置にシクロブテン骨格を導入可能となる。この合成手法は多様な構造のスクアレン色素の設計を可能にするため，さらなる展開が期待される。

4　スクアレン発色団への官能基の導入と応用展開

　スクアレン色素は剛直なπ共役系を有しており，それ自体の溶解性は乏しい。芳香環や複素環成分へアルキル基を導入することで有機溶媒への溶解性は確保される。また，水系溶媒に対する溶解性を持たせるためには，カルボン酸等の親水性基が導入される。水に可溶なスクアレン色素はタンパク質や生体成分の分析における蛍光ラベル化剤として利用されている。アニリン骨格のN-アルキル基末端にカルボキシ基を有する非

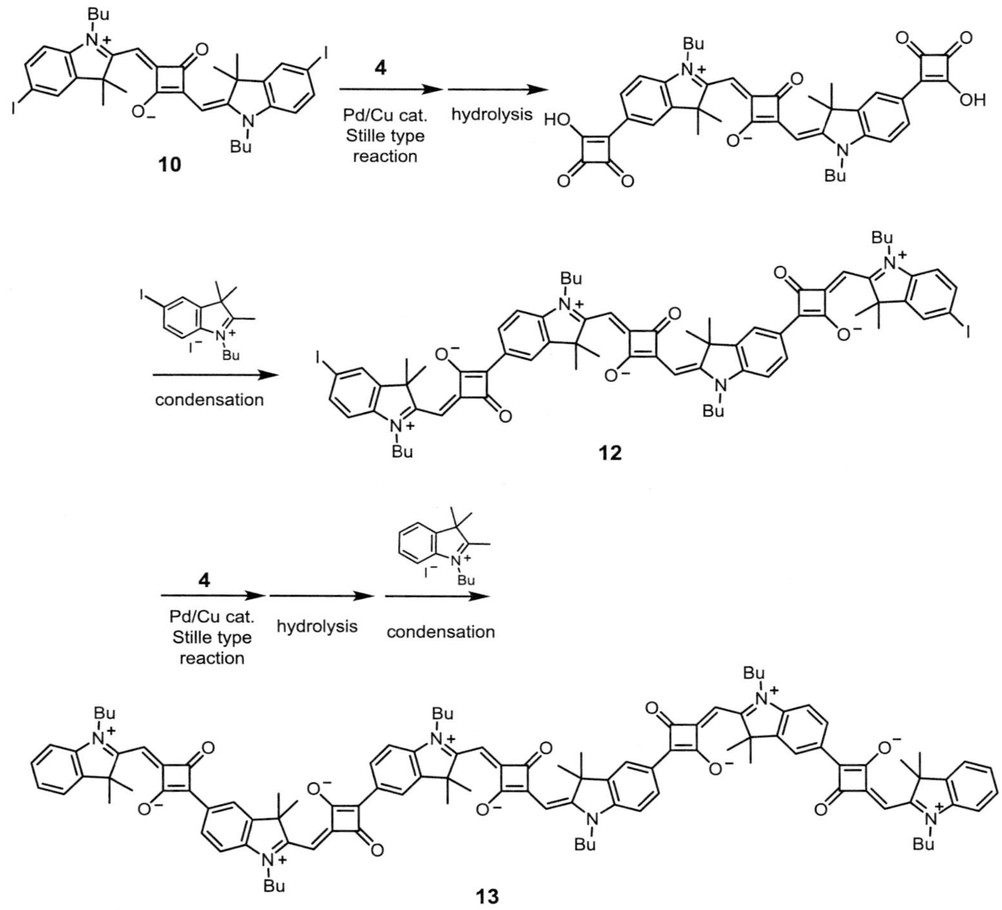

第1章　新規スクアレン色素の開発

図10　Pd触媒クロスカップリングによるスクアレンオリゴマーの合成

対称型スクアレン色素14は水系溶媒中で会合体を形成しており，励起子カップリングによる吸収波長の短波長化と顕著な蛍光消光が観測される（図11）。この溶液にヒト血清アルブミン（HSA）を添加すると，スクアレン色素がHSAと1：1錯体を形成し，単独の発色団に由来する長波長領域の吸収と蛍光発光が観測される[27,28]。このようにスクアレン色素は，凝集–解離に基づいた光学特性変化をシグナルとした，化学修飾を必要としない非共有結合型のラベル化剤として迅速なタンパク質分析を可能とする。この原理に基づいて，π共役拡張成分からなるスクアレン色素を用いることで，近赤外領域で同様な蛍光増幅するスクアリリウム系近赤外吸収色素も見出されている[29]。さらに，ボロン酸基がボレート塩形成によって親水性基として働き，1,2-ジオールと錯体を形成する点に着目して，ボロン酸基を有するスクアレン色素が開発されている。水系溶媒中で

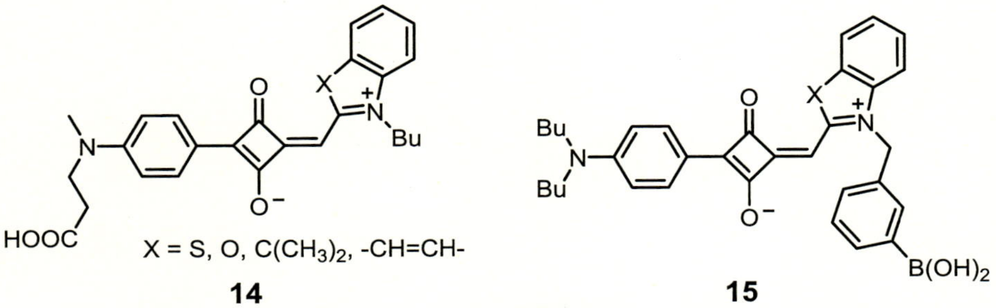

機能性色素の新規合成・実用化動向

X = S, O, C(CH₃)₂, -CH=CH-

14

15

図11　蛍光ラベル化剤として利用可能な水溶性スクアレン色素

の凝集体形成と糖骨格にある1,2-ジオールとの相互作用による色素凝集体の解消に伴う吸収・蛍光特性の変化をシグナルとして，バクテリアやシアル酸分析に適用可能であることが示されている[30,31]。これらの例の他にも，スクアレン色素は，金属イオンや特定タンパク質等に対する認識部位を導入することで，それらターゲットとの相互作用により光学特性を変化させる分子センサーとして幅広く応用されている[32,33]。

スクアレン色素の構成成分である芳香環や複素環には，多様な置換基が導入可能である。スクアレン色素は芳香（複素）環とスクアリン酸残基で発色団を形成するので，その光学・電気化学特性は用いる芳香（複素）環によって決定づけられる。一方，発色団の周辺に配置された官能基は，助色団としてスクアレン発色団の電子遷移に摂動を与えるものの，多くの場合，それらの光吸収特性への影響は限定的である[34]。スクアレン色素はその卓越した光吸収能から，官能基の導入により，様々な分野に応用されている。Nazeeruddinらはカルボキシ基を持つインドレニンからなる遠赤色光吸収スクアレン色素16が，酸化チタンをベースとした色素増感太陽電池の増感色素として高い性能を示すことを明らかにした（図12）。スクアレン発色団に導入されたカルボキシ基は，酸化チタンへの吸着部位となり，光励起された色素から酸化チタンへの効率的な電子注入を可能としている[35]。また，拡張されたπ骨格からなる複素環とカルボキシインドレニン成分からなる非対称型スクアレン色素17も色素増感太陽電池に適用され，近赤外領域において高い光電変換能を示している[36]。スタニルシクロブテンジオン誘導体を基質にした触媒的クロスカップリングにより直線的にスクアレン発色団を配置すれば，近赤外光領域で高い光吸収能を有する色素が合成できることを前項で述べた。この手法を活用して，分子末端にカルボキシ基を導入した近赤外光吸収スクアレン系色素18が合成され，増感色素に応用されている[37]。シクロブテン骨格を3つ有するスクアレン系色素19は800 nmを超える領域に分光感度を示し，近赤外光の光電変換を可能としている[38]。

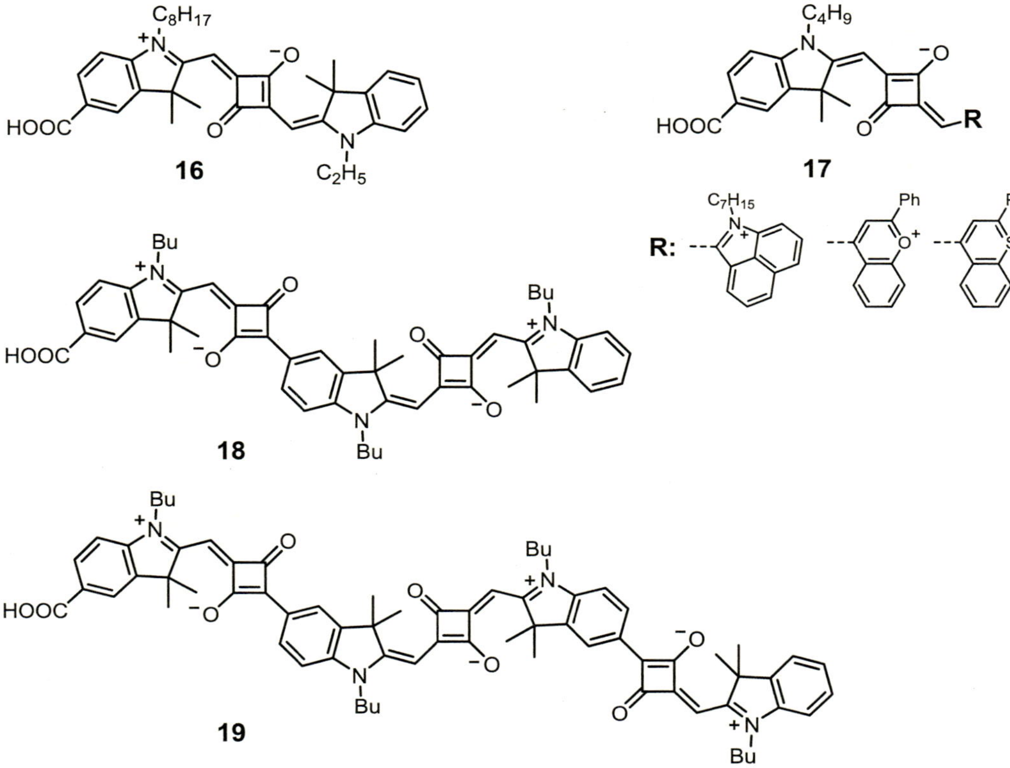

第1章 新規スクアレン色素の開発

図12 色素増感太陽電池に応用された遠赤色光及び近赤外光吸収スクアレン色素

　スクアレン色素はスクアリン酸の1,3もしくは1,2位に電子リッチなπ共役系化合物が縮合した構造であるが，スクアリン酸の2位にジシアノビニレン基のような電子アクセプター性置換基を導入することも可能である[39]。Würthnerらは種々のアクセプター性官能基を持つスクアレン色素を報告している（図13)[40]。2位への置換基導入は，HOMOエネルギー準位の安定化や吸収波長の長波長化といった光学特性への顕著な効果をもたらす。一般的なスクアレン色素がtransoid型で C_{2h} 対称性を有し，四重極子であるのに対して，これらのスクアレン発色団は2位の置換基と複素（芳香）環成分との立体障害によってcisoid型となり，C_{2v} 対称性を持つ。よって，同色素は双極子となり，それらは分子の結晶中，固体薄膜中における分子パッキングに影響を及ぼす。この特徴に注目して，ジシアノメチレン基を持つスクアレン色素は有機電界トランジスタ[41]，有機薄膜太陽電池の電子ドナー材料[42]，色素増感型太陽電池の増感色素[43]へと応用されている。

　さらなる長波長化や発色団間の励起子相互作用の解明等の目的から，スクアレン発色

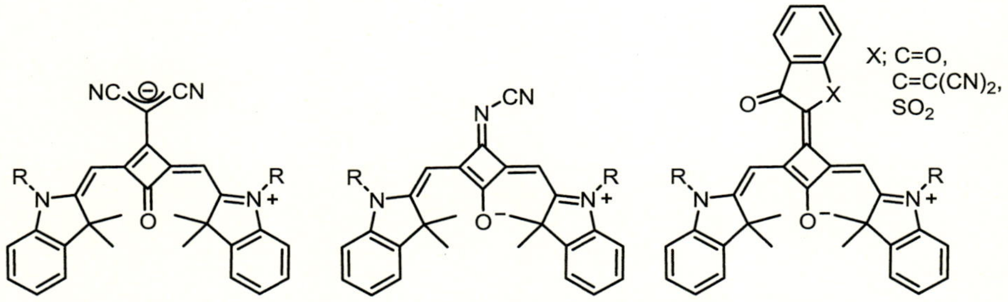

図13　シクロブテン骨格2位にアクセプター性置換基を持つスクアレン色素

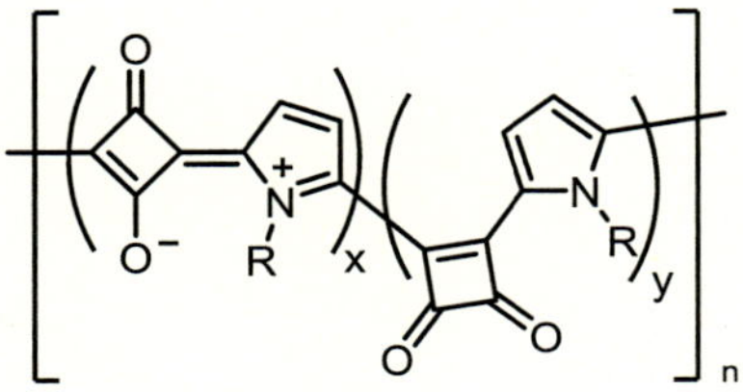

20

図14　ピロール誘導体とスクアリン酸の縮合反応によるポリマー

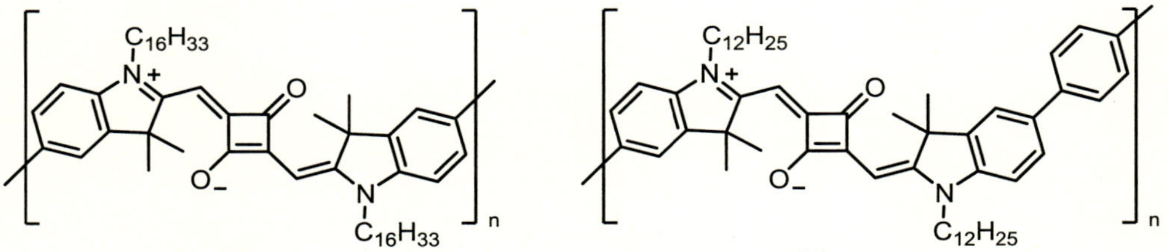

21　　　　**22**

図15　触媒的クロスカップリングによるスクアレン色素からなる共役系ポリマー

団を繰り返し単位に持つオリゴマーやポリマーが合成されている。Ajayaghoshらはピロール骨格を発色団の構成成分にしたスクアレン色素からなる種々のポリマーの合成について報告している（図14）[32]。これらは縮合反応で合成されるため，スクアレン酸の1,2-及び1,3-置換が進行して，スクアレン色素異性体が混在した高分子構造となる。

スクアレン発色団からなるポリマーは，分子末端にハロゲン置換基を持つスクアレンをモノマーとして，触媒的クロスカップリングによっても合成されている（図15）。5位にブロモ基を持つインドレニンからなるスクアレン色素から，ニッケル触媒を用いたYamamotoカップリングにより，対応するポリマー21が得られている。このポリマーの極大吸収は，クロロホルム中で738 nmに観測され，スクアレンモノマーの吸収（λ_{max}

第1章　新規スクアレン色素の開発

= 646 nm）に比べて長波長化している。これは，スクアレン発色団間の励起子カップリングによることが明らかにされている[44]。また，分子末端にハロゲン置換基を持つスクアレンとフェニレンジボロン酸エステルをコモノマーとして，Suzuki–Miyauraカップリングにより，対応するポリマー22が得られている[45]。これらポリマーの極大吸収は，スクアレンモノマーの吸収（λ_{max} = 649 nm）より，およそ30 nm程度長波長化した。スクアレン発色団がフェニレンリンカーで連結された構造を持つ22は，スクアレン発色団が直接連結した21とは異なり，励起子カップリングによる長波長化は顕著に見られないことが明らかとなった。これらのポリマーは有機薄膜太陽電池のドナー材料へと応用され，遠赤色光から近赤外光領域で光電変換能を示した。

　ハロゲン基を有する複素環とスクアリン酸の縮合反応で得られるハロゲン化スクアレン色素は触媒的カップリング反応の基質となり，種々の分子骨格にスクアレン発色団を導入することができる。ブロモ化スクアレン色素とトリアルキルスタニルチオフェン骨格を持つインドレニン誘導体とのStilleクロスカップリングにより，活性メチレン末端を持つ中間体23が合成され，インドレニン誘導体との縮合反応によりチオフェンリンカーを持つスクアレンオリゴマー24が合成されている（図16(A)）[46]。エチニル基を持つトリアリルアミン誘導体とヨウ素基及びカルボキシ基を分子末端に持つスクアレン色素とのSonogashiraカップリングにより，分岐構造を持つスクアレン色素25が合成され，色素増感型太陽電池の増感剤として応用されている（図16(B)）[47]。スクアレン発色団に剛直なπ共役スペーサーを介してシアノアクリル基を付与した色素26も，対応するハロゲン化スクアレン色素を基質とした触媒的クロスカップリング反応を鍵反応として合成されており，色素増感太陽電池の増感色素として高い性能を示している（図16(C)）[48]。Lambertらは，1級アミノ基を有するスクアレン色素を用いたBuchwald–Hartwigカップリングにより，アミノ基で連結された分岐構造を持つスクアレン色素27を合成しており，分岐構造における励起子カップリングの効果を明らかにしている[49]（図16(D)）。このように，ハロゲン化スクアレン色素を用いた触媒的クロスカップリング反応は，スクアレン発色団を多様な分子骨格に導入する手法として重要である。

5　おわりに

　本章では，スクアレン色素の古典的な脱水縮合反応による合成法から触媒的クロスカップリングによる合成法について述べた。また，様々な官能基が導入されたスクアレン誘導体や分岐構造及び高分子構造がスクアレン骨格で構成された化合物群について紹

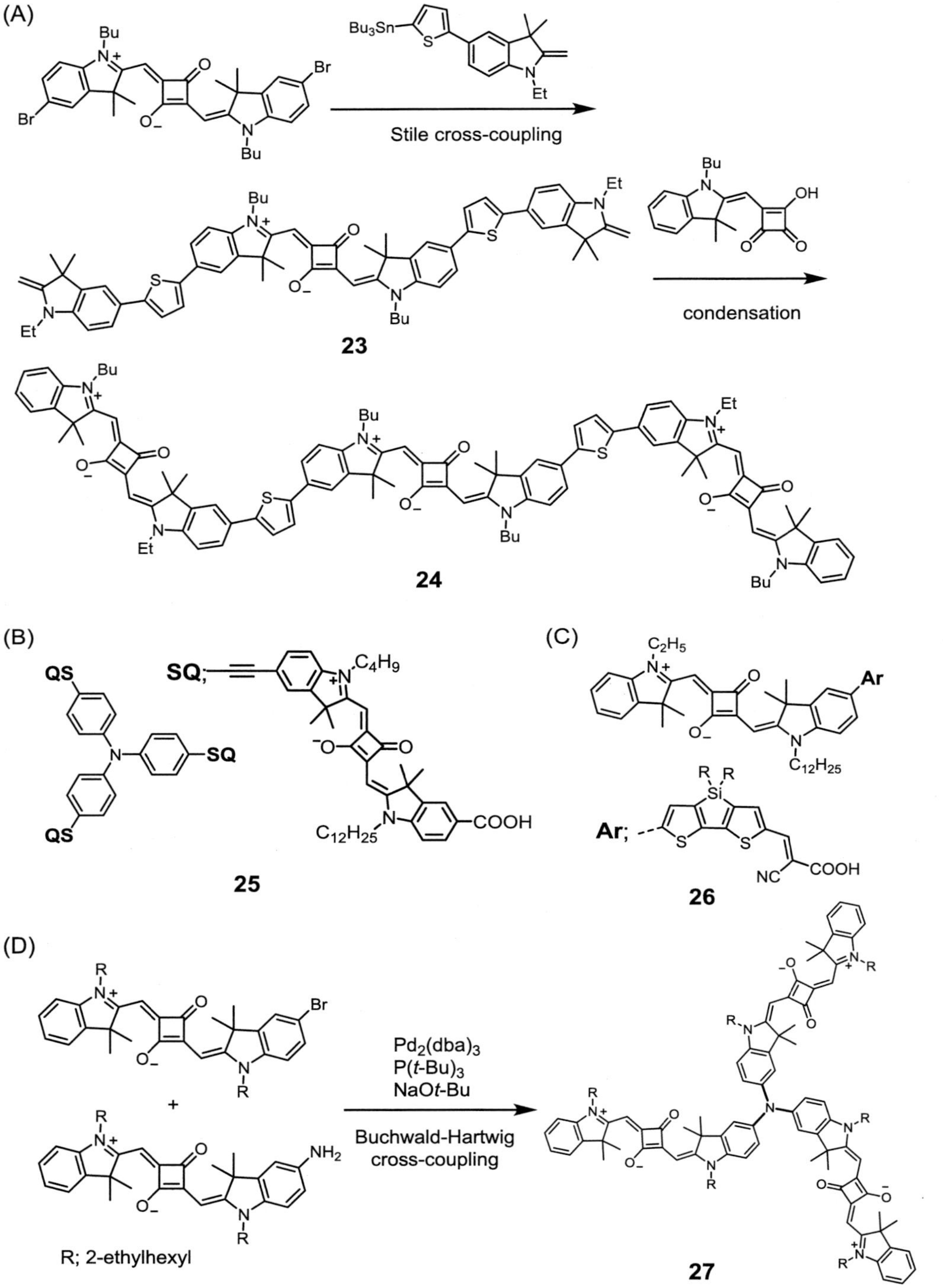

図16 ハロゲン化スクアレン色素を基質とした触媒的クロスカップリングにより得られる分子群

第1章 新規スクアレン色素の開発

介した。スクアレン発色団は固有のシャープな吸収を示し，発色団の近接により励起子カップリングに基づいて吸収のブロード化や分裂を示す。よって，スクアレン色素の応用を考える際には色素の凝集体形成も考慮した分子設計が求められる。スクアレン発色団の長所は長波長領域において強い吸収を示す点であり，シクロブテン骨格と結合する構成成分の多様性である。合成の困難さや安定性の欠如といった理由から，可視光吸収有機色素に比べて近赤外有機色素の数は限られている。近赤外色素へのニーズはセンシング，オプトエレクトロニクス，有機エレクトロニクス等のあらゆる分野で，今後益々増大すると思われる。スクアレン色素は安定性や構造多様性から，それらの要求に応え得る潜在性を有しており，今後のさらなる発展が期待される。

文　　献

1) R. West, History of The Oxocarbons, In Oxocarbons, R. West, Ed., Academic Press, New York, pp 1 (1980)
2) A. Treibs, K. Jakob, *Angew. Chem. Int. Ed.*, **4**, 694 (1965)
3) R. W. Bigelow, H. Freund, *Chem. Phys.*, **107**, 159 (1986)
4) K.-Y. Law, *Chem. Mater.*, **4**, 605 (1992)
5) G. Chen, H. Sasabe, T. Igarashi, Z. Hong, J. Kido, *J. Mater. Chem. A*, **3**, 14517 (2015) and references therein.
6) C.-T. Chen, S. R. Marder, L.-T. Cheng, *J. Chem. Soc. Chem. Commun.*, 259 (1994)
7) Das, S., K. G. Thomas, K. J. Thomas, P. V. Kamat, M. V. George, *J. Phys. Chem.*, **98**, 9291 (1994)
8) D. Ramaiah, A. Joy, N. Chandrasekhar, N.V. Eldho, S. Das, M. V. George, *Photochem. Photobiol.*, **65**, 783 (1997)
9) G. Maahs, P. Hegengerg, *Angew. Chem. Int. Ed.*, **5**, 888 (1966)
10) A. H. Schmidt, The Chemistry of Squaraines, In Oxocarbons, R. West, Ed., Academic Press, New York, pp 185 (1980)
11) S. Sreejith, P. Carol, P. Chithra, A. Ajayaghosh, *J. Mater. Chem.*, **18**, 264 (2008)
12) S. Yagi, H. Nakazumi, *Top. Heterocycl. Chem.*, **9**, 14, 133 (2008)
13) K.-Y. Law, F.-C. Bailey, *Can. J. Chem.*, **64**, 2267 (1986)
14) W. Ried, M. Vogl, *Liebigs Ann. Chem.*, 101 (1977)
15) A. Aguilar-Aguilar, E. Pena-Cabrera, *Org. Lett.*, **9**, 4163 (2007)

16) E. Ronchi, R. Ruffo, S. Rizzato, A. Albinati, L. Beverina, G. A. Pagani, *Org. Lett.*, **13**, 3166 (2011)
17) H. Nakazumi, K. Natsukawa, K. Nakai, K. Isagawa, *Angew. Chem. Int. Ed.*, **33**, 1001 (1994)
18) D. Keil, H. Hartmann, *Dyes Pigms.*, **49**, 161 (2001)
19) E. Terpetschnig, J. R. Lakowicz, *Dyes Pigms.*, **21**, 227 (1993)
20) L. S. Liebeskind, R. W. Fengl, K. R. Wirtz, T. T. Shawe, *J. Org. Chem.*, **53**, 2482 (1988)
21) 中澄博行, 八木繁幸, 有機化学合成協会誌, **66**, 477 (2008)
22) L. S. Liebeskind, R. W. Fengl, *J. Org. Chem.*, **55**, 5359 (1990)
23) S. Yagi, S. Murayama, Y. Hyodo, Y. Fujie, M. Hirose, H. Nakazumi, *J. Chem. Soc., Perkin Trans.*, **1**, 1417 (2002)
24) S. Yagi, T. Ohta, N. Akagi, H. Nakazumi, *Dyes Pigms.*, **77**, 525 (2008)
25) H. Nakazumi, T. Ohta, H. Etoh, T. Uno, C. L. Colyer, H. Hyodo, S. Yagi, *Synth. Met.*, **153**, 33 (2005)
26) S. Yagi, Y. Nakasaku, T. Maeda, H. Nakazumi, Y. Sakurai, *Dyes Pigms.*, **90**, 211 (2011)
27) H. Nakazumi, C. L. Colyer, K. Kaihara, S. Yagi, Y. Hyodo, *Chem. Lett.*, **32**, 804 (2003)
28) F. Welder, B. Paul, H. Nakazumi, S. Yagi, C. L. Colyer, *J. Chromatog. B*, **793**, 93 (2003)
29) H. Nakazumi, T. Ohta, H. Etoh, T. Uno, C. L. Colyer, H. Hyodo, *Synth. Met.*, **153**, 33 (2005)
30) S. Saito, T. L. Massie, T. Maeda, H. Nakazumi, C. L. Colyer, *Anal. Chem.*, **84**, 2452 (2012)
31) K. Ouchi, C. L. Colyer, M. Sebaiy, Z. Zhou, T. Maeda, H. Nakazumi, M. Shibukawa, S. Saito, *Anal. Chem.*, **87**, 1933 (2015)
32) A. Ajayaghosh, *Acc. Chem. Res.*, **38**, 449 (2005)
33) W. Sun, S. Guo, C. Hu, J. Fan, X. Peng, *Chem. Rev.*, **116**, 7768 (2016)
34) K.-Y. Law, *J. Phys. Chem.*, **91**, 5184 (1987)
35) J.-H. Yom, P. Walter, S. Huber, D. Rentsch, T. Geiger, F. Nüesch, F. De Angelis, M. Grätzel, M. K. Nazeeruddin, *J. Am. Chem. Soc.*, **129**, 10320 (2007)
36) T. Maeda, N. Shima, T. Tsukamoto, S. Yagi, H. Nakazumi, *Synth. Met.*, **161**, 2487 (2011)
37) T. Maeda, Y. Hamamura, K. Miyanaga, N. Shima, S. Yagi, H. Nakazumi, *Org. Lett.*,

第1章　新規スクアレン色素の開発

13, 5994 (2011)
38) T. Maeda, S. Arikawa, H. Nakao, S. Yagi, H. Nakazumi, *New J. Chem.*, **37**, 701 (2013)
39) A. L. Tatarets, I. A. Fedyunyaeva, E. Terpetschnig, L. D. Patsenker, *Dyes Pigms*, **64**, 125 (2005)
40) U. Mayerhöffer, M. Gsänger, M. Stolte, B. Fimmel, F. Würthnerm, *Chem. Eur. J.*, **19**, 218 (2013)
41) M. Gsänger, E. Kirchner, M. Stolte, C. Burschka, V. Stepanenko, J. Pflaum, F. Würthnerm, *J. Am. Chem. Soc.*, **136**, 2351 (2014)
42) U. Mayerhöffer, K. Deing, H. Gruß, Braunschweig, K. Meerholz, F. Würthnerm, *Angew. Chem. Int. Ed.*, **48**, 8776 (2009)
43) T. Maeda, S. Mineta, H. Fujiwara, H. Nakao, S. Yagi, H. Nakazumi, *J. Mater. Chem. A.*, **1**, 1303 (2013)
44) S. F. Völker, S. Uemura, M. Limpins, M. Mingebach, C. Deibel, V. Dyakonov, C. Lambert *Macromol. Chem. Phys.*, **211**, 1098 (2010)
45) T. Maeda, T. Tsukamoto, A. Seto, S. Yagi, H. Nakazumi, *Macromol. Chem. Phys.*, **213**. 2590 (2012)
46) D. Scherer, R. Dörfler, A. Feldner, T. Vogtmann, M. Schwoerer, U. Lawrentz, W. Grahn, C. Lambert, *Chem. Phys.*, **279**, 179 (2002)
47) T. V. Nguyen, T. Maeda, H. Nakazumi, S. Yagi, *Chem. Lett.*, **45**, 291 (2016)
48) F. M. Jradi, X. Kang, D. O'Neil, G. Pajares, Y. A. Getmanenkp, P. Szymanski, T. C. Parker, M. A. El-Sayed, S. R. Marder, *Chem. Mater.*, **27**, 2480 (2015)
49) H. Ceymamm, M. Balkenhohl, A. Schmiedel, M. Holzapfel, C. Lambert, *Phys. Chem. Chem. Phys.*, **18**, 2646 (2016)

第2章　分子の自己組織化を用いた新規の機能性色素開発

小野利和[*1]，久枝良雄[*2]

1　はじめに

　機能性色素は，光エネルギーや電気エネルギーを新たな波長の光エネルギー（紫外線，可視光線，白色光，近赤外光など）へと変換することのできる色素材料であり，照明材料・表示材料・有機エレクトロルミネッセンス（EL）・農園芸用波長変換材・バイオイメージング材料などの様々な分野で利用されている。一方で機能性色素を粉末，薄膜，フィルムなどの固体中で使用する場合，色素同士の無作為な凝集・会合により，発光色・発光強度などの色素本来の機能が損なわれることが問題点として挙げられる。また単一の分子であっても会合状態の違い（多形）により，顕著な発光特性の違いが観測されることもしばしばである。そのため色素分子をナノメートルスケールで整然と並べる「分子の自己組織化」に注目が集まっている。分子の自己組織化とは，DNA（デオキシリボ核酸）の二重らせん形成やタンパク質の折りたたみ過程，脂質二分子膜の形成など，生命現象の至るところで見ることのできる現象である。この例に倣い分子間で働く弱い相互作用を組み合わせ，分子の自己集合を利用することにより，省エネルギーかつ効率的に新しい機能性有機色素の開発が可能となる。特に複数成分の分子（二成分，三成分，それ以上）を用いれば，組合せにより乗算的に新しい機能性色素の開発が可能となる。有機単結晶は，分子集積構造の様子を単結晶X線構造解析により評価することができる。そのためクリスタルエンジニアリングや分子テクトニクス（molecular tectonics）と呼ばれる結晶構造をデザインする試みが世界中で広く行われている[1,2]。本章では，まず有機分子間に働く分子間相互作用に触れ，複数成分の分子（二成分）から構成される共結晶の例を挙げる。続いてナフタレンジイミドを用いた三成分から構成される多成分結晶を具体例として挙げ，その光機能特性，およびその応用例としてセンサー材料の開発について述べる。

[*1]　Toshikazu Ono　九州大学　大学院工学研究院　応用化学部門　助教
[*2]　Yoshio Hisaeda　九州大学　大学院工学研究院　応用化学部門　教授

第2章　分子の自己組織化を用いた新規の機能性色素開発

2　分子の自己組織化を利用した共結晶デザイン

　共結晶とは複数の化合物からなる結晶の事を指し，単一成分から構成される結晶に比べ，より多様な物性や機能を示すことから注目を集めている[3,4]。例えば医薬品原薬の物性を改善する方法として，水和物・溶媒和物・塩の調製により溶解性や水和安定性の向上が報告されている（図1）。共結晶は，金属や無機物では混晶や固溶体として古くから知られている現象であり，近年では金属イオンと有機配位子から構成されるMetal-Organic Framework（MOF）やPorous Coordination Polymer（PCP）に関する研究も進んでいる。一方で，機能性色素を思い通りに並べ，共結晶を得ることは未だ困難である。色素分子には様々なサイズ，複雑な形状（長方形，正方形，球形の様な異方性），弱い分子間作用が働くためである。従って二種類，三種類以上の異なる色素分子を均一に混ぜ合わせ，整然と並べる事は困難だと考えられてきた。クリスタルエンジニアリングや分子テクトニクスは，分子間相互作用を制御することにより，結晶構造デザインと新たな機能開拓を試みる考え方である。分子間相互作用としては，水素結合，CH/n相互作用，CH/π相互作用，電荷移動相互作用，イオン結合，ハロゲン結合が結晶中で見出されている。様々なサイズ，複雑な形状に起因することによる包接現象も複数成分を均一に混ぜ合わせる有効な手段となる。包接現象とは，異種のA成分とB成分が混合するときに，A成分（ホスト）がB成分（ゲスト）を取り囲む現象である。これは1940年代に尿素やヒドロキノンの単結晶X線構造解析に基づき，ホスト分子に

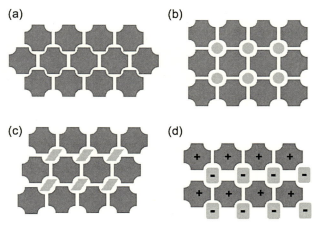

図1　医薬品原薬が取り得る結晶構造の分類
(a) 医薬品単体の結晶，(b) 医薬品の水和物の結晶，
(c) 医薬品の溶媒和物の結晶，(d) 医薬品から構成される塩の結晶

ゲスト分子が非共有結合で取り囲まれている構造概念が確定したことに始まる[5,6]。これらの分子間相互作用や包接現象の特性を巧く使えば，分子の自己組織化による新しい機能性色素開発を創成する際の設計指針となる。

共結晶作成による機能性色素開発として，近年の研究を紹介したい[7]。例えば水素結合やハロゲン結合を利用した共結晶である。水素結合とは，二原子間に水素が介在することによってつくられる結合であり，電気陰性度が大きな窒素や酸素に結びついた水素原子が，近傍の他の官能基の非共有電子対との非共有結合のことである。ハロゲン結合とは，分子に含まれるハロゲン原子が窒素や酸素などのヘテロ原子の非共有電子対と相互作用することを示し，水素結合と対比できるものである。共通点としては，強い方向性を持つことである。例えば，有機色素の一つである1,4-ビス-p-シアノスチリルベンゼン（bpcb）は，それ単独の結晶では532 nmに極大に持つ黄色発光結晶である。これは結晶中でbpcbがface-to-face構造（分子間距離は約3.79 Å）を形成しており，エキシマー発光に由来する。ここにハロゲン結合を形成する化合物として，1,4-ジヨードテトラフルオロベンゼン（1,4-DITFB）を選択した。bpcbと1,4-DITFBとの共結晶作成を行ったところ組成比が1：1の結晶が得られ，460 nmに極大をもつ青色発光結晶となった（図2(a)）。bpcbのシアノ基と1,4-DITFBとのヨウ素との間でハロゲン結合（C≡N…I）を介した共結晶を形成し，bpcb同士の会合が解消された集積構造となったためと考えられる。bpcbとレゾルシノール（resorcinol）との共結晶は，水素結合（C≡N…H-O）を介して組成比が3：2の結晶が得られた（図2(b)）。この共結晶は黄色発光

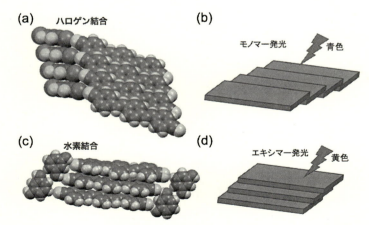

図2 (a) bpcbと1,4-DITFBとのハロゲン結合を介した共結晶の構造，(b) (a)の分子集積構造の模式図，(c) bpcbとresorcinolとの水素結合を介した共結晶の構造，(d) (c)の分子集積構造の模式図

であり，結晶中では bpcb が face-to-face 構造を形成しており，エキシマー発光に由来するものと考えられる。このようにハロゲン結合や水素結合による分子の自己組織化を利用した共結晶の作成による新しい機能性色素開発が可能となる。

3 分子の自己組織化を利用した多成分結晶の調製

3.1 多成分結晶の設計と構造

二成分の共結晶と比較して，三成分以上から構成される共結晶（多成分結晶）の作成はますます困難となる。その解決策として，複数個の分子間相互作用と包接現象を共同的に組み合わせることで系統的な三成分結晶の創製が達成された[8]。三成分結晶を調製する上で用いられた分子群は，3位にピリジル基を有するナフタレンジイミド（NDI），トリス（ペンタフルオロフェニル）ボラン（TPFB），芳香族分子溶媒（Guest）である（図3）。

NDI は，市販品の1,4,5,8-ナフタレンテトラカルボン酸無水物と3-アミノピリジンをジメチルホルムアミド（DMF）中で加熱還流するのみで，一段階かつ大量に合成可能である。実際，ナフタレンジイミド誘導体はn型有機半導体やポリイミドの構成ユ

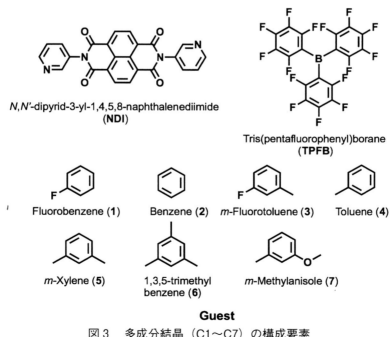

図3　多成分結晶（C1〜C7）の構成要素

ニットとして，広く使用されている機能性色素である。TPFB は嵩高いルイス酸触媒として有機金属化学や有機合成化学で近年注目を集めている分子である[9]。しかしそれぞれ単体では，魅力的な光機能特性は示さない。紹介する研究は，分子の自己組織化を利用して Guest を含む三成分結晶の調製を通じ，新しい機能性色素開発を試みるものである。

　分子設計の指針は以下の通りである。NDI は 4 つのカルボニル基を電子吸引基として持つ電子不足なアクセプター分子（A）である。NDI に修飾したピリジル基（N）は非共有電子対を持つルイス塩基である。TPFB は嵩高いペンタフルオロフェニル基を有し，中心のホウ素原子（B）は空軌道を持つルイス酸である。芳香族分子溶媒（Guest）は，置換基の種類に依存して電子供与性の異なるドナー分子（D）として機能する。すなわち NDI，TPFB，Guest の三成分は，NDI と TPFB 間で働くホウ素-窒素配位結合（B-N 配位結合）と，NDI と Guest 間で働くドナーアクセプター相互作用（D-A 相互作用）の共同的な分子間相互作用による自己組織化が期待される。具体的には，サンプル管に NDI を 1 当量，TPFB を 2 当量，芳香族分子溶媒（Guest）が過剰量となるように混合し，Guest の沸点近くまで加熱後，室温まで冷却することにより多成分結晶が得られた。すなわち一般的な再結晶操作である。用いた Guest の種類は，フルオロベンゼン（1），ベンゼン（2），m-フルオロトルエン（3），トルエン（4），m-キシレン（5），1,3,5-トリメチルベンゼン（6），m-メチルアニソール（7）である。Guest（1〜7）の種類に応じて，得られた多成分結晶を C1〜C7 と示した。例として C6 の単結晶 X 線構造解析の結果を図 4 に示した。NDI のピリジル基（N）と TPFB のホウ素原子（B）の結合距離は 1.629 Å であり，B-N 配位結合を形成し，NDI-TPFB 複合体を結晶中で構築していることが明らかとなった。またその上下を 6 が 2 分子で挟みこむ構造をとっており，NDI と 6 は D-A 相互作用に由来する電荷移動錯体（Charge-Transfer（CT）錯体）を形成していることが示唆された。結晶の超構造を見ると，NDI-TPFB 複合体と 6 がカラム状に連なった分子集積構造を形成していた。他の Guest を用いた場合でも同様に NDI-TPFB 複合体を形成し，2 分子の Guest を含むカラム状の多成分結晶であった（図 5）。また熱重量分析（TG），元素分析，結晶を溶解させた際の ^{1}H NMR 測定により C1〜C7 の結晶の組成比が NDI：TPFB：Guest ＝ 1：2：2 であることを明らかとした。これは単結晶構造からも予測される組成比である。また Hirshfeld Surface 解析により，例えば C6 では，隣り合う分子間で C(arene)-H⋯F 間で水素結合（2.385 Å）を形成していることが明らかとなった（図 6）。この水素結合がカラム状の結晶構造を形成した一つの駆動力であると考えられる。

第2章 分子の自己組織化を用いた新規の機能性色素開発

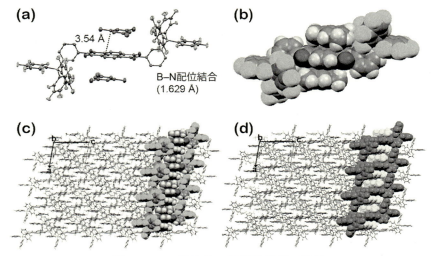

図4 C6の単結晶X線構造解析の結果

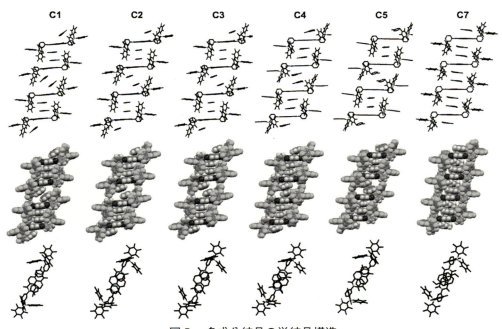

図5 多成分結晶の単結晶構造

(上段) カラムの横から見た図 (スティックモデル), (中段) カラムの横から見た図 (スペースフィルモデル), (下段) カラムの上から見た図 (スティックモデル)

図7に多成分結晶の形成メカニズムを示す。NDI, TPFB, Guestの三成分は混合するのみで, B-N配位結合を駆動力としたNDI-TPFB複合体を形成する。同時にD-A

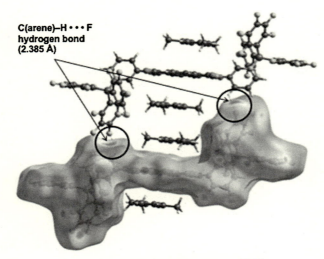

図6　C6 の Hirshfeld Surface 解析

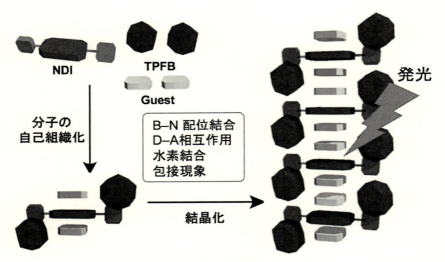

図7　多成分結晶の形成メカニズム

相互作用を駆動力として NDI-TPFB 複合体が形成する空間に2分子の Guest が取り込まれ，CT 錯体を形成する。これは NDI-TPFB 複合体の包接現象による Guest の取り込みであるとも考えられる。結晶空間中への Guest の取り込みであるため，置換基の異なる七種類の Guest においても，同様のカラム構造を有する多成分結晶が得られたと考えられる。

第 2 章　分子の自己組織化を用いた新規の機能性色素開発

3.2　多成分結晶の光機能特性

　多成分結晶（C1〜C7）は，結晶内部で形成するNDIとGuestとの電荷移動錯体（CT錯体）形成により，七種類のGuestの種類に応じた興味深い光機能特性を示す。まず結晶（固体）の吸収スペクトル測定に対応するものとして，拡散反射スペクトルの測定結果を図8(a)に示す。C2を窒素雰囲気下150℃で4時間加熱し，Guestを除去したGuestフリー結晶（1c）を調製した。Guestの除去はTGと^{1}H NMRにより確認された。すなわち1cはNDI-TPFB複合体に対応する。そこで1cとC1〜C7の拡散反射スペクトルを比較したところ，1cは370 nm付近に吸収極大を持ち，可視光領域である400 nm以上にはほとんど吸収帯を示さなかった。370 nmの極大吸収は，NDIの吸収に対応する。一方でGuestを含むC1〜C7では新たに400 nm以上の吸収帯が立ち上がり，Guestの置換基としてメチル基（C3，C4，C5）やメトキシ基（C6）をもつ結晶では，電子供与性基の数が増えるに従い，より低エネルギー（400 nm→550 nm）の吸収を示した。Guest分子はいずれも紫外領域（＜400 nm）の吸収しか示さない。すなわち400 nm→550 nmの吸収は，Guestが存在することで新たに生じる吸収帯であり，NDIとGuest間で生じるCT錯体形成（CT吸収）に由来するものだと結論づけた。これまでにもナフタレンジイミドと芳香族分子溶媒との間に働くCT吸収に関する研究は，溶液中やPCP中で検討されているが，多成分結晶（C1〜C7）で観測されたCT吸収の強度はそれと比較して非常に大きい[10,11]。現段階ではその理由は明らかでないが，多成分結晶のカラム状の結晶構造に由来すると推測されている。続いて紫外光照射下（370 nm）における多成分結晶（C1〜C7）の発光スペクトル測定の結果を図8(b)に示す。Guestの種類に応じて多色発光が観測された。具体的にはC1とC2では青色発光，C3とC4で

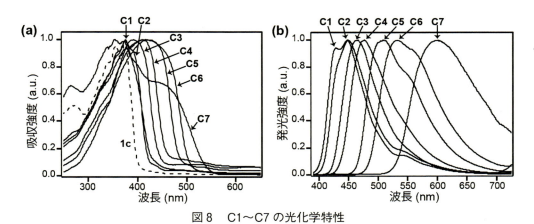

図 8　C1〜C7 の光化学特性
(a)　拡散反射スペクトル，(b)　発光スペクトル．励起波長は370 nm

は水色発光，C5 では緑色発光，C6 では黄緑色発光，C7 では橙色発光を示した。蛍光顕微鏡観察の結果，単結晶が発光していることが明らかとなった（図9）。発光スペクトルの極大発光波長エネルギー（cm^{-1}）と Guest のイオン化ポテンシャル（IP）（eV）との関係性を図10に示しているが，非常に良い直線関係を示した。これは NDI と Guest との CT 吸収からの発光であることを強く示唆している。

より詳細な光機能特性として，C1〜C7 の多成分結晶の発光寿命測定，絶対発光量子収率測定結果を表1に示す。平均発光寿命は，4.2ナノ秒から24.9ナノ秒であり，発光

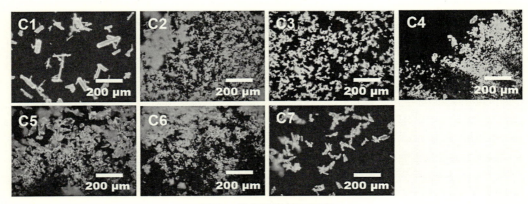

図9　蛍光顕微鏡の写真
C1，C2 は青色発光，C3，C4 は水色発光，C5 は緑色発光，
C6 は黄緑色発光，C7 は橙色発光，励起光は330〜380 nm

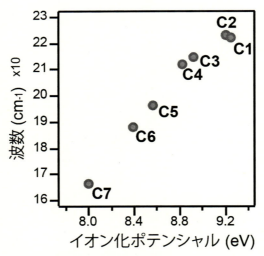

図10　C1〜C7 の発光極大波長（cm^{-1}）と Guest の
　　　イオン化ポテンシャルとの関係

第 2 章　分子の自己組織化を用いた新規の機能性色素開発

表 1　C1～C7 の光化学特性のまとめ

no.	Guest の種類	Guest の IP (eV)	発光極大波長 (nm)	発光量子収率 (ϕ)	平均発光寿命 (ns)
C1	fluorobenzene	9.20	448	8.0	5.4
C2	benzene	9.24	450	16.6	6.6
C3	m-fluorotoluene	8.91	466	31.3	14.0
C4	toluene	8.83	472	20.2	14.1
C5	m-xylene	8.56	509	26.3	24.9
C6	1,3,5-trimethylbenzene	8.41	531	10.2	14.5
C7	m-methylanisole	8.10	600	1.5	4.2

IP：イオン化ポテンシャル

種は CT 錯体からの蛍光発光であると考えられる。また絶対発光量子収率は，C3 は 30％ を超えるものであり，固体発光材料としては高い値を示した。NDI，TPFB，Guest 単独，もしくは C3 をアセトンなどの溶媒に溶解させた場合は，ほとんど発光特性を示さない。すなわち分子の自己組織化により多成分結晶を形成することで得られる新規の機能性色素開発であるといえる。

3.3　有機化合物センサーへの応用

応用例として多成分結晶を利用した有機化合物センサーの開発に関する研究を紹介する。

揮発性有機化合物（Volatile Organic Compounds：VOCs）や有機小分子の高感度かつ高選択的な検出法の開発が強く求められている。中でも吸収特性や発光特性の変化を利用して，ガス状物質を検出可能なケミカルセンサーの開発は，目視で分子を検出することができるため魅力的である。すなわちガスクロマトグラフィーや NMR などの特殊な装置の知識・技量を必要としない。そのような背景の下で，VOCs や有機小分子に対するケミカルセンサーとして NDI-TPFB 複合体（1a）が有用な材料であることが見出された[12]。NDI-TPFB 複合体（1a）は，上述で調製した 1c をメノウ乳鉢で 15 分間すりつぶしたアモルファス粉末である（図 11）。この操作は粒子径を小さくし，表面積を大きくするための操作である。1a に対して，ベンゼン，トルエン，m-キシレン，1,3,5-トリメチルベンゼンなどの有機小分子（Guest）の蒸気を 1 晩曝露させると，①Guest を取り込み，②結晶性が回復するとともに，③Guest の種類に応じた発光色の変化が観測された。1a が Guest の蒸気を取り込み多成分結晶を形成したためである。例えば 1a の発光は微弱であるが，トルエン，ベンゼン，m-キシレンの蒸気に応答して 76 倍，

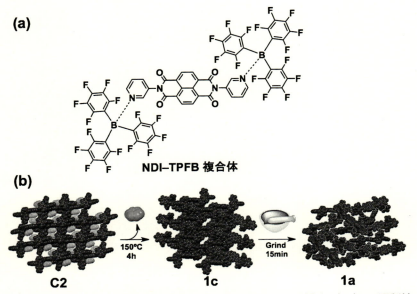

図11 (a) NDI-TPFB 複合体の構造, (b) アモルファス粉末 (1a) の調製法

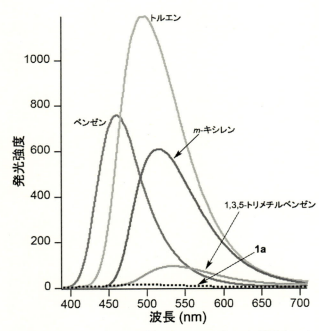

図12 1aと1aに対して様々なGuestを1晩曝露させたサンプルの発光スペクトル, 励起波長は370 nm

第2章　分子の自己組織化を用いた新規の機能性色素開発

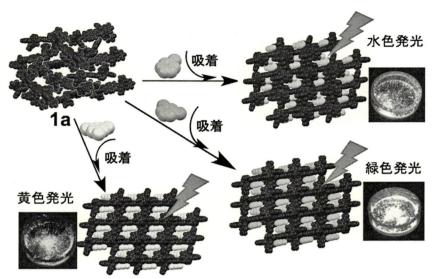

図13　多成分結晶を利用した有機化合物センサーの概念図
トルエンは水色，m-キシレン（緑色），1,3,5-トリメチルベンゼンは黄色に発光する

46倍，37倍もの発光強度の増大が観測された（図12）。一方で，メタノール，エタノール，アセトン，ジクロロメタン，クロロホルム，ヘキサン，シクロヘキサンの蒸気に対しては，ほとんど応答が観測されなかった。すなわち 1a は芳香族炭化水素に選択的な，高感度かつ Turn-ON 型のセンサーであることが見出された。その概念図を図13に示す。

4　おわりに

本章では，適切な分子間相互作用や包接現象などの「分子の自己組織化」を利用することにより，二成分や三成分から構成される新しい機能性色素を作る方法論に関して紹介した。また応用として VOC に対する有機化合物センサーに関する研究も紹介した。多成分結晶による機能性色素開発は，単に混ぜ合わせるだけの手法であり，重金属を含まず，煩雑な有機合成も必要としない。省エネルギーかつ環境保全型で経済的な新しいものづくりの方法論の提案であり，今後の進展が多いに期待される。

文　　献

1) M. W. Hosseini, *Acc. Chem. Res.*, **38**, 313-323 (2005)
2) G. R. Desiraju, *Angew. Chem. Int. Ed.*, **46**, 8342, (2007)
3) D. Yan, D. G. Evans, *Mater. Horiz.*, **1**, 46 (2014)
4) R. Bishop, *Chem. Soc. Rev.*, **34**, 2311 (1996)
5) 竹本喜一ほか，包接化合物―基礎から未来技術へ―，東京化学同人（1989）
6) 中西八郎，有機結晶材料の最新技術，シーエムシー出版（2005）
7) D. Yan *et al.*, *Angew. Chem. Int. Ed.*, **50**, 12485, (2011)
8) T. Ono, M. Sugimoto, Y. Hisaeda, *J. Am. Chem. Soc.*, **137**(30), 9519 (2015)
9) G. Erker, *Dalton Trans.*, 1883-1890 (2005)
10) C. Kulkarni *et al.*, *Phys. Chem. Chem. Phys.*, **16**, 14661 (2014)
11) Y. Takashima *et al.*, *Nat. Commun.*, **2**, 168 (2011)
12) S. Hatanaka, T. Ono, Y. Hisaeda, *Chem. Eur. J.*, **22**, 10346, (2016)

第3章　フタロシアニン系近赤外色素の合成技術

村中厚哉[*1], 内山真伸[*2]

1　はじめに

フタロシアニンは図1(a)に示すような4つのイソインドリンユニットが窒素原子で架橋された環状有機化合物であり，100年以上の歴史がある[1]。フタロシアニンは種々の金属イオンと錯体を形成し，耐久性が高く鮮やかな青～緑色を示すことから染料・顔料として古くから広く利用され，CD-R用の色素，コピー機やレーザープリンターの感光体，消臭剤，化粧品など機能性材料としても様々な分野で実用化されている。

近年，近赤外光を吸収できる有機化合物が有機系太陽電池，光線力学療法，バイオイメージングなどの最先端分野における機能性物質として注目を集めている。しかしながら，近赤外光を吸収できる有機色素は可視光を吸収する有機色素に比べると種類が少なく，耐久性に乏しいものが多い。筆者らはフタロシアニンが，①耐久性に優れていること，②近赤外領域に近い赤色の光（約700 nm）をよく吸収できること，などに着目し，図1(b)に示すようなフタロシアニン系近赤外色素をこれまで開発してきた。本稿ではこ

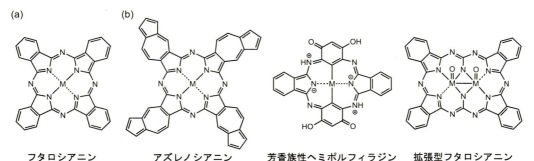

フタロシアニン　　アズレノシアニン　　芳香族性ヘミポルフィラジン　　拡張型フタロシアニン

図1　フタロシアニン(a)と本章で紹介するフタロシアニン系近赤外色素(b)の分子構造

[*1]　Atsuya Muranaka　（国研）理化学研究所　専任研究員；
　　　　　埼玉大学　大学院理工学研究科　連携准教授
[*2]　Masanobu Uchiyama　東京大学　大学院薬学系研究科　教授；
　　　　（国研）理化学研究所　主任研究員

れらの近赤外色素の設計ならびに合成方法について筆者らの研究を中心に述べる。

2　アズレン縮合型フタロシアニン誘導体（アズレノシアニン）

フタロシアニンの4つのベンゼン環の代わりにナフタレン環が縮合した化合物はナフタロシアニンと呼ばれ，フタロシアニン系近赤外色素の代表例として知られている。筆者らはベンゼン環の代わりにアズレン環が縮合したフタロシアニン誘導体を開発し，アズレノシアニンと命名した[2,3]。アズレノシアニンの主吸収帯は溶液中900〜1100 nmの領域に観測され，構造異性体であるナフタロシアニンよりも100 nm以上も長波長シフトする。アズレノシアニンの特徴として，LUMO準位が低くなることでHOMO-LUMOエネルギーギャップが小さくなることが挙げられる。

図2にアズレノシアニンの合成スキームを示す。フタロシアニンの前駆体がフタロニトリル（1,2-ジシアノベンゼン）であるのに対して，アズレノシアニンの場合には5,6-ジシアノアズレン(1)が前駆体となる。前駆体1は市販の3,4-ジブロモチオフェンから3工程で合成できる。5,6-ジブロモアズレン[4]からシアン化銅（I）を用いて前駆体1が80％を超える収率で得られるが，シアン化亜鉛（II）とパラジウム触媒を用いる方法[5]もTorresらによって報告されている。周辺置換基のないアズレノシアニンは前駆体1から合成できるものの，有機溶媒に対して溶解性が低い。かさ高い*tert*-ブチル基が導入されたジシアノアズレン(2)を前駆体として用いることで有機溶媒に可溶なアズレノシアニン(3)が得られる。無金属体3は通常のフタロシアニンと同様にリチウム法[6]を用いることで合成され，アズレン環の向きが異なる4つの構造異性体の混合物として50％程度の収率で単離される。無金属体3と過剰量の金属酢酸塩をDMF溶媒中加熱撹拌することで亜鉛（II）錯体(4)やニッケル（II）錯体，銅（II）錯体などの各種金属錯体を得ることができる。ジシアノアズレン(1,2)とフタロニトリルの両方を環化反応に用いることでアズレンユニットが3つ導入されたフタロシアニン誘導体(5)[7]や1つ導入された誘導体(6)[8]を合成することも可能である。

3　芳香族性ヘミポルフィラジン

ヘミポルフィラジンは，フタロシアニンの向かい合った2つのイソインドリンユニットをピリジンやトリアゾール，ベンゼンなど他の芳香環に置き換えた化合物の総称で，1952年に初めて報告された（図3(a)）[9]。ヘミポルフィラジンは通常赤〜オレンジ色を

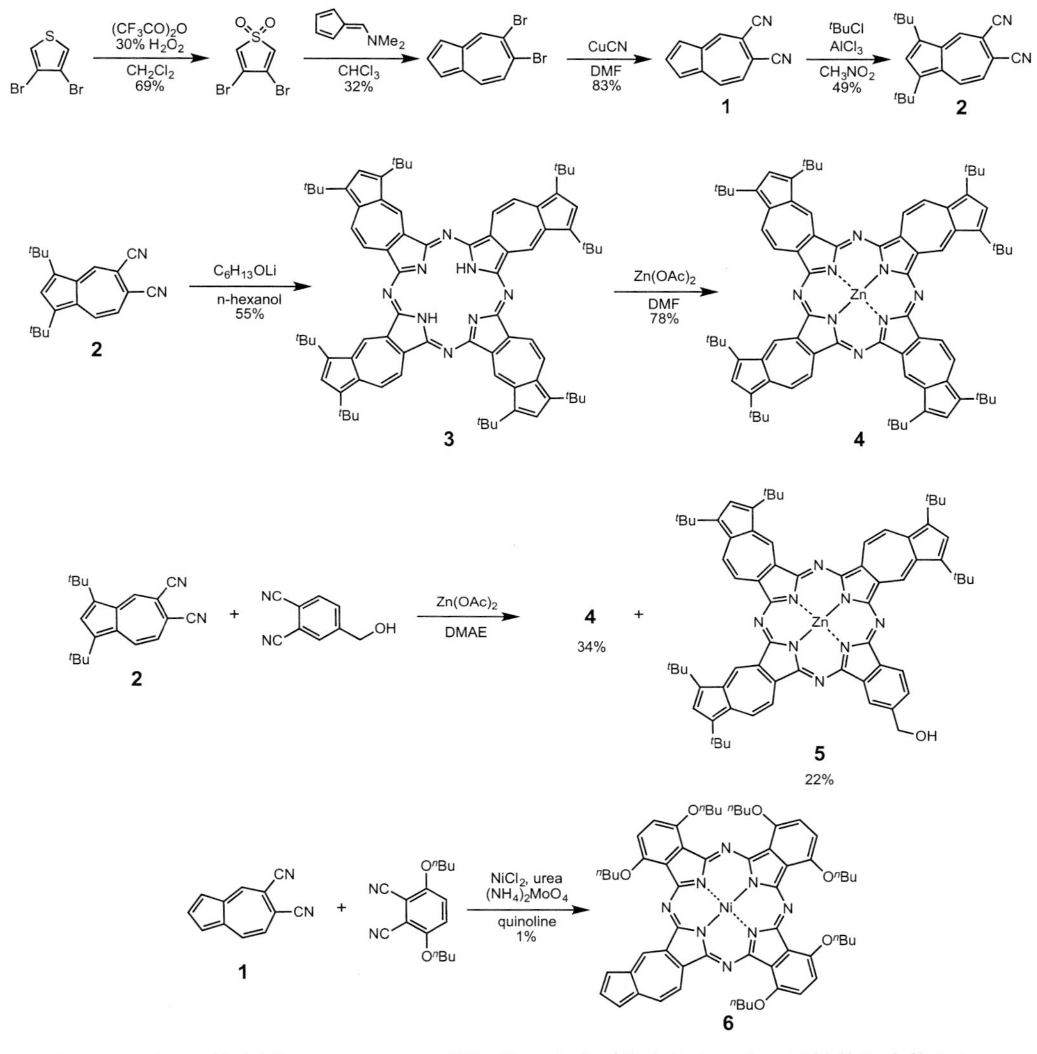

第3章 フタロシアニン系近赤外色素の合成技術

図2 アズレン縮合型フタロシアニン誘導体の合成(化合物 **3〜5** は異性体混合物として得られるが1つの異性体構造のみ記載)

呈し,一般的なフタロシアニンとは異なる物性を示す。この違いはそれぞれのπ電子構造に起因し,ヘミポルフィラジンはフタロシアニンよりも2電子多い20π電子構造をとっている[10,11]。筆者らは図3(b)に示すような酸化されやすいレゾルシノールユニットを2つ組み込んだヘミポルフィラジンを開発した。このヘミポルフィラジンは酸化剤を添加することで2電子酸化されて18π電子構造を持つ芳香族化合物となる[12,13]。この芳香族性ヘミポルフィラジンは溶液中850 nm付近の近赤外領域に主吸収帯が観測され,還元剤の添加によって元の20π電子非芳香族性化合物に戻る。

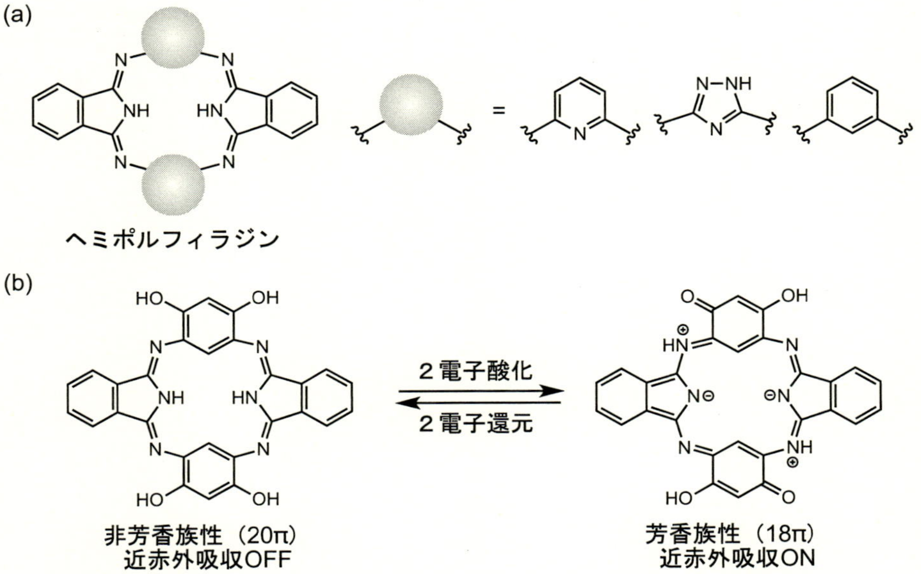

図3 (a) ヘミポルフィラジンの分子構造，(b) 酸化還元で芳香族性と近赤外吸収特性がスイッチするヘミポルフィラジン

　図4に代表的な芳香族性ヘミポルフィラジンの合成スキームを示す。一般的にヘミポルフィラジンは1,3-ジイミノイソインドリンと芳香族ジアミンを1：1のモル比でアルコール中またはニトリル系溶媒中で加熱撹拌することで得られる。周辺置換基がないヘミポルフィラジンはフタロシアニン同様に有機溶媒に対して溶解性が低い。かさ高いアリールオキシ基を導入した1,3-ジイミノイソインドリン(**7**)を対応するフタロニトリル[14,15]から合成し，市販の4,6-ジアミノレゾルシノール二塩酸塩と1：1のモル比で反応させると有機溶媒に可溶なヘミポルフィラジン(**8**)が得られる。化合物**8**のクロロホルム溶液にDDQなどの酸化剤を添加するとただちに溶液がオレンジ色から深緑色に変化して2電子酸化された芳香族性ヘミポルフィラジン(**9**)となる。化合物**9**とビス(ジベンジリデンアセトン)パラジウム(0)を反応させると2つの金属-炭素結合を持つパラジウム(Ⅱ)錯体(**10**)を合成することができる[16]。また，2,4-ジアミノフェノール二塩酸塩を原料として用いることでフェノールユニットを2つ組み込んだヘミポルフィラジン(**11**)を合成することも可能である。化合物**11**はDDQを用いて芳香族性ヘミポルフィラジン(**12**)に変換され，化合物**12**の主吸収帯は900 nmを超える[13]。

　1,3-ジイミノイソインドリン(**7**)と4,6-ジアミノレゾルシノール二塩酸塩を1：1のモル比で加熱撹拌するとヘミポルフィラジン(**8**)が79%（R=Me）または56%（R=^{i}Pr）

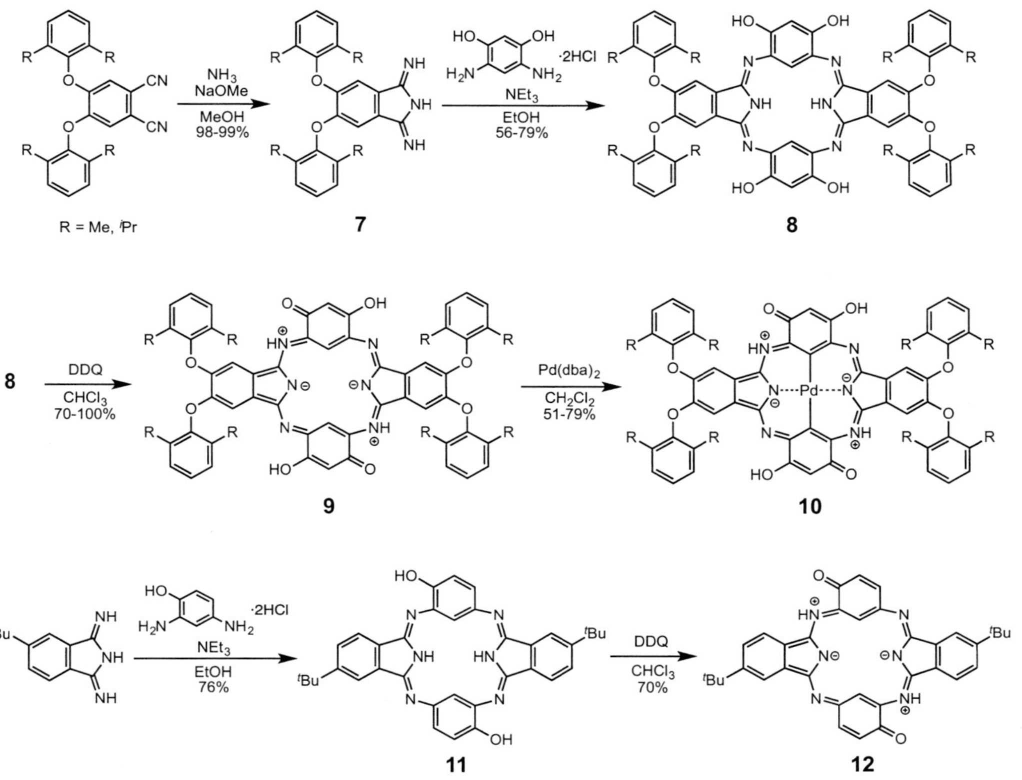

第3章 フタロシアニン系近赤外色素の合成技術

図4 芳香族性ヘミポルフィラジンの合成（化合物**11**と**12**は異性体混合物として得られるが1つの異性体構造のみ記載）

の収率で得られるが，3：1のモル比で同様に反応するとレゾルシノールユニットが1つ置換されたフタロシアニン誘導体(**13**)が89％（R＝^{i}Pr）の高収率で得られるようになる（図5）[17]。化合物**13**のようにイソインドリンユニットの1つがベンゼン環に置き換わったフタロシアニン誘導体はベンジフタロシアニンと呼ばれ，ヘミポルフィラジンと同様に古くから知られていたもののその電子構造は不明であった[18]。ベンジフタロシアニン**13**はクロロホルム溶液中で810 nmに主吸収帯を持ち，電子構造を調べたところ18π電子構造を持つ芳香族化合物であることが明らかとなった。この化合物をヨウ化メチルで処理するとレゾルシノール部位で反応が起こり，メチル基が導入される位置によって光学特性が大きく変化する（化合物**14**は近赤外領域の吸収がほとんどないが，化合物**15**は740 nmに強い吸収を示す）。Zieglerらは置換基を持たない1,3-ジイミノイソインドリンと4,6-ジアミノレゾルシノール二塩酸塩からベンジフタロシアニン(**17**)が得られることを報告している[19]。このベンジフタロシアニンはまず2：1中間体(**16**)を合

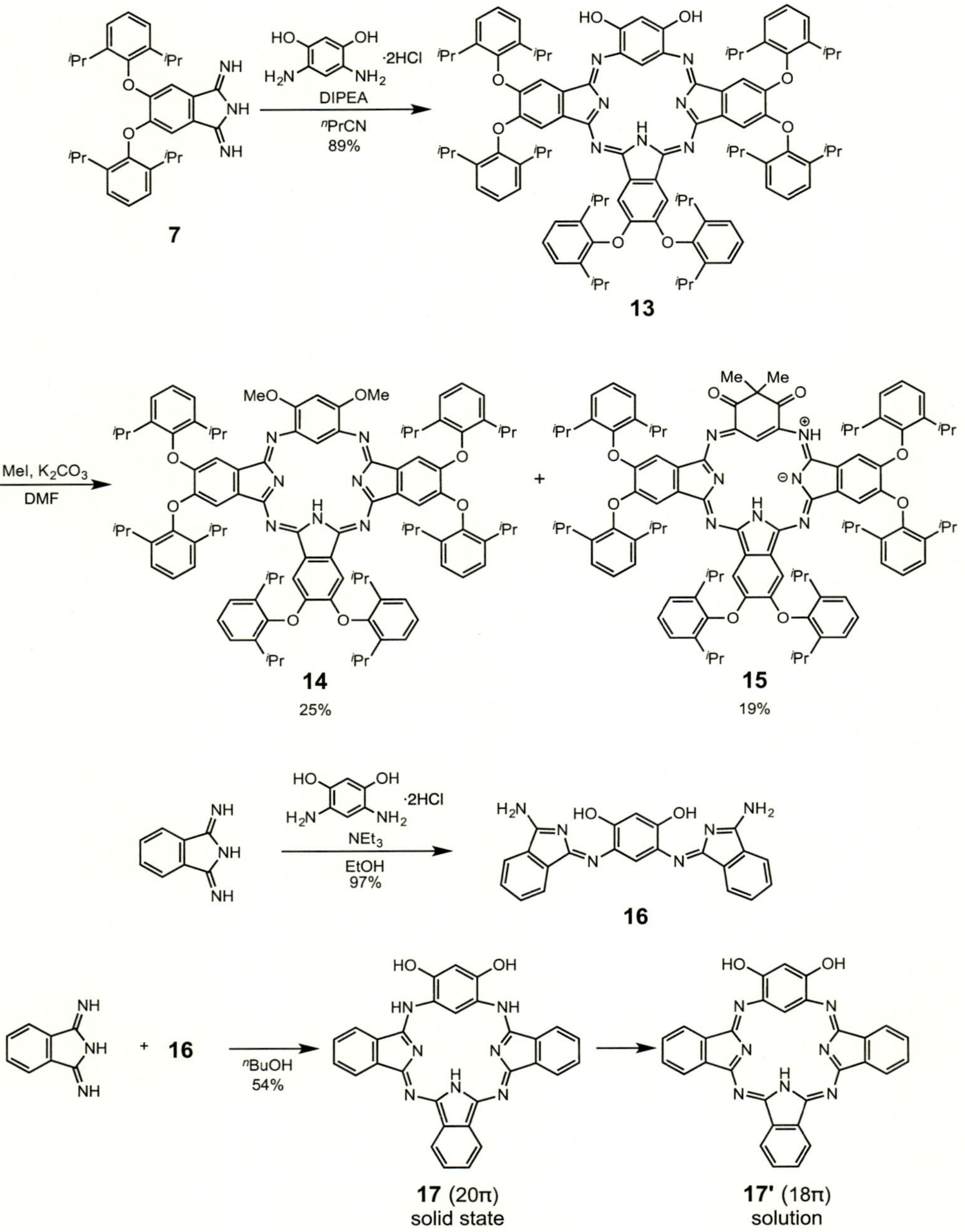

図5 芳香族性ベンジフタロシアニンの合成（DIPEA＝N,N-diisopropylethylamine）

第3章　フタロシアニン系近赤外色素の合成技術

成し，1,3-ジイミノイソインドリンと反応させることで合成される。単結晶X線構造解析によりベンジフタロシアニン**17**は20π電子構造を持つ非芳香族性化合物であることが明らかにされた。筆者らがベンジフタロシアニン**17**の溶液中の性質を調べたところ，ベンジフタロシアニン**13**とよく似た性質を示し，溶液中では**17'**のように18π電子構造をとっていると考えられる[17]。

4　拡張型フタロシアニン

フタロシアニンの吸収波長を長波長化させる方法の一つとして，骨格のπ骨格を拡張する方法がある。5つのイソインドリンユニットから構成されるスーパーフタロシアニンはフタロシアニンよりも4電子多い22π電子構造を有する芳香族化合物であり，その吸収波長は900 nmを超える（図6(a)）。スーパーフタロシアニンはフタロニトリルと塩化ウラニル(VI)から1段階で合成できるものの[20,21]，ウラン(VI)錯体でないとこのような構造の化合物が得られないため，スーパーフタロシアニンを材料として用いるに

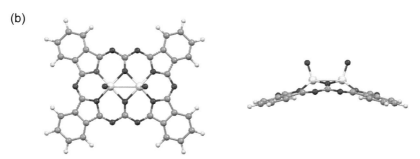

図6　(a)　スーパーフタロシアニンと拡張型フタロシアニンの分子構造
　　　(b)　拡張型フタロシアニンの三次元モデル

は問題があった。筆者らは通常のフタロシアニンの合成条件から新しい骨格を持つ環拡張型フタロシアニンが合成されることを偶然見いだした[22]。この拡張型フタロシアニンは金属−金属結合を持つモリブデン(V)またはタングステン(V)の二核錯体として得られる。酸素配位子が π 骨格に対して同じ方向に向き金属イオンが π 骨格の少し上に位置するため，π 骨格はドーム型に歪む（図6(b)）。この π 骨格は4つのイソインドリンユニットと2つのグアニジンユニットから構成されていて，スーパーフタロシアニンと同様に22π電子系芳香族性を示す。これらの拡張型フタロシアニンの主吸収帯は800〜1200 nm に観測され，可視領域の光はほとんど吸収しない。

拡張型フタロシアニンは1,3-ジイミノイソインドリン（またはフタロニトリル，フタルイミド，フタル酸無水物）と各種金属塩，尿素から合成することができる。しかしながら，この方法では収率が0.3〜8.3％と低く，副生成物のフタロシアニンが多く生成し分離精製が困難な場合が多い。筆者らは尿素の代わりにグアニジン塩酸塩を原料に用いる新しい反応を開発した[23]。この方法では拡張型フタロシアニンの収率が劇的に上がり，副生成物のフタロシアニンの生成を抑えることができる。

図7に拡張型フタロシアニンの合成例を示す。有機溶媒に可溶な4つの tert-ブチル基が置換された拡張型フタロシアニンモリブデン(V)錯体(**18**)は5-*tert*-ブチル-1,3-ジイミノイソインドリンとグアニジン塩酸塩，モリブデン酸アンモニウムを300℃で30分反応することで32％の収率で得られる。1,3-ジイミノイソインドリンの代わりに市販の4-*tert*-ブチルフタロニトリルを用いることで，すべて市販の原料から拡張型フタロシアニンの合成が可能になるが，収率は少し低下する。モリブデン酸アンモニウムの代わりにパラタングステン酸アンモニウムを用いるとタングステン(V)錯体(**19**)が10％収率で合成できる。周辺置換基のない拡張型フタロシアニン(**20**)もこの方法を用いて市販の原料から合成することができる。化合物20はほとんどの有機溶媒に溶けないが，クロロホルムやオルトジクロロベンゼンにはわずかに溶け，ソックスレー抽出により精製可能である。

5　おわりに

フタロシアニンはその中心金属イオンと周辺置換基をうまく組み合わせたり[24]，集合化させたりする[14,25]ことでも吸収波長を近赤外領域にシフトさせることが可能である。本稿で紹介したフタロシアニン系近赤外色素も中心金属イオン，周辺置換基，集合化を活用することでさらなる長波長化，高機能化が期待できる。

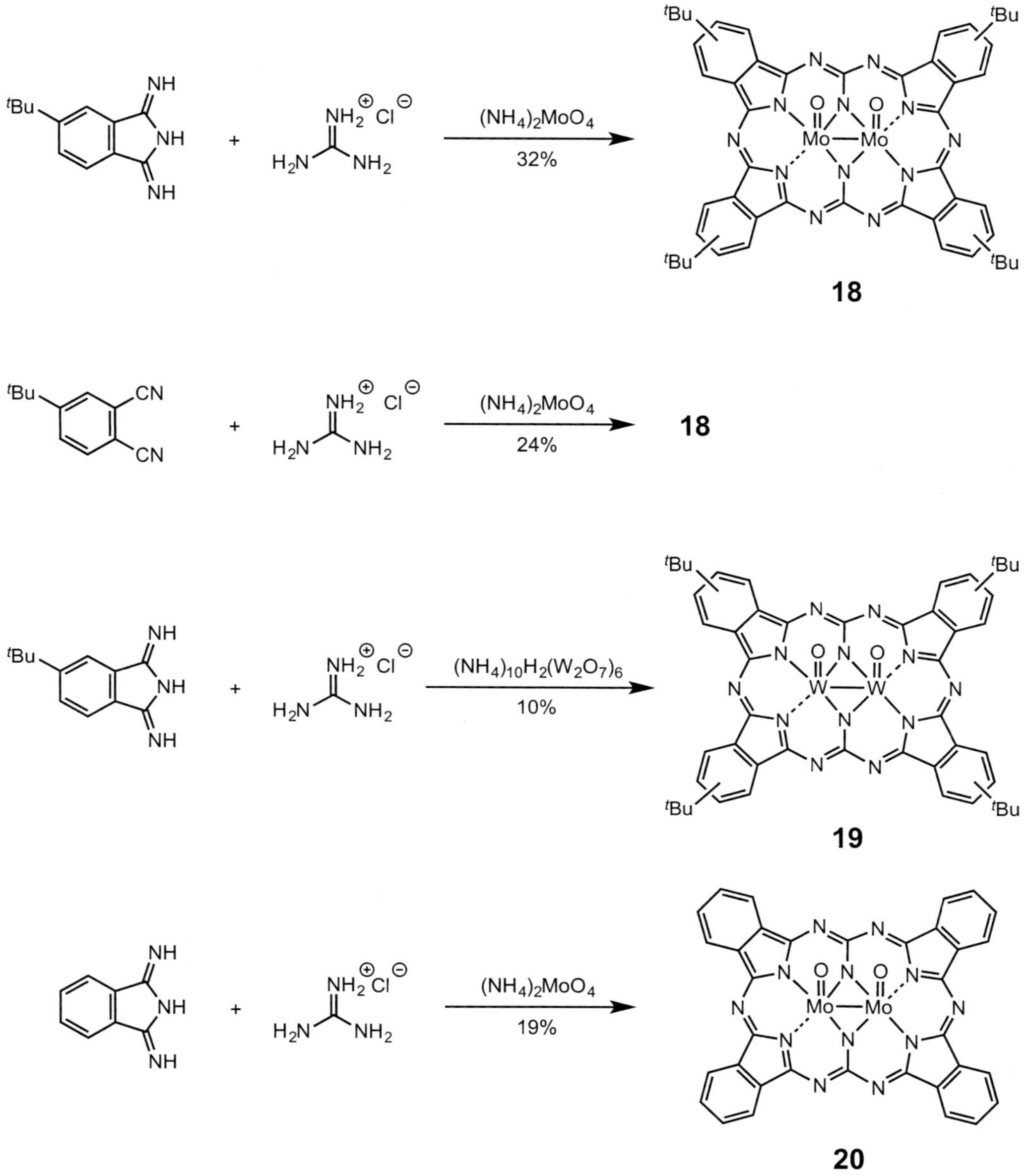

第3章　フタロシアニン系近赤外色素の合成技術

図7　グアニジン塩酸塩を用いた拡張型フタロシアニンの合成
（化合物**18**と**19**は異性体混合物として得られる）

文　　献

1) 西久夫, 色素の化学―インジゴからフタロシアニンまで―, 共立出版 (1985)
2) 内山真伸ほか, 新規化合物, 及びその製造方法, 特開 2011-116717 (2011)
3) A. Muranaka *et al.*, *J. Am. Chem. Soc.*, **132**, 7844 (2010)
4) Y. Lu *et al.*, *J. Am. Chem. Soc.*, **122**, 2440 (2000)
5) M. Ince *et al.*, *Chem. Commun.*, **48**, 4058 (2012)
6) 小林長夫, 白井汪芳, フタロシアニン―化学と機能―, アイピーシー (1996)
7) M. Ince *et al.*, *Chem. Sci.*, **3**, 1472 (2012)
8) A. Muranaka *et al.*, *Chem. Lett.*, **40**, 714 (2011)
9) J. A. Elvidge *et al.*, *J. Chem. Soc.*, 5008 (1952)
10) F. Fernández-Lázaro *et al.*, *Chem. Rev.*, **98**, 563 (1998)
11) A. Muranaka *et al.*, *J. Phys. Chem. A*, **118**, 4415 (2014)
12) A. Muranaka *et al.*, *J. Am. Chem. Soc.*, **134**, 190 (2012)
13) 村中厚哉ほか, 新規な化合物, 及びその利用, 特開 2013-056873 (2013)
14) S. Makarov *et al.*, *Chem. Eur. J.*, **12**, 1468 (2006)
15) A. Tuhl *et al.*, *J. Porphyrins Phthalocyanines*, **16**, 163 (2012)
16) A. Muranaka *et al.*, *J. Porphyrins Phthalocyanines*, **18**, 869 (2014)
17) N. Toriumi *et al.*, *Angew. Chem. Int. Ed.*, **53**, 7814 (2014)
18) J. A. Elvidge *et al.*, *J. Chem. Soc.*, 700 (1957)
19) R. Costa *et al.*, *New J. Chem.*, **35**, 794 (2011)
20) J. E. Bloor *et al.*, *Can. J. Chem.*, **42**, 2201 (1964)
21) T. J. Marks *et al.*, *J. Am. Chem. Soc.*, **100**, 1695 (1978)
22) O. Matsushita *et al.*, *J. Am. Chem. Soc.*, **134**, 3411 (2012)
23) 村中厚哉ほか, 拡張型フタロシアニン化合物の製造方法, 特開 2015-034147 (2015)
24) T. Furuyama *et al.*, *J. Am. Chem. Soc.*, **136**, 765 (2014)
25) T. Fukuda *et al.*, *J. Am. Chem. Soc.*, **134**, 14698 (2012)

第4章　ホウ素錯体色素の開発

窪田裕大*

1　はじめに

　有機ホウ素錯体はオプトエレクトロニクス分野やバイオメディカル分野などへの応用が期待されており，現在注目されている機能性色素の1つである。有機ホウ素錯体はホウ素原子と配位子から構成されている。配位子の構造により有機ホウ素錯体の性質は変化する。有機ホウ素錯体の性質と配位子の構造との相関関係を理解し，有機ホウ素錯体（配位子）を合成する技術を取得することで，有機ホウ素錯体の機能を自在に制御することが可能となる。

　本稿では，有機ホウ素錯体の合成技術の紹介および構造と性能（吸収・蛍光特性）との相関関係を明らかにするという観点でまとめた。これまでに数多くの蛍光ホウ素錯体が報告されているが，そのほとんどは単核の二座配位型である。単核の二座配位子型のホウ素錯体は大きくN^N型，O^O型，N^O型に分類することができる。本稿では，単核ホウ素錯体についてそれぞれの分類ごとに合成法と吸収・蛍光特性について概説する。また最後に，筆者らが近年報告した新しい有機ホウ素錯体について紹介する。

2　有機ホウ素錯体と蛍光特性

　有機ホウ素錯体は蛍光を示すものが多い。これは分子（配位子）のホウ素錯体化が，色素骨格の剛直化などにより，蛍光の発現（Φ_fの増加）に有利に働くことが多いからである（図1(a)および1(b)）。通常，色素骨格の剛直化は励起状態での分子の振動や回転の抑制（無輻射遷移の抑制：k_{nr}の減少），π共役系の伸張（最大吸収波長λ_{max}および最大蛍光波長F_{max}の長波長化），モル吸光係数εの増加（輻射遷移の促進：k_fの増加）などを促す[1]。また，ホウ素錯体化は励起状態における反応（例えば水素移動）の抑制（k_rの減少）にも寄与する。その他にもホウ素錯体化による電子状態の変化が項間交差の抑制（k_{isc}の減少）などにつながる場合もある[2]。

---

*　Yasuhiro Kubota　岐阜大学　工学部　化学・生命工学科　助教

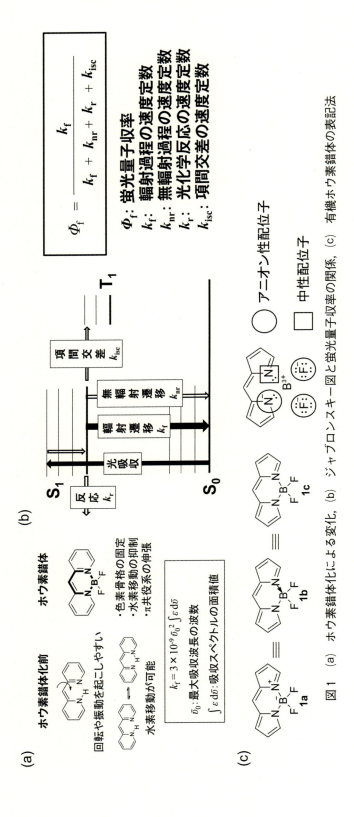

図1 (a) ホウ素錯体化による変化, (b) ジャブロンスキー図と蛍光量子収率の関係, (c) 有機ホウ素錯体の表記法

第4章　ホウ素錯体色素の開発

ホウ素錯体の光学特性は配位子の構造に大きく依存する。このため，多くのホウ素錯体が開発され，バイオイメージング[3]，有機発光ダイオード（OLED）[4]，色素増感太陽電池[5]，光線力学的治療法（PDT）[6]など様々な分野への応用が期待されている。

3　有機ホウ素錯体の表記法

有機ホウ素錯体の構造式の表記法は3種類ある。たとえばBODIPY（Boron-dipyrromethene）色素は，3種類の構造式 **1a〜1c** で書かれるが，すべて同じものを表している（図1(c)）。**1a** は有機化合物としての表記法である。**1b** および **1c** は金属錯体の表記法である[7]。金属錯体の表記法においては，アニオン性配位子は実線で，中性配位子は矢印または実線で表記される。

4　N^N型ホウ素錯体

4.1　対称型BODIPY色素の合成法

N^N型ホウ素錯体の代表例はBODIPY色素である。また，BODIPY色素は蛍光ホウ素錯体の中で最も有名で研究されている色素である[8]。BODIPY色素はシアニン色素がホウ素錯体化により剛直化した構造を取っている。対称型BODIPY色素の合成には主に2種類の方法が用いられる（図2(a)）[8a]。1つ目の反応では，カルボン酸塩化物に対して2当量のピロール誘導体を反応させることで，ジピロメテンの塩酸塩 **2a** を得る。この塩酸塩は通常不安定であり単離されず，過剰量の塩基（通常トリエチルアミン）と三フッ化ホウ素ジエチルエーテル錯体（$BF_3 \cdot OEt_2$）を加えることでBODIPY色素 **3** が得られる。この反応では脂肪族[9a]および芳香族[9b]の酸塩化物の使用が可能である。2つ目の反応では，アルデヒドに対して2.5当量程度のピロール誘導体を反応させることにより，ジピロールメタン **2b** を合成する。**2b** を酸化（通常DDQまたはp-クロラニル）することでジピロメテン **2c** が生じ，更に過剰量の塩基（通常トリエチルアミン）と $BF_3 \cdot OEt_2$ を反応させることでBODIPY色素 **3** が生成する[9c]。この反応において，**2b** および **2c** は単離せずに反応を行う場合が多い。また，この反応では脂肪族アルデヒドは用いられず，芳香族アルデヒドのみが用いられる[8a]。

4.2　非対称型BODIPY色素の合成法

非対称型BODIPY色素の合成法を図2(b)に示した[10a]。α位にカルボニル基を有する

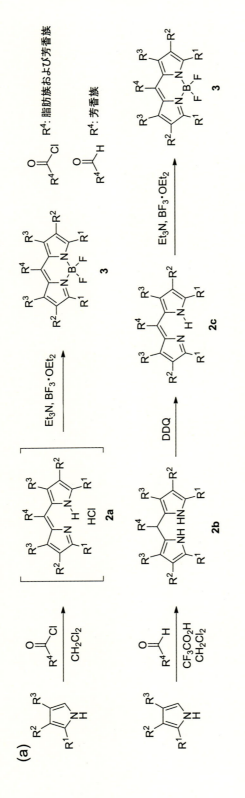

図2 (a) 対称型BODIPY色素の合成法, (b) 非対称型BODIPY色素の合成法

第4章　ホウ素錯体色素の開発

ピロール誘導体 4a と α 位が無置換のピロール誘導体 4b を塩化ホスホリル存在下で反応させることで，ジピロメテンの塩 4c が生じ，これにトリエチルアミンと $BF_3 \cdot OEt_2$ を反応させることで非対称 BODIPY 色素 5 が生成する。この反応では，原料であるピロール 4b の代わりにインドールなどの縮環ピロールを用いることも可能である[10b]。

4.3　BODIPY 色素のメソ位（8位）への置換基導入法

BODIPY 環上に置換基を導入することも可能である（図3）[11]。8位（メソ位）へのアリール基，アルキニル基，アルキル基などの置換基導入は，ハロゲン誘導体の鈴木カップリング[12a]，Stille カップリング[12a]，薗頭カップリング[12a]，根岸カップリング[12b]などの遷移金属を用いたカップリング反応により可能である[12a]。また，メチルチオ基が導入された BODIPY 色素はボロン酸誘導体との Liebeskind 反応も可能である[12c]。この反応は中性条件下で行うことができるという特徴を持つ。また，クロロ誘導体と求核剤との芳香族求核置換（S_NAr）反応によりメソ位への N, O, S 原子を導入することもできる[12a]。メソ位にメチル基が導入された BODIPY 色素は Knoevenagel 縮合によるアルケニル基の導入[12d]や LDA によるリチオ化の後，求電子剤と反応させることも可能である[12e]。

4.4　BODIPY 色素の β 位（2位および6位）への置換基導入法

BODIPY 環上において2位および6位（β 位）の電子密度が最も高い。このため，β 位において芳香族求電子置換反応（S_EAr）が優先的に起こる[11]。すなわち，BODIPY 色素の臭素[13a]，NBS[13b]，臭化第二銅（$CuBr_2$）[13c]，トリクロロイソシアヌル酸

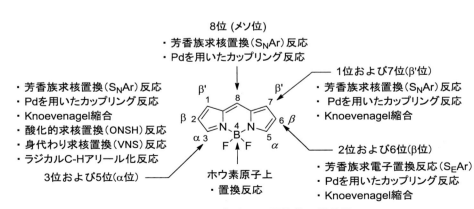

図3　BODIPY 色素への置換基の導入法

（TCCA）[13d]，一塩化ヨウ素（ICl）[13e] などによるハロゲン化，および Vilsmeier 反応[13f] によるホルミル化は β 位で位置選択的に進行する。また，Ir 触媒を用いた C-H 結合活性化によるホウ素化も BODIPY 環上の β 位で優先的に起こる[13g]。このため，β 位については，遷移金属触媒反応（鈴木[13e]，Stille[13h]，薗頭[13i]，根岸カップリング[12b]，直接 C-H アリール化[13j]）や Knoevenagel 縮合[13k] の原料となる BODIPY 色素を比較的容易に得ることができる。

4.5 BODIPY 色素の α 位（3 位および 5 位）への置換基導入法

3 位および 5 位（α 位）への選択的なハロゲン化は難しい。ただし，ハロゲン化剤として $CuCl_2 \cdot 2H_2O$ を用いた場合，BODIPY 色素から Cu(II) への 1 電子移動（SET）が起こり，ラジカル的に反応が進行し，α 位が優先的にクロロ化することが報告されている[13c]。ハロゲン誘導体との S_NAr 反応[14a]および遷移金属を用いたカップリング反応（鈴木[14b]，Stille[14b]，薗頭[14b]，Heck[14b]，根岸[13b]），アルキルチオ誘導体との Liebeskind 反応[14c]，メチル誘導体との Knoevenagel 縮合[14d] などにより BODIPY 環上への置換基の導入が可能である。α 位に置換基を持たない BODIPY 色素については，酸素雰囲気下で求核剤と反応させる酸化的求核置換（ONSH）反応[14e]，あるいは身代わり求核置換（VNS）反応[14f]による α 位への置換基導入が報告されている。その他にも最近，アリールジアゾニウム塩とフェロセン（還元剤）との反応[14g]，またはジアリールヨードニウム塩[14h]よりアリールラジカルを発生させ BODIPY 色素の α 位に置換基を導入するラジカル C-H アリール化反応が報告されている。

4.6 BODIPY 色素の β' 位（1 位および 7 位）への置換基導入法

1 位および 7 位（β' 位）は他の部位に比べて電子密度が低く，またメソ位の置換基との間で立体障害が生じるため，S_EAr 反応は極めて起こりにくい[13a]。このため，β' 位がハロゲン化された BODIPY 色素を得るためには，他の位置に置換基を有する BODIPY 色素をハロゲン化するか，あるいは BODIPY 色素の合成時にあらかじめハロゲン化されたピロールを用いる必要がある。β' 位においても，ハロゲン誘導体の遷移金属触媒反応（鈴木[15a]，Stille[15a]，薗頭[15a]，Heck[15a]，根岸カップリング[12b]）が報告されている。β' 位での S_NAr 反応は求核性の高いチオラートアニオンのみが進行する[15a]。また，メチル誘導体の Knoevenagel 縮合[15b] なども報告されている。

第4章　ホウ素錯体色素の開発

4.7　BODIPY色素のホウ素原子上（4位）への置換基導入法

　BODIPY色素のホウ素原子上の置換基は通常F原子であるが，置換反応などにより交換することも可能である。ホウ素原子上が2つのF原子に置換されているBODIPY色素（BF$_2$-BODIPY）は有機リチウム試薬（RLi）やGrignard試薬（RMgX）と反応し，B原子上の2つの置換基がアルキル基，アリール基，アルキニル基に置き換わったBR$_2$-BODIPYを与える[16a]。この反応において，加えるRMgXの当量数を制御することで，B原子上のF原子の1つだけがRと置き換わったBFR-BODIPYを得ることも可能である[16b]。BF$_2$-BODIPYとアルコキシドとの反応においても置換基交換反応が起こり，B(OR)$_2$-BODIPYが生成するが，Rが^{t}Buのように嵩高い場合は，脱ホウ素化が起こり配位子であるジピリン（ジピロメテン）が生成する[16c]。

　TMSClと酢酸との反応で酢酸トリメチルシリル（TMSOAc）を発生させ，これをBF$_2$-BODIPYと反応させることで，B(OAc)F-BODIPYおよびB(OAc)$_2$-BODIPYを得ることができる[16d]。同様の反応は，トリフルオロ酢酸，アクリル酸，2-プロピン酸などにも適用でき，それぞれB(OCOCF$_3$)$_2$-BODIPY，B(OCOC=CH$_2$)$_2$-BODIPY，B(OCOC≡CH)$_2$-BODIPYが合成されている[16e]。また，BF$_2$-BODIPYとトリメチルシリルシアニド（TMSCN）との反応により，B原子上に2つのシアノ基を有するB(CN)$_2$-BODIPYが得られる[16f]。

　ジアルキルアルミニウムクロリド（R$_2$AlCl）はBF$_2$-BODIPYのF原子に配位することで，B-F結合を活性化させる。このため，温和な条件でBF$_2$-BODIPYからBR$_2$-BODIPYを合成することができる[16g]。ただし，R$_2$AlClの2つ目のR基は反応性が低いため，反応を完結させるためには2当量のR$_2$AlClが必要である。またこの反応ではモノ置換体（BFR-BODIPY）は得られない。この反応はRLiやRMgXと違い，カルボニル基を有するBF$_2$-BODIPYにも適用できるという利点がある。

　AlCl$_3$もB-F結合を活性化させる。このため，BF$_2$-BODIPYをAlCl$_3$存在下でアルコールや水と反応させることで，ホウ素原子上がアルコキシ基，アリールオキシ基，ヒドロキシル基に置き換わったB(OR)$_2$-BODIPY，B(OAr)$_2$-BODIPY，B(OH)$_2$-BODIPYが得られる[16h]。BF$_3$・OEt$_2$もB-F結合を活性化させることが知られており，BF$_3$・OEt$_2$の添加によりBF$_2$-BODIPYとGrignard試薬の反応が促進されることが報告されている[16i]。また，BF$_3$・OEt$_2$の添加はBF$_2$-BODIPYと水との反応も促進させる。BF$_2$-BODIPYに1当量のBF$_3$・OEt$_2$を添加し，更に3当量の水を加えた場合には，B(OH)$_2$-BODIPY（2当量の水が必要）を経由し，B-N結合の加水分解が起こりジピリンのテトラフルオロホウ酸塩が生成する[16i]。しかしながら，同条件下で大過剰の水

を加えた場合はBF$_3$·OEt$_2$の失活が優先され反応は進行せず原料回収となる。

　ホウ素原子とハロゲンとの結合の強さは，B-F≫B-Cl＞B-Br＞B-I の順である。このため，ホウ素錯体の安定性は，BF$_2$≫BCl$_2$＞BBr$_2$＞BI$_2$ であると予想される。BCl$_2$-BODIPY はジピリン[16j]あるいは BF$_2$-BODIPY[16k]と BCl$_3$ との反応により得られるが，水や空気に対して不安定である。不活性雰囲気下においては単離された例もあるが[16j]，通常は反応中間体として用いられる。B-Cl 結合は B-F 結合よりも弱いため，BCl$_2$-BODIPY は BF$_2$-BODIPY よりも穏やかな反応条件でアルコキシドや Grignard 試薬などの求核剤と反応し，高収率で B 原子上が置換された BODIPY 色素を与える[16k]。BBr$_2$-BODIPY も BF$_2$-BODIPY と BBr$_3$ の反応により生成することが，NMR スペクトルにより確認されている。しかしながら，不安定なためか光学特性については報告されていない[16i]。BBr$_2$-BODIPY も BCl$_2$-BODIPY と同様に有用な反応中間体として用いることが可能である。

4.8　BODIPY 色素の吸収および蛍光特性

　BODIPY 色素は剛直な色素骨格を持つため，通常シャープな吸収スペクトル（半値幅：約 25～35 nm），大きなモル吸光係数（典型的な数値：約 40,000～110,000）を示し，しばしば C＝C に起因する 1200～1400 cm^{-1} 程度の振動微細構造が観測される[8b]。高い蛍光量子収率（Φ_f）を示す場合が多いが，ストークスシフトは小さい（約 5～20 nm）。また，BODIPY 色素の溶媒の極性による最大吸収波長（λ_{max}）の変化は他の色素に比べて小さいが，溶媒の極性の増加および分極率の低下により λ_{max} は若干短波長シフトする傾向にある[8d]。

4.9　BODIPY 色素のメソ位の置換基の吸収・蛍光特性への影響

　6a（λ_{max}＝505 nm）と比較して，メソ位へ電子供与基であるメチル基およびエトキシ基が導入された **6b**（λ_{max}＝496 nm）や **6e**（λ_{max}＝487 nm）の最大吸収波長（λ_{max}）は若干短波長化した[17a,b]（図 4(a)）。シアノ基が導入された **6d**（λ_{max}＝596 nm）の λ_{max} は電子求引の効果と共役系の伸張のため大きく長波長化した[17a]。エチニル基の導入（**6f**：λ_{max}＝544 nm）は共役系の伸張により λ_{max} の長波長化を引き起こした[17b]。一方，アリール基の導入（**7a**：λ_{max}＝500 nm，**7b**：λ_{max}＝510 nm）は立体障害のため共役系の伸張にはあまり寄与しないため，λ_{max} にはそれほど影響を及ぼさない[17c]。

　7a（Φ_f＝0.60）と比較して **7b**（Φ_f＝0.29）の蛍光量子収率（Φ_f）は低い値を示した。β' 位にメチル基を有する **7a** の BODIPY 骨格と p-トリル基の 2 面角は 81.1° であり，

第4章　ホウ素錯体色素の開発

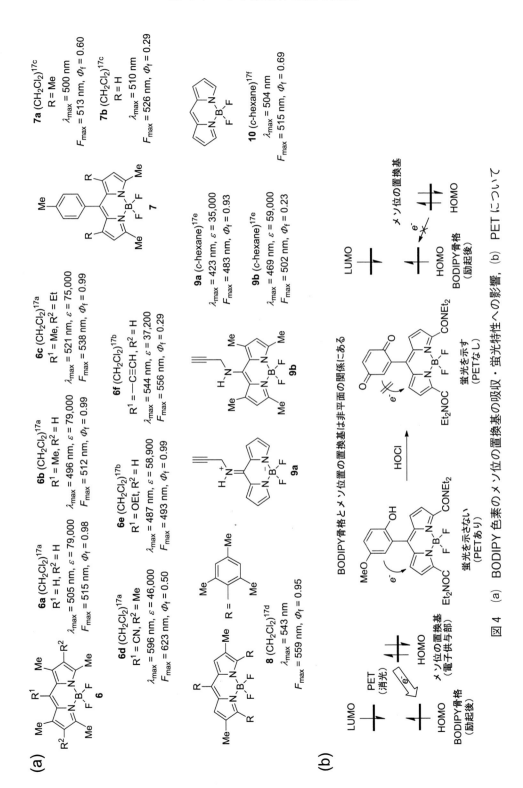

図4　(a) BODIPY色素のメソ位の置換基の吸収・蛍光特性への影響，(b) PETについて

β′位に置換基がない **7b** の2面角は64.7°であることから，**7b** の方がアリール基の回転が起こりやすいと考えられる[17c]。このことは溶液中でのメソ位のアリール基の回転が無輻射失活を促進し $Φ_f$ の低下を引き起こすことを示唆する。メシチル基が導入され分子内での置換基の回転が抑制された **8**（$Φ_f=0.95$）は高い $Φ_f$ を示す[17d]。

　メソ位へのアミノ基の導入は $λ_{max}$ の大きな短波長化を引き起こし（**9a**：$λ_{max}=423$ nm，**10**：$λ_{max}=504$ nm），BODIPY 色素において青色の蛍光を実現した（**9a**：$F_{max}=483$ nm）[17e]。BODIPY 色素 **9a** はメソ位のプロパルギルアミノ基と BODIPY 骨格がほぼ同一平面上になったヘミシアニン型の構造を持つ。このため，BODIPY 骨格上のピロール環同士の Push-Pull 相互作用が阻害され，大きな短波長化を引き起こしたと考えられる[17e]。一方，β′位にメチル基を有する **9b**（$λ_{max}=469$ nm）は立体障害のため，ヘミシアニン型の構造を取れず，**9a** に比べて長波長化した。

　光誘起電子移動（PET）は蛍光消光機構の1つである。PET 機構の原理を BODIPY 色素に応用することで，蛍光センサーが開発されている[17g]。BODIPY 骨格とメソ位に導入されたアリール基は非平面の関係にある。このため，BODIPY 骨格とメソ位のアリール基は別の発色団とみなすことができる。メソ位のアリール基の HOMO のエネルギーレベルが BODIPY 骨格の HOMO レベルよりも高い場合，PET が起こり，蛍光が消光する（図4(b)）。すなわち，光を吸収し励起した BODIPY 骨格の HOMO にアリール基の HOMO から電子移動が起こるため蛍光を示さない。次亜塩素酸（HOCl）の蛍光センサーにおいては，メソ位のアリール基が次亜塩素酸と反応することで，HOMO のエネルギー準位が BODIPY 骨格の HOMO よりも低くなることで，PET が起こらなくなり，蛍光を示すようになる[17h]。この他にも PET の原理を用いた蛍光の ON-OFF 機構を用いた蛍光プローブが多く開発されている[8a]。

4.10　BODIPY 色素のα位，β位，β′位の置換基の吸収・蛍光特性への影響

　メソ位へのシアノ基の導入は $λ_{max}$ の大きな長波長化を引き起こすのに対して，β位へのシアノ基の導入（**11a**：$λ_{max}=496$ nm）は $λ_{max}$ にはほとんど影響を及ぼさない（図5(a)）[18a]。スルホン酸ナトリウム基を有する **11b**（$F_{max}=509$ nm，$Φ_f=0.34$）は水に溶解し蛍光を示す[18b]。ニトロ基の BODIPY 骨格への直接の導入は $λ_{max}$ を短波長化させる（**12a**：$λ_{max}=496$ nm，**12b**：$λ_{max}=450$ nm）が[18c]，p-ニトロフェニル基の導入は $λ_{max}$ を長波長化させる（**13a**：$λ_{max}=501$ nm，**13b**：$λ_{max}=537$ nm）[13b]。p-ジメチルアミノフェニル基の導入された **13d**（$λ_{max}=686$ nm）および **13e**（$λ_{max}=644$ nm）は分子内電荷移動（ICT）のため **13c**（$λ_{max}=577$ nm）よりも長波長化した $λ_{max}$ を示すが，蛍光は示さ

第4章 ホウ素錯体色素の開発

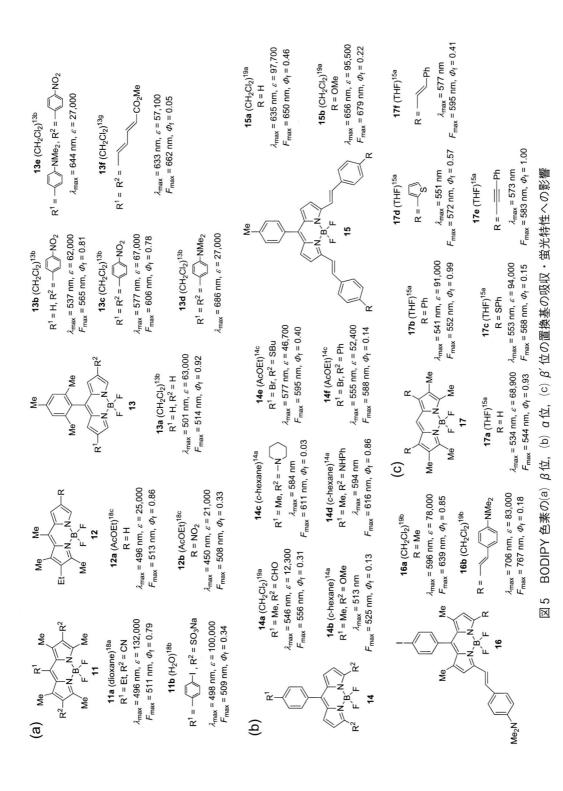

図5 BODIPY色素の(a) β位，(b) α位，(c) β'位の置換基の吸収・蛍光特性への影響

ない[13b]。ポリエン鎖の導入もλ_{max}を長波長化させるがΦ_fは低下する（**13f**：$\lambda_{max}=633$ nm，$\Phi_f=0.05$）[13g]。

7b（$\lambda_{max}=510$ nm）と比較して，α位（3,5位）へのホルミル基（**14a**：$\lambda_{max}=546$ nm）[19a]，アミノ基（**14c**：$\lambda_{max}=584$ nm，**14d**：$\lambda_{max}=594$ nm）[14a]，アルキルチオ基（**14e**：$\lambda_{max}=577$ nm）[14c]，アリール基（**14f**：$\lambda_{max}=555$ nm）[14c]の導入はλ_{max}を長波長化させる（図5(b)）。スチリル基[19]の導入はλ_{max}の長波長化に有効であり（**15b**：$\lambda_{max}=656$ nm）[19a]，ジメチルアミノ基を有する**16b**（$\lambda_{max}=706$ nm，$F_{max}=767$ nm）は近赤外領域に吸収・蛍光を示す[19b]。

β'位（1,7位）への置換基の導入もλ_{max}の長波長化を引き起こす[15a]（図5(c)）。ただし，β'位はα位に比べて，置換基の導入による吸収波長の変化が小さい（**15a**：$\lambda_{max}=635$ nm，**17f**：$\lambda_{max}=577$ nm）[11]。

4.11 BODIPY色素のホウ素原子上の置換基の吸収・蛍光特性への影響

B原子上の置換基の違いによるλ_{max}やF_{max}への影響は小さい（図6）。B原子上の置換基の種類による放射速度定数（k_f）への影響は少ないが，無輻射速度定数（k_{nr}）は置換基の種類により大きく依存する。このため，通常Φ_fの違いはk_{nr}値の違いよるものだと考えられる[16h]。BAr_2錯体の場合，k_{nr}の値はArのサイズが大きくなるにつれ増加する傾向にある[16b]。また，BODIPY色素において，溶媒の極性の増加に伴いΦ_fが低下する場合がある。BF_2錯体においてこのΦ_fの低下は，溶媒の極性の増加により無発光性のICT型の遷移状態が増加し，k_{nr}が増加することで説明されている[16b,20b]。BAr_2錯体においては溶媒の極性の増加によって，Ar基の疎溶媒性効果によりBODIPY骨格が歪んだ無発光性の励起状態の寄与が大きくなり，k_{nr}が増加することが報告されている[16b]。**18i**についてはピレン部位からBODIPY骨格へ定量的に分子内エネルギー移動が起こる[16b]。このような分子設計はストークスシフトの増大に有用である[20c]。

4.12 縮環型BODIPY

BODIPY骨格への置換基の導入だけでは，λ_{max}の長波長化に限界がある[8c]。縮環によるπ共役系の伸張はλ_{max}の更なる長波長化に有効である（図7）。BODIPY骨格のピロール環上のαおよびβ位への縮環が可能である。[β]-縮環型BODIPYの方が[α]-縮環型よりも安定な傾向にある[21d,k,l]。3,5位のフェニル基の回転が抑制された[β]-縮環型BODIPY **19a~d**（λ_{max}：634~673 nm，F_{max}：642~692 nm）は**14f**（$\lambda_{max}=555$ nm，$F_{max}=588$ nm）に比べて長波長化したλ_{max}およびF_{max}を示した。硫黄原子含有

第4章 ホウ素錯体色素の開発

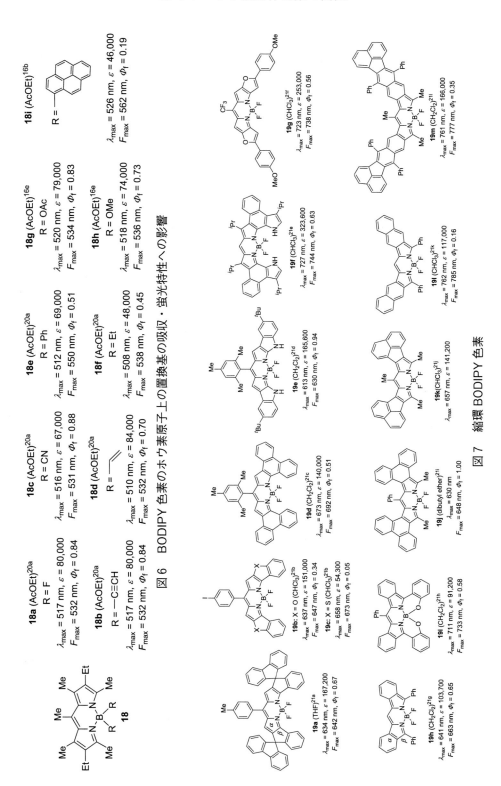

図6 BODIPY色素のホウ素原子上の置換基の吸収・蛍光特性への影響

図7 縮環BODIPY色素

BODIPY 色素19c 以外は14f よりも大きな ε および Φ_f を示した[21a~c]。β位へ複素環の縮環も長波長化を導いた（19e：λ_{max} = 613 nm, 19f：λ_{max} = 727 nm, 19g：λ_{max} = 723 nm）[21d~f]。19g はアリール基とフラン環がほぼ同一平面上にあり，両末端のアリール基もπ共役系の伸張に大きく寄与している[21f]。

[α]-縮環型 BODIPY19h～m も長波長領域に λ_{max} を示した（λ_{max}：630～762 nm）[21g~l]。分子内での B-O キレート化は3,5位のアリール基とピロール環の平面性の増大により λ_{max} の更なる長波長化を導く（19h：λ_{max} = 641 nm, 19i：λ_{max} = 711 nm）[21h]。19j（λ_{max} = 630 nm）はフェナントレン環の立体障害のため少し歪んだプロペラ型の構造をしている[21i]。アセナフチレン環が縮環した19k（λ_{max} = 657 nm）は19j よりも長波長領域に λ_{max} を示した[21j]。ナフタレン環が縮環した19l（λ_{max} = 762 nm, F_{max} = 785 nm）は非常に平面性の高い色素骨格を有するため近赤外領域に λ_{max} および F_{max} を示した[21k]。ベンゾフルオランテンが縮環した19m（λ_{max} = 761 nm, F_{max} = 777 nm）も近赤外領域に λ_{max} および F_{max} を示したが，不安定であった[21l]。

4.13 アザ BODIPY

アザ BODIPY 色素はγ-ニトロケトンと酢酸アンモニウム，あるいはα位が水素原子のピロールと亜硝酸ナトリウムとの反応などで得られるアザジピロメテンを塩基存在下で $BF_3 \cdot OEt_2$ と反応させることで得られる（図8）[8a,20]。アザ BODIPY 色素は対応する BODIPY 色素よりも長波長領域に吸収・蛍光を示す傾向がある（20a：λ_{max} = 650 nm, 20b：λ_{max} = 688 nm, 20c：λ_{max} = 716 nm）[22a,b]。チオフェンが縮環したアザ BODIPY 色素21は可視領域にほとんど吸収を持たない近赤外吸収蛍光色素である（21a：λ_{max} = 767 nm, F_{max} = 793 nm, 21b：λ_{max} = 788 nm, F_{max} = 814 nm）[22c]。近赤外領域での吸収を活かし重原子効果導入のためにヨウ素化あるいは臭素が導入されたアザ BODIPY 色素は光線力学的治療法（PDT）のための一重項酸素発生光増感剤への応用も検討されている[6]。

4.14 BODIPY 色素における固体蛍光発現のための指針

BODIPY 色素はピロメテン部位を変えることで，溶液中において青色から近赤外領域まで自由に蛍光波長を変えることができる。しかしながら BODIPY 色素（BF_2 錯体）は溶液中では高い Φ_f を示すものが多いが，固体状態では通常その蛍光特性が失われる。蛍光色素の応用や実用化を考えた場合，固体状態での発光が重要になる場合がある[23]。BODIPY 色素において固体状態で蛍光を示すための分子設計を明らかにすることで固

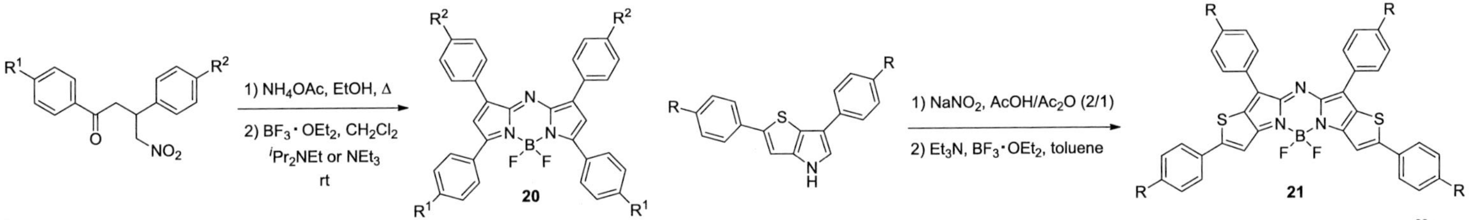

20a $(CHCl_3)$[22a]
$R^1 = H, R^2 = H$
λ_{max} = 650 nm, ε = 79,000
F_{max} = 672 nm, Φ_f = 0.34

20b $(CHCl_3)$[22a]
$R^1 = OMe, R^2 = H$
λ_{max} = 688 nm, ε = 85,000
F_{max} = 715 nm, Φ_f = 0.36

20c $(CHCl_3)$[22b]
$R^1 = OMe, R^2 = CN$
λ_{max} = 716 nm
F_{max} = 755 nm, Φ_f = 0.29

21a $(CHCl_3)$[22c]
R = ^{t}Bu
λ_{max} = 767 nm, ε = 223,900
F_{max} = 793 nm, Φ_f = 0.12

21b $(CHCl_3)$[22c]
R = OMe
λ_{max} = 788 nm, ε = 170,000
F_{max} = 814 nm, Φ_f = 0.10

図８　アザ BODIPY 色素

(a)

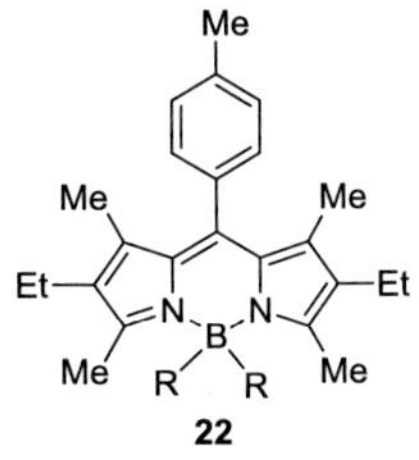

22a: R = F
Φ_f = 0.00 (solid state)[24]
22b: R = OMe
F_{max} = 595 nm, Φ_f = 0.02 (solid state)[24]
22c: R = OPh
F_{max} = 580, 617 nm, F_f = 0.04 (solid state)[24]
22d: R = Ph
F_{max} = 601, 640 nm, F_f = 0.22 (solid state)[24]

(b)

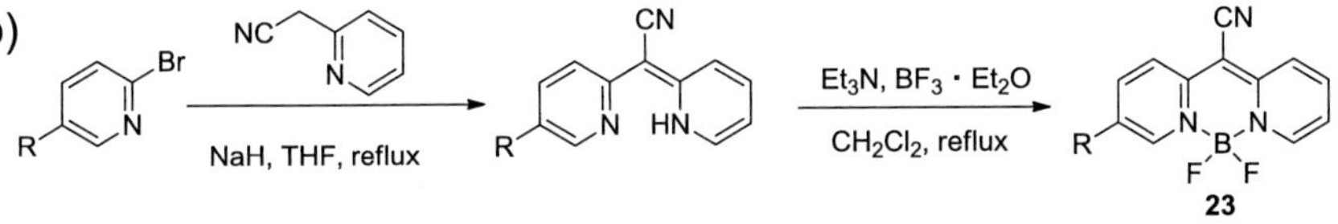

23a: R = H
n-hexane[25]
λ_{max} = 450 nm, ε = 33,000
F_{max} = 456 nm, Φ_f = 0.19
solid state[25]
F_{max} = 503 nm
Φ_f = 0.03

23b: R = CF_3
n-hexane[25]
λ_{max} = 453 nm, ε = 32,000
F_{max} = 460 nm, Φ_f = 0.17
solid state[25]
F_{max} = 524 nm
Φ_f = 0.17

図９　(a)　固体蛍光を示す BODIPY 色素，(b)　ピリドメテンホウ素錯体

体状態において青色から近赤外領域まで自由に発光波長を変えることのできる固体蛍光材料の開発が可能になると考えられる。

　BODIPY色素が固体蛍光を示さないのは，BODIPY骨格が高い平面性を有しているため，固体状態において分子間π–π相互作用により連続したπ–πスタッキングが形成し消光が生じるためである。F原子は比較的小さい原子であるため，BF_2錯体 **22a**（$\varPhi_f = 0.00$）はπ–πスタッキングが形成し固体蛍光を示さない。それに対し，F原子より嵩高い置換基であるメトキシ基（**22b**：$\varPhi_f = 0.02$），フェノキシ基（**22c**：$\varPhi_f = 0.04$），フェニル基（**22d**：$\varPhi_f = 0.22$）が導入されたBODIPY色素**22b〜d**は固体状態でも蛍光を示した[24]（図9(a)）。特に嵩高い置換基であるフェニル基の導入はπ–π相互作用の抑制に有効であり最も高い$\varPhi_f$を示した。このようにBODIPY色素において，B原子上に嵩高い置換基を導入することは固体蛍光を発現するために有効な分子設計である[24]。

4.15　ピリドメテンホウ素錯体

　ピリドメテンホウ素錯体はBODIPY色素のピリジン類縁体である。配位子であるピリドメテン（bis(2-pyridyl)methane）はNaH存在下でメチルピリジンとブロモピリジンとの反応により得られる（図9(b)）。ピリドメテンと$BF_3 \cdot OEt_2$との反応によりピリドメテンホウ素錯体**23**が生成する[25]。ピリドメテンホウ素錯体は剛直な色素骨格を有するため，BODIPY色素と同様にシャープで振動微細構造をともなった吸収・蛍光スペクトル，小さなストークスシフトを示す。λ_{max}およびF_{max}はBODIPY色素に比べて短波長側にあり，溶液中では青色の蛍光を示す（**23a**：$\lambda_{max} = 450$ nm，$F_{max} = 456$ nm，**23b**：$\lambda_{max} = 453$ nm，$F_{max} = 460$ nm）。また，BODIPY色素とは異なり，ピリドメテンホウ素錯体は固体蛍光を示す。**23a**（$F_{max} = 503$ nm）および**23b**（$F_{max} = 524$ nm）は固体状態で黄緑色の蛍光を示した[25]。

5　O^O型ホウ素錯体

　O^O型のホウ素錯体として，β-ジケトンのホウ素錯体（ボロンジケトネート）の蛍光特性について多くの報告例があり，メカノクロミック発光材料やアニオンレセプターなどへの応用が期待されている[26]。ホウ素原子上がF原子[27a]，フェニル基[27b]，ペンタフルオロフェニル基[27b]で置換された**24a〜c**はジベンゾイルメタンとそれぞれ$BF_3 \cdot OEt_2$，トリフェニルボラン（BPh_3）および2当量のペンタフルオロフェニルマグネシウムブロミド（C_6F_5MgBr）と$BF_3 \cdot OEt_2$との反応で発生させたフルオロビス（ペ

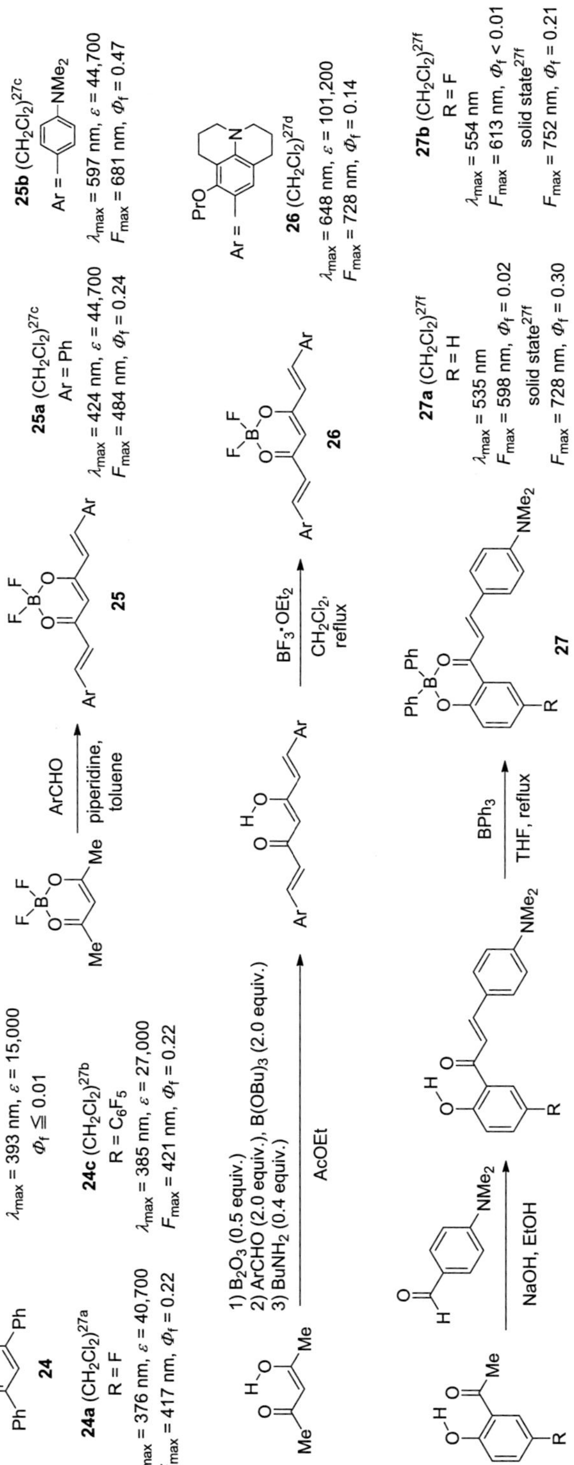

第4章 ホウ素錯体色素の開発

図10 O^O型のホウ素錯体

ンタフルオロフェニル）ボラン（$(C_6F_5)_2BF \cdot OEt_2$）を反応させることにより得られる（図10）。**24a**（$F_{max} = 417$ nm, $\Phi_f = 0.22$）および**24c**（$F_{max} = 421$ nm, $\Phi_f = 0.22$）のHOMO-LUMO遷移はボロンジケトネート部位でのπ-π^*遷移であり，蛍光を示す。一方，**24b**のHOMOはフェニル基上にLUMOはボロンジケトネート上に局在化しており，ほとんど蛍光を示さない。

アセチルアセトンのホウ素錯体のClaisen-Schmidt縮合によりスチリル基の導入が可能である。**25a**（$\lambda_{max} = 424$ nm）は共役系の伸張により**24a**（$\lambda_{max} = 376$ nm）に比べλ_{max}が長波長化した[27c]。また，ジメチルアミノ基の導入（**25b**：$\lambda_{max} = 597$ nm）は更なるλ_{max}の長波長化を引き起こした[27c]。アセチルアセトンのClaisen-Schmidt縮合によってもスチリル基を有するβ-ジケトン型配位子の合成が可能であり，$BF_3 \cdot OEt_2$との反応によりボロンジケトネートが生成する[27d,e]。ジュロリジル誘導体**26**（$\lambda_{max} = 648$ nm, $F_{max} = 728$ nm）はジメチルアミノ誘導体**25b**（$F_{max} = 681$ nm）よりも更に長波長領域にλ_{max}およびF_{max}を示した[27d]。**26**は高い2光子励起蛍光（TPEF）特性を示すことから，生細胞イメージングへの応用が期待されている。

アルデヒドとケトンとのClaisen-Schmidt反応によりヒドロキシカルコン配位子が得られる[27f,g]。これをBPh_3と反応させることでホウ素錯体**27**が生成する。**27a**および**27b**は溶液中ではほとんど蛍光を示さないが結晶状態では蛍光を示す[27f]。すなわち，CEE（Crystalline-Enhanced Emission）特性を持つ。

6 N^O型ホウ素錯体

6.1 チアゾール単核ホウ素錯体

N^O型のホウ素錯体として，β-イミノケトンのホウ素錯体が報告されている[28]。ベンゾチアゾールを母体としたホウ素錯体**28**がメチルベンゾチアゾールと安息香酸メチルとの反応で得られたN^O型二座配位子と$BF_3 \cdot OEt_2$との反応により合成されている（図11(a)）[28a]。一般的な有機蛍光色素は希薄溶液中では強い蛍光を示しても，高濃度あるいは固体状態などの凝集状態においてはその蛍光強度を著しく減少させる（濃度消光を示す）。しかしながら，**28**は通常の色素とは異なり，溶液中で蛍光を示さず固体状態において蛍光を示した。すなわちAIEE（Aggregation-Induced Emission Enhancement）を示した。**28**はエチレングリコールやグリセロールなどの粘性の高い溶媒中においては，k_{nr}が減少して蛍光を示したことなどから，AIEEの原因は固体状態におけるフェニル基の回転の抑制であると考えられている。

第4章 ホウ素錯体色素の開発

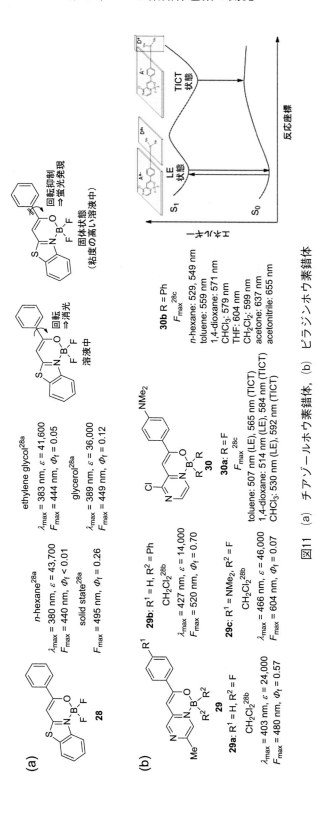

図11 (a) チアゾールホウ素錯体, (b) ピラジンホウ素錯体

6.2 ピラジン単核ホウ素錯体

ピラジンホウ素錯体29において，ホウ素原子上にフェニル基を有する29b（λ_{max} = 427 nm，ε = 14,000）は少し歪んだ色素骨格を持つため，29a（λ_{max} = 403 nm，ε = 24,000）に比べて長波長化したλ_{max}と低いεを示した（図11(b)）[28b]。ジメチルアミノ基が導入された29c（λ_{max} = 466 nm，F_{max} = 604 nm）はICT遷移のため29a（F_{max} = 480 nm）よりも長波長領域にλ_{max}およびF_{max}を示した。また，ピラジンホウ素錯体はフレキシブルな色素骨格のためBODIPY色素に比べて大きなストークスシフト（29c：138 nm）を示した。

ピラジンホウ素錯体30のジメチルアミノ誘導体30aおよび30bは蛍光ソルバトクロミズムを示した[28c]。30aはトルエン（F_{max}：507 nm (LE)，565 nm (TICT)），1,4-ジオキサン（F_{max}：514 nm (LE)，584 nm (TICT)），クロロホルム（F_{max}：530 nm (LE)，592 nm (TICT)）中でLE状態およびTICT状態からのDual fluorescenceを示した。30bは溶媒の極性増加のより蛍光波長が長波長化した（n-hexane：F_{max} = 529, 549 nm，acetonitrile：F_{max} = 655 nm）。

6.3 ピリミジン単核ホウ素錯体

ホウ素錯体31[28d,e]において，R^2の種類に関係なく，R^1がH，CF_3，CNの場合はAIEE特性を示し，R^1がOMe，NMe_2の場合は濃度消光を示した（図12(a)）。R^1がH，CF_3，CNの場合は，ベンゾチアゾールホウ素錯体28と同様に溶液中においては，アリール基の回転が蛍光の消光を引き起こす。一方，R^1がOMe，NMe_2の場合は，31cに示すような共鳴構造式の寄与によりアリール基の回転が抑制され，溶液中においても比較的強い蛍光を示したと考えられる。BPh_2錯体31b（F_{max}：474 nm，Φ_f：0.41）はフェニル基の立体障害による分子間π-π相互作用の抑制のために，対応するBF_2錯体31a（F_{max}：486 nm，Φ_f：0.15）よりも大きなΦ_fを示した。このためピリミジンホウ素錯体においてもホウ素原子上への嵩高い置換基の導入は固体蛍光の発現に有効であると考えられる。

6.4 ピリミジン二核ホウ素錯体

ピリミジン二核ホウ素錯体32a（λ_{max} = 489 nm）は単核ホウ素錯体31b（λ_{max} = 397 nm）よりも長波長領域にλ_{max}を示した[28f]（図12(b)）。ジメチルアミノ基の導入（32b：λ_{max} = 536 nm）により，λ_{max}は更に長波長化した。また，シアノ誘導体（32：R^1 = NMe_2，R^2 = CN）は大きな正のソルバトクロミズムを示した（n-hexane：F_{max} = 551 nm，

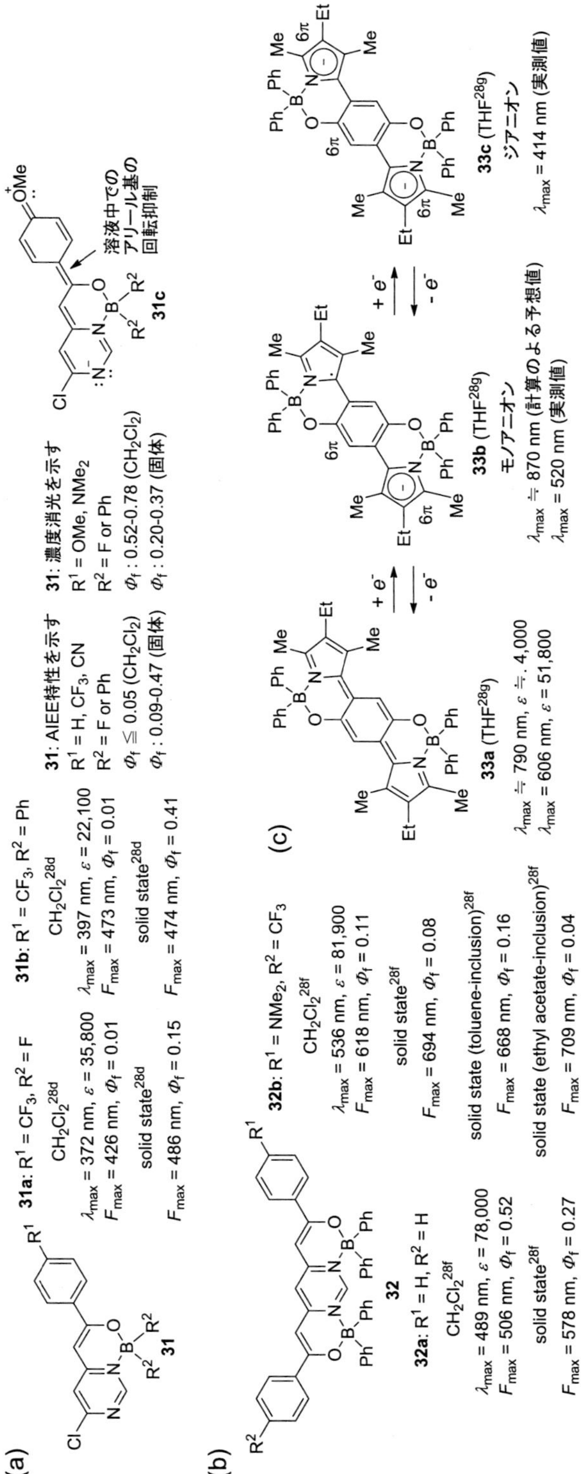
(a)
31
31a: R1 = CF3, R2 = F
CH2Cl2 28d
λmax = 372 nm, ε = 35,800
Fmax = 426 nm, Φf = 0.01
solid state 28d
Fmax = 486 nm, Φf = 0.15
31b: R1 = CF3, R2 = Ph
CH2Cl2 28d
λmax = 397 nm, ε = 22,100
Fmax = 473 nm, Φf = 0.01
solid state 28d
Fmax = 474 nm, Φf = 0.41
31: AIEE特性を示す
R1 = H, CF3, CN
R2 = F or Ph
Φf ≦ 0.05 (CH2Cl2)
Φf : 0.09-0.47 (固体)
31: 濃度消光を示す
R1 = OMe, NMe2
R2 = F or Ph
Φf : 0.52-0.78 (CH2Cl2)
Φf : 0.20-0.37 (固体)
31c
溶液中での
アリール基の
回転抑制
(b)
32
32a: R1 = H, R2 = H
CH2Cl2 28f
λmax = 489 nm, ε = 78,000
Fmax = 506 nm, Φf = 0.52
solid state 28f
Fmax = 578 nm, Φf = 0.27
32b: R1 = NMe2, R2 = CF3
CH2Cl2 28f
λmax = 536 nm, ε = 81,900
Fmax = 618 nm, Φf = 0.11
solid state 28f
Fmax = 694 nm, Φf = 0.08
solid state (toluene-inclusion) 28f
Fmax = 668 nm, Φf = 0.16
solid state (ethyl acetate-inclusion) 28f
Fmax = 709 nm, Φf = 0.04
(c)
+ e-
- e-
33a (THF 28g)
λmax ≒ 790 nm, ε ≒ 4,000
λmax = 606 nm, ε = 51,800
33b (THF 28g)
モノアニオン
λmax ≒ 870 nm (計算のよる予想値)
λmax = 520 nm (実測値)
33c (THF 28g)
ジアニオン
λmax = 414 nm (実測値)

図12 (a) ピリミジン単核ホウ素錯体, (b) ピリミジン二核ホウ素錯体, (c) キノイド型二核ホウ素錯体

acetonitrile：F_{max} = 710 nm)。ピリミジン二核ホウ素錯体は固体蛍光を示した（**32a**：F_{max} = 578 nm, **32b**：F_{max} = 694 nm)。**32b** は再結晶により溶媒の包接が起こり，トルエン包接化合物**32b_toluene** および酢酸エチル包接化合物**32b_AcOEt** が生成した。**32b_toluene**（F_{max} = 668 nm, Φ_f = 0.16）は**32b**（F_{max} = 694 nm, Φ_f = 0.08）よりも短波長領域に，**32b_AcOEt**（F_{max} = 709 nm, Φ_f = 0.04）は長波長領域に固体蛍光を示した。

6.5　キノイド型二核ホウ素錯体

　キノイド型二核ホウ素錯体**33a** は THF 溶液中において，790 nm 付近に弱い吸収（ε：約4,000），606 nm に強い吸収（ε = 51,800）を示した[28g]（図12(c)）。TDDFT 計算により，790 nm 付近の吸収は $S_0 \rightarrow S_1$ 遷移，606 nm の吸収は $S_0 \rightarrow S_2$ 遷移であり，$S_0 \rightarrow S_1$ 遷移はパリティ禁制（対称禁制）であることが示唆された。**33a** は蛍光を示さなかった。これは $S_0 \rightarrow S_1$ 遷移が禁制遷移のため，k_f が激減することが原因の１つであると考えられている。また，**33a** はエレクトロクロミズムを示した。1 電子還元により 520 nm に λ_{max} を持つモノアニオン**33b** が，2 電子還元により 414 nm に λ_{max} を持つ芳香族性のジアニオン**33c** が生成した。実測はされていないが，TDDFT 計算などにより，モノアニオン**33b** については 870 nm 付近に吸収を示すことが，ジアニオン**33c** については，$S_0 \rightarrow S_1$ 遷移が許容遷移となったために蛍光を示す可能性があることが示唆された。

7　おわりに

　ここでは有機ホウ素錯体について，特に合成と吸収・蛍光特性を中心に紹介した。合成の容易さと構造の多様性は，有機ホウ素錯体の大きな魅力の１つである。ここに示したもの以外にも，数多くの有機ホウ素錯体が報告されているが紙面の都合上省略した。今後も新しい構造を持った有機ホウ素錯体が次々と開発されていくものと思われる。目的の機能を持った色素を効率よく開発していくためには，有機ホウ素錯体の合成技術，構造と機能の相関関係のより一層の理解が重要となると思われる。

文　　献

1)　井上春夫，伊藤攻監訳，N. J. Turro, V. Ramamurthy, J. C. Scaiano, 分子光化学の

第4章 ホウ素錯体色素の開発

原理, Principles of Molecular Photochemistry: An Introduction, 丸善出版, University Science Book（2013）

2) J. Yoshino, N. Kano, T. Kawashima, *Chem. Commun.*, 559-561（2007）
3) T. Kowada, H. Maeda, K. Kikuchi, *Chem. Soc. Rev.*, **44**, 4953-4972（2015）
4) D. Li, H. Zhang, Y. Wang, *Chem. Soc. Rev.*, **42**, 8416-8433（2013）
5) S. P. Singh, T. Gayathri, *Eur. J. Org. Chem.*, 4689-4707（2014）
6) A. Kamkaew, S. H. Lim, H. B. Lee, L. V. Kiew, L. Y. Chung, K. Burgess, *Chem. Soc. Rev.*, **42**, 77-88（2013）
7) 野依良治，柴崎正勝，鈴木啓介，玉尾皓平，中筋一弘，奈良坂紘一，大学院講義 有機化学Ｉ，東京化学同人（1999）
8) (a) A. Loudet, K. Burgess, *Chem. Rev.*, **107**, 4891-4932（2007）; (b) G. Ulrich, R. Ziessel, A. Harriman, *Angew. Chem., Int. Ed.*, **47**, 1184-1201（2008）; (c) H. Lu, J. Mack, Y. Yanga, Z. Shen, *Chem. Soc. Rev.*, **43**, 4778-4823（2014）; (d) W. Qin, T. Rohand, M. Baruah, A. Stefan, M. Van der Auweraer, W. Dehaen, N. Boens, *Chem. Phys. Lett.*, **420**, 562-568（2006）; (e) T. E. Wood, A. Thompson, *Chem. Rev.*, **107**, 1831-1861（2007）; (f) S. Chibani, B. Le Guennic, A. Charaf-Eddin, A. D. Laurenta, D. Jacquemin, *Chem. Sci.*, **4**, 1950-1963（2013）
9) (a) S. Kim, J. Bouffard, Y. Kim, *Chem. Eur. J.*, **21**, 17459-17465（2015）; (b) B. W. Michel, A. R. Lippert, C. J. Chang, *J. Am. Chem. Soc.*, **134**, 15668-15671（2012）; (c) A. Cui, X. Peng, J. Fan, X. Chen, Y. Wu, B. Guo, *J. Photochem. Photobiol. A*, **186**, 85-92（2007）; (d) M. J. Plater, S. Aiken, G. Bourhill, *Tetrahedron*, **58**, 2405-2413（2002）
10) (a) V. Leen, T. Leemans, N. Boens, W. Dehaen, *Eur. J. Org. Chem.*, 4386-4396（2011）; (b) F. Wang, Z. Guo, X. Li, X. Li, C. Zhao, *Chem. Eur. J.*, **20**, 11471-11478（2014）
11) N. Boens, B. Verbelen, W. Dehaen, *Eur. J. Org. Chem.*, 6577-6595（2015）
12) (a) V. Leen, P. Yuan, L. Wang, N. Boens, W. Dehaen, *Org. Lett.*, **14**, 6150-6153（2012）; (b) E. Palao, G. Duran-Sampedro, S. de la Moya, M. Madrid, C. García-López, A. R. Agarrabeitia, B. Verbelen, W. Dehaen, N. Boens, M. J. Ortiz, *J. Org. Chem.*, **81**, 3700-3710（2016）; (c) E. Peña-Cabrera, A. Aguilar-Aguilar, M. González-Domínguez, E. Lager, R. Zamudio-Vázquez, J. Godoy-Vargas, F. Villanueva-García, *Org. Lett.*, **9**, 3985-3988（2007）; (d) E. Palao, A. R. Agarrabeitia, J. Bañuelos-Prieto, T. A. Lopez, I. López-Arbeloa, D. Armesto, M. J. Ortiz, *Org. Lett.*, **15**, 4454-4457（2013）; (e) E. Palao, S. de la Moya, A. R. Agarrabeitia, I. Esnal, J. Bañuelos, I. López-Arbeloa, M. J. Ortiz, *Org. Lett.*, **16**,

4364-4367 (2014)

13) (a) L. Jiao, W.gPan, J. Zhou, Y. Wei, X. Mu, G. Bai, E. Hao, *J. Org. Chem.*, **76**, 9988-9996 (2011); (b) Y. Hayashi, S. Yamaguchi, W. Y. Cha, D. Kim, H. Shinokubo, *Org. Lett.*, **13**, 2992-2995 (2011); (c) X. Zhou, C. Yu, Z. Feng, Y. Yu, J. Wang, E. Hao, Y. Wei, X. Mu, L. Jiao, *Org. Lett.*, **17**, 4632-4635 (2015); (d) N. Zhao, S. Xuan, F. R. Fronczek, K. M. Smith, M. G. H Vicente, *J. Org. Chem.*, **80**, 8377-8383 (2015); (e) M. J. Ortiz, A. R. Agarrabeitia, G. Duran-Sampedro, J. B. Prieto, T. A. Lopez, W. A. Massad, H. A. Montejano, N. A. García, I. L. Arbeloa, *Tetrahedron*, **68**, 1153-1162 (2012); (f) D. E. Ramírez-Ornelas, E. Alvarado-Martínez, J. Bañuelos, I. López-Arbeloa, T. Arbeloa, H. M. Mora-Montes, L. A. Pérez-García, E. Peña-Cabrera, *J. Org. Chem.*, **81**, 2888-2898 (2016); (g) J. Chen, M. Mizumura, H. Shinokubo, A. Osuka, *Chem. Eur. J.*, **15**, 5942-5949 (2009); (h) J. Ahrens, B. Haberlag, A. Scheja, M. Tamm, M. Bröring, *Chem. Eur. J.*, **20**, 2901-2912 (2014); (i) D. T. Chase, B. S. Young, M. M. Haley, *J. Org. Chem.*, **76**, 4043-4051 (2011); (j) H. Chong, H.-A. Lin, M.-Y. Shen, C.-Y. Liu, H. Zhao, H-h. Yu, *Org. Lett.*, **17**, 3198-3201 (2015); (k) M.Mao, X. Zhang, L. Cao, Y. Tong, G. Wu, *Dyes Pigm.*, **117**, 28-36 (2015)

14) (a) T. Rohand, M. Baruah, W. Qin, N. Boens, W. Dehaen, *Chem. Commun.*, 266-268 (2006); (b) T. Rohand, W. Qin, N. Boens, W. Dehaen, *Eur. J. Org. Chem.*, 4658-4663 (2006); (c) J. Han, O. Gonzalez, A. Aguilar-Aguilar, E. Peña-Cabrera, K. Burgess, *Org. Biomol. Chem.*, **7**, 34-36 (2009); (d) E. Deniz, G. C. Isbasar, O. A. Bozdemir, L. T. Yildirim, A. Siemiarczuk, E. U. Akkaya, *Org. Lett.*, **10**, 3401-3403 (2008); (e) V. Leen, V. Z. Gonzalvo, W. M. Deborggraeve, N. Boens, W. Dehaen, *Chem. Commun.*, **46**, 4908-4910 (2010); (f) V. Leen, M. Van der Auweraer, N. Boens, W. Dehaen, *Org. Lett.*, **13**, 1470-1473 (2011); (g) B.Verbelen, S. Boodts, J. Hofkens, N. Boens, W. Dehaen, *Angew. Chem. Int. Ed.*, **54**, 4612-4616 (2015); (h) X. Zhou, Q.Wu, Y. Yu, C. Yu, E. Hao, Y. Wei, X. Mu, L. Jiao, *Org. Lett.*, **18**, 736-739 (2016)

15) (a) V. Leen, D.Miscoria, S. Yin, A. Filarowski, J. M. Ngongo, M. Van der Auweraer, N . Boens, W. Dehaen, *J. Org. Chem.*, **76**, 8168-8176 (2011); (b) T. Bura, P. Retailleau, G. Ulrich, R. Ziessel, *J. Org. Chem.*, **76**, 1109-1117 (2011)

16) (a) G. Ulrich, C. Goze, S. Goeb, P. Retailleau, R. Ziessel, *New J. Chem.*, **30**, 982-986 (2006); (b) C. Goze, G.Ulrich, L. J. Mallon, B. D. Allen, A. Harriman, R. Ziessel, *J. Am. Chem. Soc.*, **128**, 10231-10239 (2006); (c) D. A. Smithen, A. E. G. Baker, M. Offman, S. M. Crawford, T. S. Cameron, A. Thompson, *J. Org. Chem.*, **77**, 3439-3453

第4章 ホウ素錯体色素の開発

(2012); (d) X.-D. Jiang, J. Zhang, T. Furuyama, W. Zhao, *Org. Lett.*, **14**, 248-251 (2012); (e) G. Durán-Sampedro, A. R. Agarrabeitia, L. Cerdán, M. E. Pérez-Ojeda, A. Costela, I. García-Moreno, I. Esnal, J. Bañuelos, I. L. Arbeloa M. J., Ortiz, *Adv. Funct. Mater.*, **23**, 4195-4205 (2013); (f) L. Li, B. Nguyen, K. Burgess, *Bioorg. Med. Chem. Lett.*, **18**, 3112-3116 (2008); (g) A. B. More, S. Mula, S.Thakare, N. Sekar, A. K. Ray, S. Chattopadhyay, *J. Org. Chem.*, **79**, 10981-10987 (2014); (h) C. Tahtaoui, C. Thomas, F. Rohmer, P. Klotz, G. Duportail, Y. Mély, D. Bonnet, M. Hibert, *J. Org. Chem.*, **72**, 269-272 (2007); (i) T. Lundrigan, T. S. Cameron, A. Thompson, *Chem. Commun.*, **50**, 7028-7031 (2014); (j) T. Lundrigan, S. M. Crawford, T. S. Cameron, A. Thompson, *Chem. Commun.*, **48**, 1003-1005 (2012); (k) T. Lundrigan, A. Thompson, *J. Org. Chem.*, **78**, 757-761 (2013)

17) (a) A. B. Nepomnyashchii, S. Cho, P. J. Rossky, A. J. Bard, *J. Am. Chem. Soc.*, **132**, 17550-17559 (2010); (b) H. Wang, M. G. H. Vicente, F. R. Fronczek, K. M Smith,. *Chem. Eur. J.*, **20**, 5064-5074 (2014); (c) Y. Chen, L. Wan, D. Zhang, Y. Bian, J. Jiang, *Photochem. Photobiol. Sci.*, **10**, 1030-1038 (2011); (d) A. B. Zaitsev, R. Méallet-Renault, E. Y. Schmidt A. I., Mikhaleva, S. Badré, C. Dumas, A. M. Vasil'tsov, N. V. Zorina, R. B. Pansub, *Tetrahedron*, **61**, 2683-2688 (2005); (e) C. A. Osorio-Martínez, A.Urías-Benavides, C. F. A. Gómez-Durán,; J. Bañuelos, I. Esnal, I. L. Arbeloa, E. Peña-Cabrera, *J. Org. Chem.*, **77**, 5434-5438 (2012); (f) I. J. Arroyo, R. Hu, G. Merino, B. Z. Tang, E. Peña-Cabrera, *J. Org. Chem.*, **74**, 5719-5722 (2009); (g) H. Sunahara, Y. Urano, H. Kojima, T. Nagano, *J. Am. Chem. Soc.*, **129**, 5597-5604 (2007); (h) Z.-N. Sun, F.-Q. Liu, Y. Chen, P. K. H. Tam, D. Yang, *Org. Lett.*, **10**, 2171-2174 (2008)

18) (a) G. Sathyamoorthi, J. H. Boyer, T. H. Allik, S. Chandra, *Heteroat. Chem.*, **5**, 403-407 (1994); (b) L. Li, J. Han, B. Nguyen, K. Burgess, *J. Org. Chem.*, **73**, 1963-1970 (2008); (c) I. Esnal, J. Bañuelos, I. L. Arbeloa, A. Costela, I. Garcia-Moreno, M. Garzón, A. R. Agarrabeitia, M. J. Ortiz, *RSC Adv.*, **3**, 1547-1556 (2013)

19) (a) V. Lakshmi M., Ravikanth, *J. Org. Chem.*, **78**, 4993-5000 (2013); (b) R. Ziessel, G. Ulrich, A. Harriman, M. A. H. Alamiry, B. Stewart, P. Retailleau, *Chem. Eur. J.*, **15**, 1359-1369 (2009)

20) (a) G. Duran-Sampedro, I. Esnal, A. R. Agarrabeitia, J. B. Prieto, L. Cerdán, I. García- Moreno, A. Costela, I. Lopez-Arbeloa, M. J. Ortiz, *Chem. Eur. J.*, **20**, 2646-2653 (2014); (b) W. Qin, M. Baruah, M. Van der Auweraer, F. C. De Schryver N., Boens, *J. Phys. Chem. A*, **109**, 7371-7384 (2005); (c) C. Goze, G.

Ulrich, R. Ziessel, *J. Org. Chem.*, **72**, 313-322 (2007)

21) (a) T. Kowada, S. Yamaguchi, K. Ohe, *Org. Lett.*, **12**, 296-299 (2010) ; (b) J. Chen, A. Burghart, A. Derecskei-Kovacs, K. Burgess, *J. Org. Chem.*, **65**, 2900-2906 (2000) ; (c) Y. Hayashi, N. Obata, M. Tamaru, S. Yamaguchi, Y. Matsuo, A. Saeki, S. Seki, Y. Kureishi, S. Saito, S. Yamaguchi, H. Shinokubo, *Org. Lett.*, **14**, 866-869 (2012) ; (d) X. Zhou, Q. Wu, Y. Feng, Y. Yu, C. Yu, E. Hao, Y. Wei, X. Mu, L. Jiao, *Chem. Asian J.*, **10**, 1979-1986 (2015) ; (e) T. Sarma, P. K. Panda, J. Setsune, *Chem. Commun.*, **49**, 9806-9808 (2013) ; (f) K. Umezawa, A. Matsui, Y. Nakamura, D. Citterio, K. Suzuki, *Chem. Eur. J.*, **15**, 1096-1106 (2009) ; (g) G. Ulrich, S. Goeb, A. De Nicola, P. Retailleau, R. Ziessel, *J. Org. Chem.*, **76**, 4489-4505 (2011) ; (h) Y. Tomimori, T. Okujima, T. Yano, S. Mori, N. Ono, H. Yamada, H. Uno, *Tetrahedron*, **67**, 3187-3193 (2011) ; (i) A. B. Descalzo, H.-J. Xu, Z.-L. Xue, K. Hoffmann, Z. Shen, M. G.Weller, X. Z. You, K. Rurack, *Org. Lett.*, **10**, 1581-1584 (2008) ; (j) N. Ono, T. Yamamoto, N. Shimada, K. Kuroki, M. Wada, R. Utsunomiya, T. Yano, H. Uno, T. Murashima, *Heterocycles*, **61**, 433-447 (2003) ; (k) S. Yamazawa, M. Nakashima, Y. Suda, R. Nishiyabu, Y. Kubo, *J. Org. Chem.*, **81**, 1310-1315 (2016) ; (l) T. Okujima, Y. Tomimori J., Nakamura, H. Yamada, H. Uno N., Ono, *Tetrahedron*, **66**, 6895-6900 (2010)

22) (a) J. Killoran, L. Allen, J. F. Gallagher, W. M. Gallagher, D. F. O'Shea, *Chem. Commun.*, 1862-1863 (2002) ; (b) L. Jiao, Y. Wu, S. Wang, X. Hu, P. Zhang, C. Yu, K. Cong, Q. Meng, E. Hao, G. H. Vicente, *J. Org. Chem.*, **79**, 1830-1835 (2014) ; (c) Y. Wu, C. Cheng L., Jiao, C. Yu, S. Wang, Y. Wei, X. Mu, E. Hao, *Org. Lett.*, **16**, 748-751 (2014)

23) 中澄博行編，機能性色素の科学，化学同人 (2013)

24) Y. Kubota, J. Uehara, K. Funabiki, M. Ebihara, M. Matsui, *Tetrahedron. Lett.*, **51**, 6195-6198 (2010)

25) Y. Kubota, T. Tsuzuki, K. Funabiki, M. Ebihara, M. Matsui, *Org. Lett.*, **12**, 4010-4013 (2010)

26) (a) G. Zhang, J. Lu, M. Sabat, C. L. Fraser, *J. Am. Chem. Soc.*, **132**, 2160-2162 (2010) ; (b) H. Maeda, Y. Mihashi, Y. Haketa, *Org. Lett.*, **10**, 3179-3182 (2008) ; (c) G. Zhang, J. Chen, S. J. Payne, S. E. Kooi, J. N. Demas, C. L. Fra ser, *J. Am. Chem. Soc.*, **129**, 8942-8943 (2007) ; (d) P. Galer, R. C. Koros˘ec, M. Vidmar, B. S˘ket, *J. Am. Chem. Soc.*, **136**, 7383-7394 (2014) ; (e) J. Hu, Z. He, Wang, Z. X. Li, J. You, G. Gao, *Tetrahedron Lett.*, **54**, 4167-4170 (2013)

27) (a) K. Ono, K. Yoshikawa, Y. Tsuji, H. Yamaguchi, R. Uozumi, M. Tomura, K. Taga,

第 4 章　ホウ素錯体色素の開発

K. Saito, *Tetrahedron*, **63**, 9354-9358 (2007) ; (b) A. Nagai, K. Kokado, Y. Nagata, M. Arita, Y. Chujo, *J. Org. Chem.*, **73**, 8605-8607 (2008) ; (c) G. Bai, C. Yu, C. Cheng, E. Hao, Y. Wei, X. Mu, L. Jiao, *Org. Biomol. Chem.*, **12**, 1618-1626 (2014) ; (d) K. Kamada, T. Namikawa, S. Senatore, C. Matthews, P.-F. Lenne, O. Maury, C. Andraud, M. Ponce-Vargas, B. Le Guennic, D. Jacquemin, P. Agbo, D. D. An, S. S. Gauny, X. Liu, R. J. Abergel, F. Fages, A. D'Aléo, *Chem. Eur. J.*, **22**, 5219-5232 (2016) ; (e) A. Felouat, A. D'Aléo, F. Fages, *J. Org. Chem.*, **78**, 4446-4455 (2013) ; (f) X. Cheng, D. Li, Z. Zhang, H. Zhang, Y. Wang, *Org. Lett.*, **16**, 880-883 (2014) ; (g) A. D'Aléo, D. Gachet, V. Heresanu, M. Giorgi, F. Fages, *Chem. Eur. J.*, **18**, 12764-12772 (2012)

28) (a) Y. Kubota, S. Tanaka, K. Funabiki, M. Matsui, *Org. Lett.*, **14**, 4682-4685 (2012) ; (b) Y. Kubota, H. Hara, S. Tanaka, K. Funabiki, M. Matsui, *Org. Lett.*, **13**, 6544-6547 (2011) ; (c) Y. Kubota, Y. Sakuma, K. Funabiki, M. Matsui, *J. Phys. Chem. A*, **118**, 8717-8729 (2014) ; (d) Y. Kubota, K. Kasatani, H. Takai, K. Funabiki, M. Matsui, *Dalton Trans.*, **44**, 3326-3341 (2015) ; (e) Y. Kubota, Y. Ozaki, K. Funabiki, M. Matsui, *J. Org. Chem.*, **78**, 7058-7067 (2013) ; (f) Y. Kubota, K. Kasatani, T. Niwa, H. Sato, K. Funabiki, M. Matsui, *Chem. Eur. J.*, **22**, 1816-1824 (2016) ; (g) Y. Kubota, T. Niwa, J. Jin, K. Funabiki, M. Matsui, *Org. Lett.*, **17**, 3174-3177 (2015)

第5章　シアニン色素の新展開

船曳一正*

1　はじめに

　シアニン色素とは窒素原子を含む2個の複素環が奇数個のメチン基で結合している色素群のことである（図1）[1]。

　一方の窒素原子は4級アンモニウム構造を取り，電子受容体としての役割を果たす。もう一方の窒素原子は3級アミン構造を取り，電子供与体としての役割を果たす。このように窒素原子上の電荷が共鳴に寄与する共役系である電荷共鳴体であり，等価な共鳴構造を取ることが可能であって，共役系のすべての結合が等しい二重結合性をもつ。

　長所としてメチン基の数を変えることによって，容易に最大吸収波長を変化させることがあげられる。すなわち，-CH=CH-鎖が1つ増えると100 nm長波長側にシフトし，-CH=CH-鎖が3つのときに近赤外領域に最大吸収波長をもつヘプタメチンシアニン色素とよばれる（図2）。

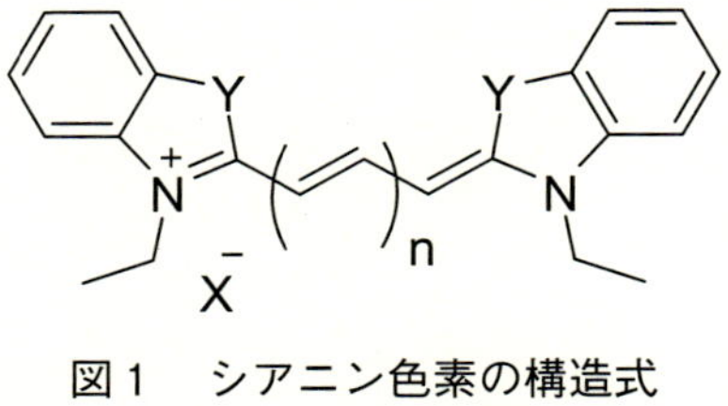

図1　シアニン色素の構造式

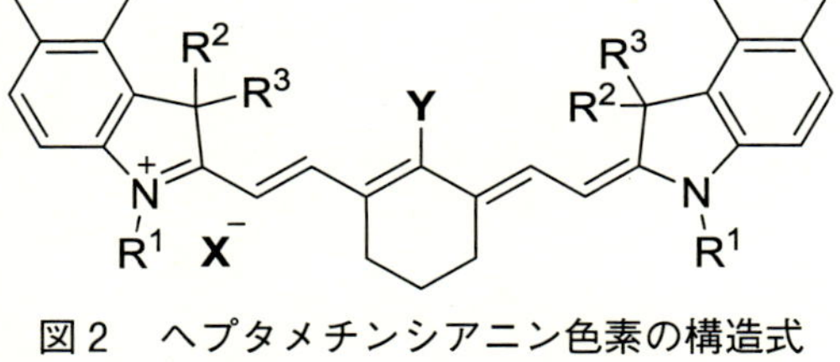

図2　ヘプタメチンシアニン色素の構造式

＊　Kazumasa Funabiki　岐阜大学　工学部　化学・生命工学科　准教授

第5章　シアニン色素の新展開

　含窒素複素環の種類を変えることによっても色素の吸収波長を変化させることができる。特にインドレニンやベンゾインドレニンの場合は，sp^3炭素を含むため，sp^3炭素上の置換基を変化させることで，シアニン色素の会合体形成を抑制できる。

　また，シアニン色素はカチオン性のものが多く，対アニオンとの塩として存在する。この対アニオンの種類も数多く存在し，その種類によって，色素の溶解性，耐熱性などの性質を変化させることができる。

　しかしながら，近赤外光を吸収するヘプタメチンシアニン色素は，他のシアニン色素に比べて，共役が長い。そのため，熱的安定性，化学的安定性が他の共役の短いシアニン色素に比べて低い。

　この低い耐久性を向上させるために，これまでにいくつかの研究が実施されている。

　1つ目は，各種試薬を用いたシアニン色素のカプセル化である。例えば，α-シクロデキストリンによるシアニン色素のカプセル化の研究がある[2]。しかし，この方法では細長い色素にしか適用することができず，汎用性が低いという欠点があった。

　2つ目は，長い共役二重結合に置換基を導入し，立体的に安定性を高くするものである。最近の例としては，シアニン色素の中央部にシクロヘキセン環を導入し，メソ位の塩素原子をアミド基に変換することで，耐光性を向上させている[3]。

　我々は，ヘプタメチンシアニン色素の耐久性，すなわち，「耐熱性」および「耐光性」をともに向上させるため，より簡便で汎用性の高い手法を開発した。具体的には，ヘプタメチンシアニン色素のアニオン（X^-）の交換，および，メソ位の塩素原子のかわりに各種アミド基（Y）の導入について検討し，フッ素置換基を活用することで色素の耐久性を向上させることに成功したので，その結果について述べる[4]。

2　高耐熱性ヘプタメチンシアニン色素の開発

2.1　ヨウ化物イオンを有するヘプタメチンシアニン色素（GF-8）の合成

　文献[5]に従って，ベンゾインドレニウム塩とジアルデヒドをジメチルホルムアミド（DMF）中，120℃で6時間反応させ，アニオンにヨウ化物イオンを有するヘプタメチンシアニン色素GF-8を収率60％で合成した（図3）。

2.2　各種アニオンを有するヘプタメチンシアニン色素の合成[6]

　ヨウ化物イオンを有するヘプタメチンシアニン色素GF-8に，アセトン中，室温で2当量のリチウムビス（トリフルオロメタンスルホニル）イミド，ヘキサフルオロリン酸

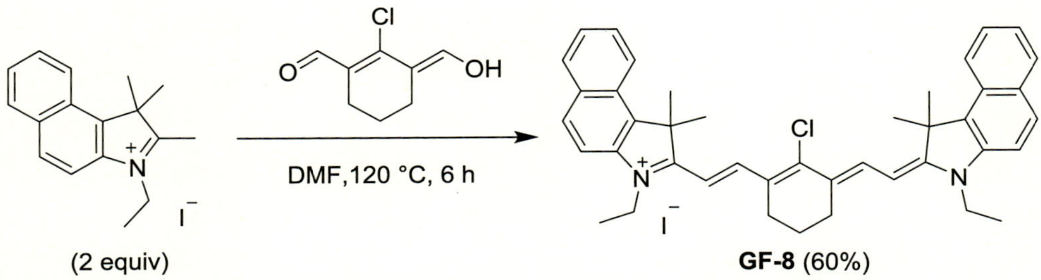

図3 ヨウ化物イオンを有するヘプタメチンシアニン色素の合成

リチウム，ホウ素上の各種置換基の異なるホウ酸塩，すなわち，テトラフェニルホウ酸ナトリウム，テトラキス［3,5-ビス（トリフルオロメチル）フェニル］ホウ酸ナトリウム，テトラキス（4-フルオロフェニル）ホウ酸ナトリウム，テトラキス（ペンタフルオロフェニル）ホウ酸リチウムを用いてアニオン交換し，それぞれ対応する各種アニオンを有するヘプタメチンシアニン色素 GF-9, 10, 11, 15, 16, 17 を収率67〜82％で合成した（図4，表1）。

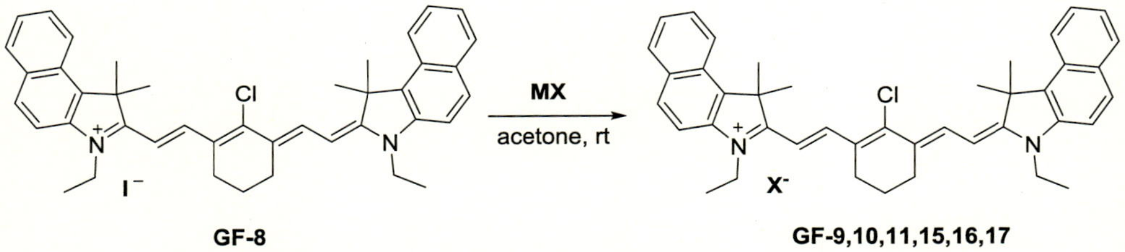

図4 各種アニオンを有するヘプタメチンシアニン色素の合成

表1 各種アニオンを有するヘプタメチンシアニン色素の合成

entry	MX	Dyes	X$^-$	Yield（％）
1	LiN(CF$_3$SO$_2$)$_2$	**GF-9**	(CF$_3$SO$_2$)$_2$N$^-$	67
2	LiPF$_6$	**GF-10**	PF$_6^-$	71
3	NaB(C$_6$H$_3$-3,5-(CF$_3$)$_2$)$_4$	**GF-11**	(3,5-(CF$_3$)$_2$C$_6$H$_3$)$_4$B$^-$	67
4	NaBPh$_4$	**GF-15**	Ph$_4$B$^-$	75
5	NaB(C$_6$H$_4$-4-F)$_4$	**GF-16**	(4-FC$_6$H$_4$)$_4$B$^-$	82
6	LiB(C$_6$F$_5$)$_4$	**GF-17**	(C$_6$F$_5$)$_4$B$^-$	77

2.3 各種アニオンを有するヘプタメチンシアニン色素（GF-8,9,10,11,15,16,17）のジクロロメタン（CH₂Cl₂）溶液中での紫外可視吸収および蛍光スペクトル

合成した各種ヘプタメチンシアニン色素 GF-9,10,11,15,16,17 のジクロロメタン（CH₂Cl₂）溶液中（濃度：5×10^{-6} M）での紫外可視吸収スペクトルおよび蛍光スペクトルを測定した。その結果を表2，図5，図6に示す。

アニオンにヨウ化物イオン（GF-8），ビス（トリフルオロメタンスルホニル）イミドアニオン（GF-9），ヘキサフルオロリン酸アニオン（GF-10），各種置換基の異なるホウ酸アニオン（GF-11,15,16,17）をそれぞれ有する7種類の色素の最大吸収波長（λ_{max}）は826 nm となり，アニオン交換による最大吸収波長の変化はみられなかった。

同様に，アニオンにヨウ化物イオン（GF-8），ビス（トリフルオロメタンスルホニル）イミドアニオン（GF-9），ヘキサフルオロリン酸アニオン（GF-10），各種置換基の異なるホウ酸アニオン（GF-11,15,16,17）をそれぞれ有する7種類の色素の最大蛍光波

表2　各種アニオンを有するヘプタメチンシアニン色素の紫外可視吸収および蛍光スペクトル

Dye	X⁻	$\lambda_{max}{}^a$ (nm)	ε^a	$F_{max}{}^a$ (nm)	Storks Shift (nm)
GF-8	I⁻	826	337000	858	32
GF-9	$(CF_3SO_2)_2N^-$	826	327000	858	32
GF-10	PF_6^-	826	368000	860	34
GF-11	$(3,5\text{-}(CF_3)_2C_6H_3)_4B^-$	826	339000	859	33
GF-15	Ph_4B^-	826	311000	857	31
GF-16	$(4\text{-}FC_6H_4)_4B^-$	826	367000	860	34
GF-17	$(C_6F_5)_4B^-$	826	315000	857	31

^{a} Measured in CH₂Cl₂ (5×10^{-6} M)

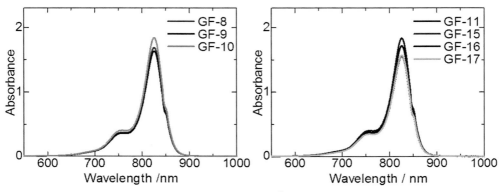

図5　ジクロロメタン中（濃度：5.0×10^{-6} M）での各種アニオンを有するヘプタメチンシアニン色素の紫外可視吸収スペクトル

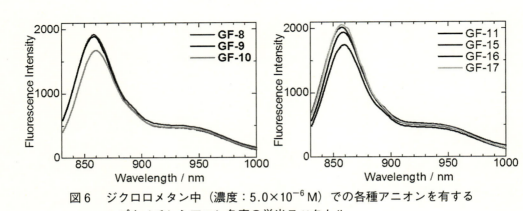

図6　ジクロロメタン中（濃度：5.0×10^{-6} M）での各種アニオンを有する
ヘプタメチンシアニン色素の蛍光スペクトル

長（F_{max}）は857～860 nmとなり，アニオン交換によるF_{max}の変化は，ほとんどなかった．

2.4 各種アニオンを有するヘプタメチンシアニン色素（GF-8,9,10,11,15,16,17）のTG-DTA測定

合成した各種ヘプタメチンシアニン色素GF-8,9,10,11,15,16,17を加熱減圧乾燥処理（110℃，4.6 torr，2時間）した後，TG-DTA測定を行った．分解開始温度（T_{dt}）は接線の交点から算出した．測定した結果を表3にまとめた．

アニオンとしてヨウ化物イオンを有するヘプタメチンシアニン色素GF-8のT_{dt}は193℃，ビス（トリフルオロメタンスルホニル）イミドアニオンを有する色素GF-9のT_{dt}は214℃，ヘキサフルオロリン酸アニオンを有する色素GF-10のT_{dt}は241℃であった．このことからアニオンをヨウ化物イオンからフッ素を含むアニオンに交換することによって，T_{dt}が，上昇，すなわち，耐熱性が上がることがわかった．

表3　各種アニオンを有するヘプタメチンシアニン色素のT_{dt}および分子軌道計算によるアニオン部分のHOMO, LUMOの値

Dye	X^-	Decomp. temp. T_{dt}（℃）	HOMO[a]	LUMO[a]
GF-8	I^-	193	0	17.1
GF-9	$(CF_3SO_2)_2N^-$	214	-4.7	0.2
GF-10	PF_6^-	241	-5.8	2.5
GF-11	$(3,5\text{-}(CF_3)_2C_6H_3)_4B^-$	229	-5.4	-0.1
GF-15	Ph_4B^-	192	-2.7	2.8
GF-16	$(4\text{-}FC_6H_4)_4B^-$	210	-3.3	2.0
GF-17	$(C_6F_5)_4B^-$	215	-5.8	0.8

[a] Molecular orbital caluculations were performed at B3LYP level (Gaussian 09)

第5章　シアニン色素の新展開

また，テトラフェニルホウ酸アニオンを有する色素 GF-15 の T_{dt} は192℃，テトラキス（4-フルオロフェニル）ホウ酸アニオンを有する色素 GF-16 は210℃，ベンゼン環上の水素原子をすべてフッ素原子に置換したテトラキス（ペンタフルオロフェニル）ホウ酸アニオンを有する色素 GF-17 は215℃，トリフルオロメチル基を2つ置換したテトラキス［3,5-ビス（トリフルオロメチル）フェニル］ホウ酸アニオンを有する色素 GF-11 の T_{dt} は229℃となり，フッ素原子の数が増えるにつれて，T_{dt} が上昇，すなわち，耐熱性が上がることがわかった。

また，分子軌道計算により，合成した7種類の色素のアニオン部分の HOMO，LUMO を算出し，その結果も表3にまとめた。ヨウ化物イオンを有する GF-8 に比べて，色素のアニオン部分にフッ素原子を導入したアニオン部分の HOMO と LUMO は，ともに低下した。このことが対応する色素の T_{dt} を高くし，その耐熱性を向上させたものと思われる。

3　高耐光性ヘプタメチンシアニン色素の開発

Chang らは，ヘプタメチンシアニン色素のメソ位の塩素原子をアミド基に置換することにより，その耐光性が向上することを報告した[3]。これらを参考に，我々が開発した高耐熱性ヘプタメチンシアニン色素の「耐光性」向上を検討した。

3.1　メソ位に各種アミド基を有するヘプタメチンシアニン色素の合成

ベンゾインドレニウム塩から誘導したヘプタメチンシアニン色素 GF-8 をアセトニトリル中，エチルアミンをジイソプロピルエチルアミン（DIEA）存在下，80℃，1時間反応させ，メソ位の塩素原子をアミノ化し，次に，CH_2Cl_2 中，塩化アセチルと DIEA 存在下，0℃で15分反応させ，それぞれ，N-エチルアミド化されたヘプタメチンシアニン色素を全収率12%で合成した（図7）。

同様にヘプタメチンシアニン色素 GF-8 をアセトニトリル中，エチルアミンを DIEA 存在下，80℃，1時間反応させ，メソ位の塩素原子をアミノ化し，次に，ジクロロメタン中，トリフルオロ酢酸無水物と DIEA 存在下，0℃で15分反応させ，N-エチル-2,2,2-トリフルオロアセトアミド化されたヘプタメチンシアニン色素を全収率65%で目的物を得た（図8）。無水トリフルオロ酢酸を用いたアミノ基のトリフルオロアセチル化は，塩化アセチルを用いたアセチル化よりも著しく収率が向上した。

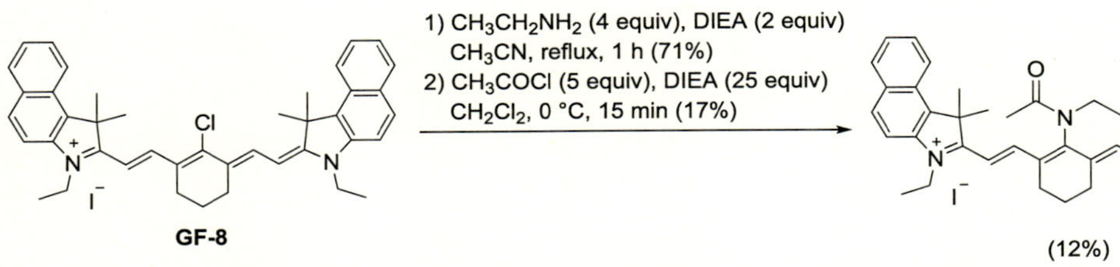

図7　アセチルアミノを有するヘプタメチンシアニン色素の合成

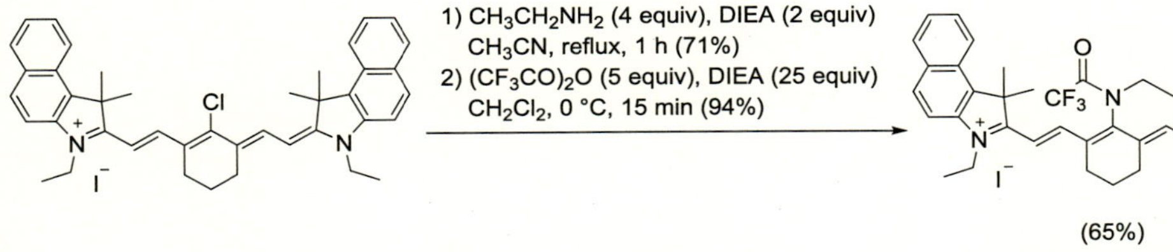

図8　トリフルオロアセチルアミノを有するヘプタメチンシアニン色素の合成

3.2　メソ位に各種アミド基を有するヘプタメチンシアニン色素のアニオン交換

合成した各種アミド基で置換されたヘプタメチンシアニン色素をテトラキス（ペンタフルオロフェニル）ホウ酸リチウムとアセトン中，室温で2時間反応させ，アニオンをヨウ化物イオンからテトラキス（ペンタフルオロフェニル）ホウ酸アニオンに交換した色素をそれぞれ収率60～67％で合成した（図9）。

Dyes	Y	Yield (%)
GF-20		67
GF-30		60

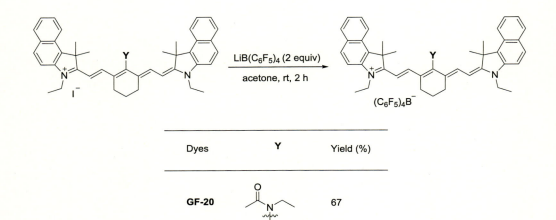

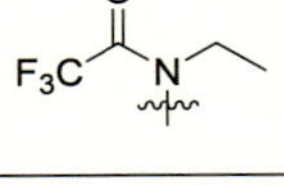

図9　アミド基を有するヘプタメチンシアニン色素のアニオン交換

第5章 シアニン色素の新展開

3.3 メソ位に各種アミド基を有するヘプタメチンシアニン色素（GF-20,30）の CH_2Cl_2 溶液中での紫外可視吸収および蛍光スペクトル

合成した N-エチルアミド基, N-エチル-2,2,2-トリフルオロアセトアミド基をメソ位に有するヘプタメチンシアニン色素 GF-20,30 の CH_2Cl_2 溶液中（濃度：5×10^{-6} M）での紫外可視吸収スペクトルおよび蛍光スペクトルを測定した。その結果を表4、図10、図11に示す。

メソ位の窒素原子上にアセチル基を有する GF-20 の λ_{max} は、834 nm となり、同じ対

表4 各種アニオンを有するヘプタメチンシアニン色素の紫外可視吸収および蛍光スペクトル

Dye	λ_{max}^a (nm)	ε^a	F_{max}^a (nm)	Storks Shift (nm)
GF-20	834	364000	867	33
GF-30	852	378000	880	28

^{a} Measured in CH_2Cl_2 (5×10^{-6} M)

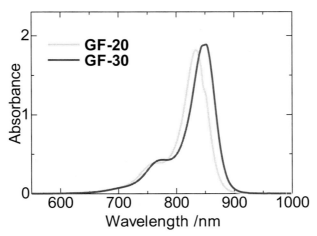

図10 ジクロロメタン中（濃度：5.0×10^{-6} M）でのメソ位に各種アミド置換基を有するヘプタメチンシアニン色素の紫外可視吸収スペクトル

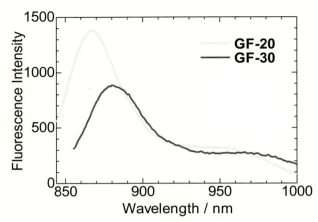

図11 ジクロロメタン中（濃度：5.0×10^{-6} M）でのメソ位に各種アミド置換基を有するヘプタメチンシアニン色素の蛍光スペクトル

アニオン（テトラキス（ペンタフルオロフェニル）ホウ酸アニオン）を有し，メソ位が塩素原子である GF-17（826 nm）に比べて，8 nm 長波長シフトすることがわかった。また，メソ位の窒素原子上にトリフルオロアセチル基を有する GF-30 の λ_{max} は，852 nm となり，GF-17 に比べて 26 nm 長波長シフトすることがわかった。また，F_{max} も同じような傾向になることがわかった。ただし，トリフルオロアセチル基を有する GF-30 の蛍光強度は，アセチル基を有する GF-20 の蛍光強度に比べて，低くなることがわかった。

3.4 メソ位に各種アミド基を有するヘプタメチンシアニン色素（GF-20, 30）の TG-DTA 測定

合成した各色素 GF-20, 30 について加熱減圧乾燥処理（110℃，4.6 torr，2 時間）した後，TG-DTA 測定を行った。分解開始温度（T_{dt}）は接線の交点から算出した。測定した結果を表5にまとめた。

メソ位に塩素原子を有する GF-17 に対して，塩素原子の代わりに N-エチルアミド基を導入した GF-20 の T_{dt} は 213℃ と GF-17 の T_{dt}（215℃）と，ほとんど変わらなかった。一方，メソ位にトリフルオロアセチルアミノ基をもつ GF-30 色素の T_{dt} は 227℃ と著しく高くなり，トリフルオロアセチルアミノ基の導入がヘプタメチンシアニン色素の耐熱性を著しく向上させることがわかった。

表5 メソ位に各種アミド置換基を有するヘプタメチンシアニン色素の T_{dt}

Dye	Y	X^-	Decomp. temp. T_{dt}（℃）
GF-20	(アセチル-N-エチルアミド)	$(C_6F_5)_4B^-$	218
GF-30	(トリフルオロアセチル-N-エチルアミド)	$(C_6F_5)_4B^-$	227

3.5 分子軌道計算によるヘプタメチンシアニン色素のカチオン部分の構造

　メソ位の置換基によるヘプタメチンシアニン色素の電子的および幾何学的な構造を確認するためにカチオン性シアニン部分の分子軌道計算を実施した。その結果を図12に示す。HOMO，LUMOの値にそれほど差はないものの，メソ位にアミド骨格を導入するとシアニン部分が折れ曲がることが明らかになった。そのため，最大吸収波長が塩素原子を持つ色素に比べて長波長シフトするものと考えられる。特に，トリフルオロアセチルアミド基を導入した方が顕著であった。これは，トリフルオロメチル基がイソプロピル基やt-ブチル基と同様の嵩高さを持つことによるものと思われる[7]。

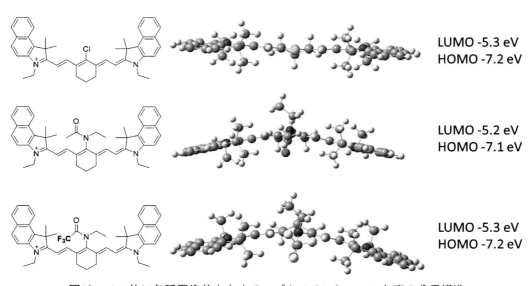

図12　メソ位に各種置換基を有するヘプタメチンシアニン色素の分子構造

3.6 色素（GF-8, 15, 17, 20, 30）のジクロロメタン溶液中での耐光性試験

メソ位が塩素原子でアニオンにヨウ化物イオン，テトラフェニルホウ酸アニオン，テトラキス（ペンタフルオロフェニル）ホウ酸アニオンを有するヘプタメチンシアニン色素 GF-8, 15, 17 および，メソ位に各種アミド置換基，アニオンにテトラキス（ペンタフルオロフェニル）ホウ酸アニオンを有するヘプタメチンシアニン色素 GF-20, 30 のジクロロメタン溶液（5×10^{-6} M）について，8.5 W の白色 LED ライト照射条件下，恒温槽（25℃）中で色素の耐光性試験を行った。その結果を図13，図14に示す。

ヘプタメチンシアニン色素のアニオンとしてヨウ化物イオン，メソ位に塩素原子をもつヘプタメチンシアニン色素 GF-8 は，最も低い光安定性を示し，240 時間（10日）後

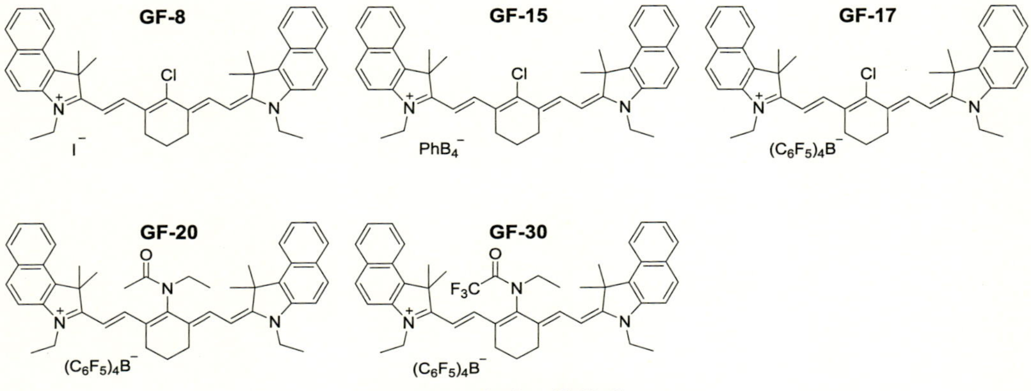

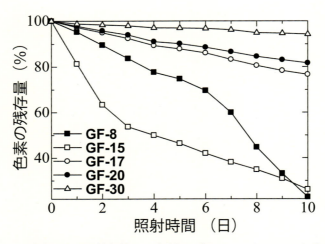

図13 色素の構造式

図14 白色 LED 照射条件下，各種ヘプタメチンシアニン色素のジクロロメタン中での耐光性実験

の色素残存率は，23％となった。それに対して，アニオンをテトラキス（ペンタフルオロフェニル）ホウ酸アニオンに変更したヘプタメチンシアニン色素 GF-17 の光安定性は大幅に向上した（240時間後，77％）。メソ位にアミド基を導入したヘプタメチンシアニン色素 GF-20 の耐光性は，GF-17 に比べてわずかに向上した（82％）。特筆すべきは，メソ位にトリフルオロアセチルアミノ基をもつ GF-30 は，最も高い光安定性を示し，240時間（10日）後でも94％と非常に高い色素残存率を示すことがわかった。

4　おわりに

　先ず，ベンゾインドレニウム塩から調製したヘプタメチンシアニン色素の耐熱性改良を目的として，色素のアニオン交換を実施し，7種類のアニオンの異なるヘプタメチンシアニン色素を合成した（図15）。
　その結果，
・アニオン交換は，容易に進行し，良好な収率で対応する各種アニオンを有するヘプタメチンシアニン色素 GF-9,10,11,15,16,17 を合成できた。
・アニオンにフッ素原子をもつ色素 GF-9,10,11,16,17 は，高い T_{dt} を示した。
・アニオン部分の分子軌道計算を実施した。その結果，アニオン部分にフッ素原子を導入すると HOMO および LUMO の数値が低下し，対応する T_{dt} は，高くなった。す

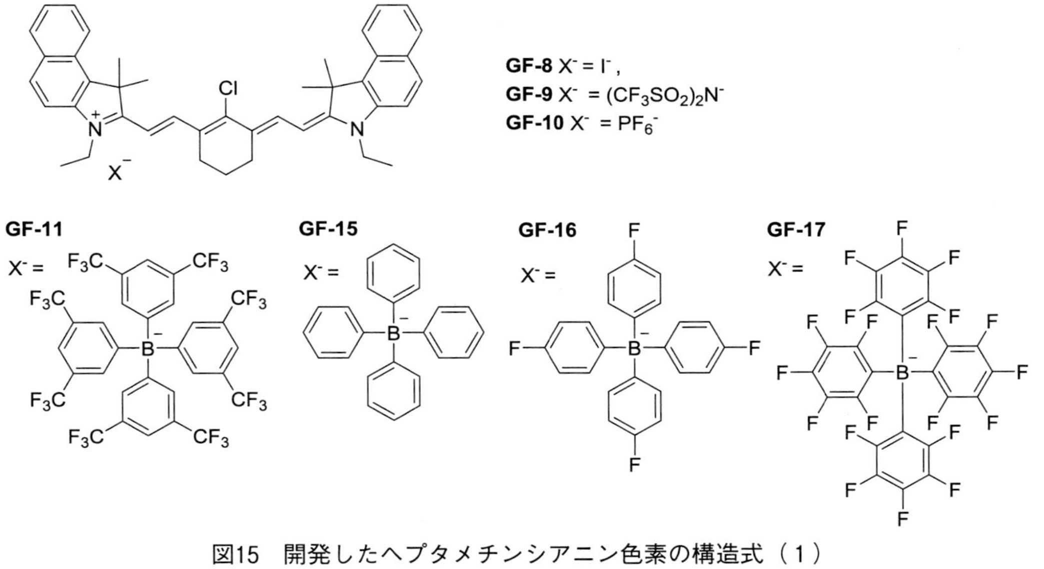

図15　開発したヘプタメチンシアニン色素の構造式（1）

なわち，色素の耐熱性が向上することがわかった。

次に，ヘプタメチンシアニン色素の耐光性向上を目的とし，メソ位の塩素原子の代わりにアミド骨格を導入したヘプタメチンシアニン色素を合成した（図16）。

その結果，

・トリフルオロアセチル基を導入した色素 GF-30 の最大吸収波長（λ_{max}）および最大蛍光波長（F_{max}）は，塩素原子を持つ色素のそれよりも 23～26 nm 長波長シフトすることがわかった。

・トリフルオロアセチルアミノ基を導入した色素 GF-30 は，塩素原子を持つ色素の T_{dt}（215℃）よりも高い T_{dt}（227℃）を示した。

・トリフルオロアセチルアミノ基を導入した色素 GF-30 は，ジクロロメタン中，白色LED照射下，合成した色素の中で，最も高い耐光性を示し，10日後でも94％と非常に高い色素残存率を示すことがわかった。

以上，まとめると，アニオンとして，テトラキス（ペンタフルオロフェニル）ホウ酸アニオン，メソ位にトリフルオロアセチルアミノ基を導入すれば，ヘプタメチンシアニン色素の耐熱性，耐光性をさらに向上させうることを見出した。

現在，さらに高耐熱・高耐光なヘプタメチンシアニン色素の開発を継続中である。

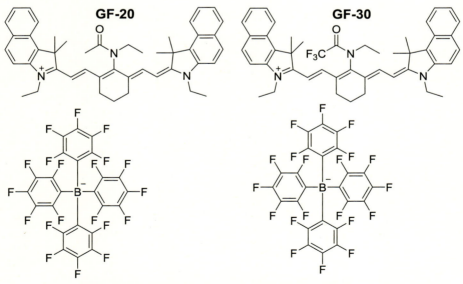

図16　開発したヘプタメチンシアニン色素の構造式（2）

第5章 シアニン色素の新展開

謝 辞

研究を遂行するにあたり，ヘプタメチンシアニン色素のカチオン部分およびアニオン部分の分子軌道計算を実施頂きましたJSR㈱，中島満様，堀内正子様に深く御礼申し上げます。

文　献

1) For reviews for cyanines, see. a) M. Henary, A. Levitz, *Dye Pig.*, **99**, 1107 (2013); b) M. Panigrahi, S. Dash, S. Patel, B. K. Mishra, *Tetrahedron*, **68**, 781 (2012); c) N. Norouzi, *Synlett*, **24**, 1307 (2013); d) A. P. Gorka, R. R. Nani, M. J. Schnermann, *Org. Biomol. Chem.*, **13**, 7584 (2015); e) A. Mishra, R. K. Behera, P. K. Behera, B. K. Mishra, G. B. Behera, *Chem. Rev.*, **100**, 1973 (2000); f) M. Matsuoka, *Infrared Absorbing Dyes*, Plenum Press, New York (1990); g) J. Fabian, H. Nakazumi, M. Matsuoka, *Chem. Rev.*, **92**, 1197 (1992)

2) C. M. Simon Yau, S. I. Pascu, S. A. Odom, J. E. Warren, E. J. F. Klotz, M. J. Frampton, C. C. Williams, V. Coropceanu, M. K. Kuimova, D. Phillips, S. Barlow, J. -L. Bredas, S. R. Marder, V. Millar, H. L. Anderson, *Chem. Commun.*, 2897 (2008)

3) a) Samanta, M. Vendrell, R. Das, Y. -T. Chang, *Chem. Commun.*, **46**, 7406 (2010); b) R. K. Das, A. Samanta, H. -H. Ha, Y. -T. Chang, *RSC Adv.*, **1**, 573 (2011)

4) K. Funabiki, K. Yagi, M. Ueta, M. Nakajima, M. Horiuchi, Y. Kubota, M. Matsui, *Chem. Eur. J.*, **22**, 12282 (2016)

5) N. Narayanan and G. Patonary, *J. Org. Chem.*, **60**, 2391 (1995)

6) ヘプタメチンシアニン色素のアニオン交換と得られた色素の紫外可視吸収スペクトルおよび単結晶X線構造解析について，最近報告された。P. -A. Bouit, C. Aronica, L. Toupet, B. LeGuennic, C. Andrauda, O. Maury, *J. Am. Chem. Soc.*, **132**, 4328 (2010)

7) K. W. Tafts Jr, Steric Effects in Organic Chemistry, M. S. Newman Ed, p. 556, John Wiley & Suns, New York (1956)

【実用化動向編】

第1章　エレクトロニクス分野

1　ディスプレイ用二色性色素の開発

樋下田貴大[*1]，望月典明[*2]

1.1　液晶ディスプレイ市場と偏光板の要求の変化

　偏光板は，1928年にLand博士が発明し[1]，1938年に現在の偏光板の基本技術となるH膜（ヨウ素系偏光板）が開発[2]されて以来，大いに進歩を遂げてきた。また，その偏光板は1973年にSharp社が液晶を用いた電卓を実用化したことをきっかけに，液晶ディスプレイの市場は著しく拡大し，テレビ，パソコン，スマホなどにおいて日常生活になくてはならない存在となっている。

　偏光板は，一般的に図1に示すようにポリビニルアルコールフィルム（PVA）に二色性を有する色素を含有させ，延伸し，それをトリアセチルセルロース（TAC）などでラミネートすることによって得られる。その二色性色素にポリヨウ素錯体を用いたものがヨウ素系偏光板[3,4]であり，有機染料を用いたものは染料系偏光板[5]と呼ばれている。

　これまでの偏光板の開発は，テレビやスマートフォンに用いられる液晶ディスプレイの高画質化，いわゆる"4K"への進化とともに高性能化が進められてきた。しかしながら，近年では高精細化技術の流れは一定の目途がついてきており，生産性の向上，もしくは，海外企業への委託生産など，開発の方向性が変化してきている。

　一方で，液晶ディスプレイの成長する分野として，車載モニタおよびデジタルサイネージなどが注目されている。特に，車載モニタの成長は2015年から2020年までに台数

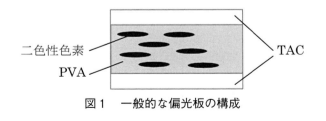

図1　一般的な偏光板の構成

＊1　Takahiro Higeta　日本化薬㈱　機能化学品研究所　3グループ　第1開発
＊2　Noriaki Mochizuki　日本化薬㈱　機能化学品研究所　3グループ　第1開発
　　　セクションマネージャー

ベースで2倍に成長すると予想されている[6]。また，デジタルサイネージも2020年に向けて市場が大きく成長すると予想されている[7]。

　車載モニタは様々な車両情報を表示するために欠かせないものとなっている。これまでの車載モニタはカーナビ，オーディオ，メーターの一部に使用されていたが，近年はヘッド・アップ・ディスプレイやセンターインフォメーションディスプレイなどが高級車を中心に普及してきており，より高精細で高コントラストな車載モニタが搭載されている。また，今後，先進運転支援システム（ADAS）の普及により，これまで以上に多くの車両情報を表示させることが必須とされることが予想され，車載モニタの更なる増加が見込まれる。自動車は一般家電と異なり長期的に使用され，また夏期のみならず熱帯地域の高温多湿の環境でも使用するため，車載モニタには厳しい耐久性が要求される。しかしながら，一般的なヨウ素系偏光板は高精細，高コントラストな映像を可能にする一方で，高い耐久性については十分に満たすことができなかった。

　デジタルサイネージは，車載モニタと同様に長期的に使用され，かつ，夏期や高温多湿の環境に加えて，屋外など強い日射環境下で使用することも想定されることから，高い耐光性と耐熱性が求められる[8]。ヨウ素系偏光板では強い日射環境に晒されると著しい変色と透過率低下が発生し，車載モニタと同様に耐久性に対する要求を満たすことができなかった。

　ヨウ素系偏光板に対して，染料系偏光板は耐熱性や高温高湿耐性が求められる車載モニタや，高い耐光性が求められる液晶プロジェクターでも用いることができるほど，高い耐久性を有する[9]。

1.2　染料系偏光板の特徴

　ヨウ素系偏光板は，PVAとヨウ素による錯体が二色性色素として機能している偏光板である[3,4]。PVA＋I_3^-，および，PVA＋I_5^-の錯体が二色性色素として機能し，偏光板が形成されることから容易に製造できるものの，それら錯体が限定されていることから二色性色素としての性能にも制限がある。具体的には，偏光板の吸収波長，波長依存性，色相，および耐久性が限られている。しかし，光学特性が高いことから，多くの用途にこのヨウ素系偏光板が使用されている。

　これに対して染料系偏光板は，二色性染料の分子構造の設計によって①特定の波長で偏光を作り出せる，②平行位および直交位での色相コントロールが可能，③耐久性が高いという特徴があり，幅広い分野で使用されている。

　染料系偏光板を形成する有機染料は，アントラキノン系，ナフトキノン系，フタロシ

第1章　エレクトロニクス分野

アニン系など様々な種類の染料が検討されてきたが，高い二色性を有する染料は水溶性を示すアゾ系染料を用いることが一般的である[10]。その染料として，表1に示される染料が例示され，偏光板に用いられてきた。そういった染料を組み合わせて配合し，様々な色の染料系偏光板を形成できる。

　また，PVAを基材としない偏光板も実用化されている。その偏光板は，ポリエチレンテレフタレートやナイロン，ポリプロピレンなどの熱可塑性樹脂をフィルム基材としているため，表1で示したような水溶性染料では後染めが出来ない。そのため，樹脂にあらかじめ二色性染料を混合し，溶融押し出しでフィルムに製膜し，延伸して偏光板を得る方法がとられる。

　熱可塑性樹脂に用いられる二色性染料は，表2に示すようなアントラキノン系，キノフタロン系，アゾ系が主に開発されている。熱可塑性樹脂の溶融に耐えられる構造を有しなければならないため，耐熱性が求められることが多い。

　このような熱可塑性樹脂を基材とした偏光板は，PVAを基材とした偏光板よりも光学特性は低いものの，非常に高い耐久性を有しているために，より高い耐久性を求められる分野で好適に用いられる。

表1　二色性染料（水溶性）

No.	化学構造	Color Index No.	λ_{max} (nm)
1	（化学構造）	Direct Yellow 12	420
2	（化学構造）	Direct Red 81	520
3	（化学構造）	Direct Violet 9	580
4	（化学構造）	Direct Black 17	600

表2 二色性染料（非水溶性）

No.	化学構造	λ_{max} (nm)	文献
1		460	11)
2		525	12)
3		640	13)
4		470	14)
5		545	15)

　さらには，このような非水溶性の二色性染料を用いて，液晶を媒体としたゲスト・ホスト型液晶の技術を活用した偏光板やディスプレイへの応用も検討されている。

　しかしながら，例示された二色性染料を用いた偏光板は高い耐久性を有するものの，ヨウ素系偏光板と比べて光学特性が劣っており，現在の高精細な液晶ディスプレイの要求に十分に応えられないため，光学特性の向上が望まれていた。つまり，高い耐久性を有しながらも，高い光学特性を実現できる二色性染料，およびそれを用いた染料系偏光板の開発が望まれており，我々はその要求に応えるべく研究を行っている。

　その鋭意検討の結果，我々は新規に高い二色性を有する染料と，それを用いた高性能染料系偏光板の開発に成功した。この開発によって，これまでの染料系偏光板の光学特性を大きく凌駕する性能を達成した。さらに，染料系の特徴を活かし，これまでにない偏光板の開発にも成功したので，併せて報告する。

第1章 エレクトロニクス分野

1.3 新規高性能染料系偏光板の開発
1.3.1 新規染料偏光板の光学特性

我々は、これまでの二色性染料の化学構造の設計に新たな知見を導入することによって、新規な二色性染料、および、この染料を用いた高性能染料系偏光板を開発することに成功した。

その性能は表3で示すように単体透過率41％で偏光度は99.99％を超え、従来の染料系偏光板よりも飛躍的に性能が向上した。その性能は、ヨウ素系偏光板に匹敵する。我々の染料開発と配合における光学設計をもとに、㈱ポラテクノにて高性能染料系偏光板の実用化に向けて検討を進められている。

日本化薬㈱が有する染料の構造設計の知見を踏まえれば、今後も染料の二色性向上が可能であり、偏光板の更なる高性能化が実現できると考えている。

表3 各偏光板の光学特性

	単体透過率（％）	平行透過率（％）	直交透過率（％）	偏光度（％）
新規染料系偏光板	41.2	32.3	0.0013	99.996
染料系偏光板　汎用タイプ	37.8	29.1	0.0093	99.968
ヨウ素系偏光板　汎用タイプ	41.0	32.3	0.0010	99.997

1.3.2 新規染料偏光板の耐久性

新規染料系偏光板は、一般的なヨウ素系偏光板と同等の光学性能でありながら、耐久性は車載用途の高い耐久性の要求（熱・湿熱・光）を満たす。その耐久性はヨウ素系偏光板よりも圧倒的に高く、これまでの一般的な偏光板で市場要求に応えることができなかった耐光性の要求をも十分に満たす。

図2は、115℃での耐久性試験におけるヨウ素系偏光板と新規染料系偏光板の光学特性の経時変化を示し、図3はそれぞれの偏光板を用いた液晶ディスプレイにおいて115℃で300時間経過後の実装試験後の表示を示す。

ヨウ素系偏光板は、図2(a)から試験開始直後に直交透過率が急激に上昇し、図2(b)から偏光度は1000時間が経過する間に徐々に低下していることから、初期の光学特性が維持できていないことが分かる。液晶ディスプレイへの実装試験においては、図3（右）で示すように明るさが著しく低下し、表示の劣化が確認された。ヨウ素系偏光板を用いた液晶ディスプレイにおいては、高温と封止された状態によって、偏光板に用いられる

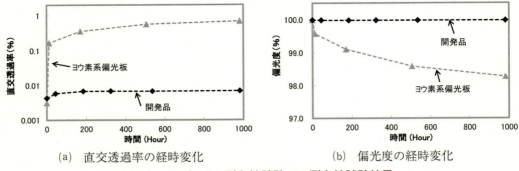

(a) 直交透過率の経時変化　　(b) 偏光度の経時変化

図2　115℃での耐久性試験での耐久性試験結果

図3　115℃での耐久性試験（300時間）にて各偏光板を
用いた液晶ディスプレイの実装試験後の表示

PVAがポリエン化し著しく輝度が低下したと推測される。

　それに対して開発された高性能染料系偏光板は，115℃での耐久性試験において，1000時間後でも初期の光学特性を維持していた。液晶ディスプレイの115℃での実装試験においても，図3（左）のように表示は維持されていた。このことから，開発された高性能染料系偏光板は高い耐熱性を有し，ディスプレイの実装試験においても高い信頼性を実現できることが分かる。

　図4はJASOで規定されている高温高湿度試験規格（環境温度85℃，相対湿度85％）でのヨウ素系偏光板と開発された染料系偏光板の光学特性の経時変化を示し，図5はそれぞれの偏光板を用いた液晶ディスプレイにおいて300時間経過後の実装試験後の表示を示す。

　ヨウ素系偏光板は，図4(a)から高温高湿度試験において直交透過率は徐々に上昇し，約200時間後には10％まで変化してしまうことが分かる。図4(b)から，偏光度において

第1章　エレクトロニクス分野

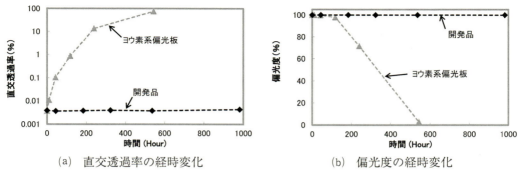

(a) 直交透過率の経時変化　　　　　　(b) 偏光度の経時変化

図4　85℃・相対湿度85%環境下での耐久性試験結果

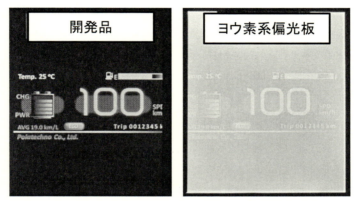

図5　相対湿度85%環境下で85℃での耐久性試験（300時間）にて
各偏光板を用いた液晶ディスプレイの実装試験後の表示

も徐々に低下し，500時間後には偏光機能は失われてしまっていることが分かる。このことから，ヨウ素系偏光板はJASOが規定する高温高湿度試験において，その光学特性を全く維持できないことが分かる。また，図5（右）で示すように，実装試験を300時間適用した液晶ディスプレイの映像からも，表示品位は著しく低下してしまっていることが分かる。

これに対して，新規染料系偏光板は，図4に示すように耐久性試験を適用しても，直交透過率，および，偏光度の変化は見られず，1000時間経過後でも初期の光学特性を維持していた。図5（左）で示すように，実装試験においても映像の劣化も見られなかった。

図6は，ヨウ素系偏光板と開発された染料系偏光板において，スーパーキセノン耐光促進試験を用いた耐光性試験の結果を示す。その耐光性試験は70℃の環境下で積算光量

機能性色素の新規合成・実用化動向

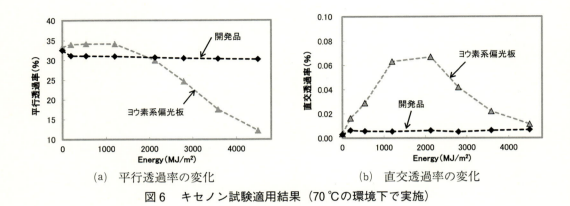

(a) 平行透過率の変化　　(b) 直交透過率の変化

図6　キセノン試験適用結果（70℃の環境下で実施）

4500 MJ/m^2（JIS D 0205）にて行った。その試験条件は，カーシートなど車内装備に適用されている耐光試験条件ではあるが，近年では車載モニタにおいても求められる試験条件になっている。

その耐光性試験において，ヨウ素系偏光板は平行透過率が徐々に低下し，直交透過率では1000 MJ/m^2までに急激な上昇を確認した。4500 MJ/m^2を適用した後には，初期33％有していた平行透過率は12％までの低下がみられ，著しく透明性が失われることが分かった。

一方で，開発した高性能染料系偏光板は4500 MJ/m^2適用後でも光学特性の変化が見られず，初期の光学特性を維持していた。高い耐光性を有する偏光板の開発には，これまでの液晶プロジェクターなどで用いられてきた高耐光性を有する二色性染料の技術が活かされている。この耐久性を有していれば，普及が進みつつある車載用ヘッド・アップ・ディスプレイに用いる偏光板としても容易に適用が可能である。

以上より，新規染料系偏光板はヨウ素系偏光板では到達できていない高い耐久性を有しており，光学特性もヨウ素系偏光板と同等であることから，今後は車載用モニタなどの高耐久・高コントラストが要求される分野への展開が加速していくと予想される。

1.4 色相制御可能な偏光板の開発
1.4.1 偏光板の色相の問題

デジタルサイネージやウェアラブル末端の普及に伴い，既存のディスプレイでは様々な問題が生じている。例えば，有機EL（OLED）や透過型液晶ディスプレイなどの自己発光型ディスプレイでは強い外光（主に太陽光など）の環境下では視認性が著しく低下し，文字や映像の認識に影響があることが指摘されている。このことから，近年，周

第1章　エレクトロニクス分野

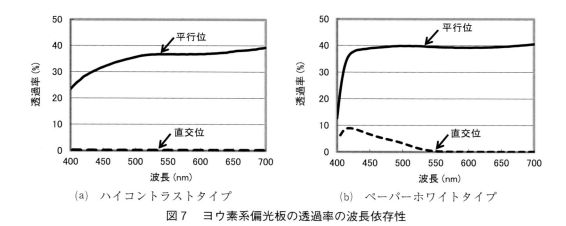

(a)　ハイコントラストタイプ　　　　　(b)　ペーパーホワイトタイプ

図7　ヨウ素系偏光板の透過率の波長依存性

囲の光を利用して表示を行う反射型・半透過型の液晶ディスプレイが見直されている。反射型液晶ディスプレイはバックライトを使用せず，周囲光を利用して表示を行うため，低消費電力，薄く，軽量，かつ，外光が照射されても視認性が高いというメリットを有しているため開発が進められている[16]。

　しかし，この反射型・半透過型液晶ディスプレイにおいて，これまでの偏光板ではカラー表示，または，白色を表示時に顕著に偏光板が有する色相の影響が出ることが知られている。

　図7に，ヨウ素系偏光板の平行位，直交位の透過率を示す。ヨウ素系偏光板は図7に示すように波長によって透過率が大きく異なる，いわゆる「波長依存性」を有している。具体的には，ハイコントラストタイプ（図7(a)）の場合，短波長に強い吸収を持つことから平行位で黄緑色に着色し，ペーパーホワイトタイプ（図7(b)）は直交位において短波長で光が透過することから青色に着色する。このため，従来のヨウ素系偏光板をディスプレイに用いる場合，カラーフィルターやバックライト，もしくは液晶セルの調整によって，偏光板による着色を補正する必要があった。しかし，これらの方法は液晶ディスプレイの透過率（反射率）を低下させ，さらには消費電力を増加させることにつながっていた。また，反射型液晶ディスプレイのようにバックライトを有しない場合，周囲の光を利用して表示するために，偏光板によるディスプレイの表示色の影響を補正することは非常に難しかった。

1.4.2　各波長における二色性の制御

　偏光板が有する波長依存性は，二色性染料の化学構造に由来する二色性が起因して発現する。つまり配向した方向と，その異なる方向での化学構造に基づく二色性の差が，

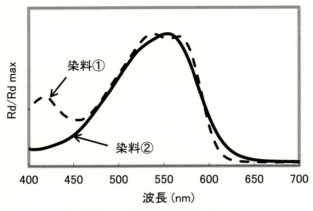

図8　二色性染料における各波長の二色性

波長依存性を発現させる原因である。図7で示されたように，ヨウ素系偏光板において波長依存性が発生している理由は，$PVA+I_5^-$ からなる錯体（600 nm 付近の吸収）に対して，$PVA+I_3^-$ の錯体（480 nm の吸収）の二色性が低いために発生する。このことから，偏光板の波長依存性（色相）を制御ためには，全波長における二色性のバランスを制御する必要があった。

　二色性染料においては，主吸収に基づく二色性以外に，主吸収以外の吸収（副吸収）に基づく二色性がある。そういった主吸収と副吸収に基づく二色比に着目し，我々は染料の化学構造の設計によって，各波長の二色性を制御できる技術を見出した。図8に二色性染料が有する最も高い二色比（Rd max）に対して染料①・染料②が有する各波長の二色比（Rd）を示す。図8で示すように，主波長の二色性が同じ染料であっても，副吸収の二色比はそれぞれ異なる。その一方で，このような主波長と副吸収の二色比は化学構造によって制御が可能であることが分かった。この技術が確立されたことによって偏光板における各波長の二色性の調整が可能であり，平行位と直交位の透過率や色相を同時に制御することが可能となった。

1.4.3　各波長の二色性を制御した偏光板の光学特性

　二色性染料の構造設計と，各染料の配向を制御しうる加工技術を駆使することによって，我々は任意の色相（波長依存性）を有する偏光板の開発を可能とした。その結果，図9で示すように各波長で二色性が一定な偏光板を開発することにも成功した。その偏光板は，550 nm の二色性（Rd 550）に対して各波長の二色性（Rd）がほぼ一定であり，図10で示すように，a^* および b^* がニュートラル色（a^* および b^* がZero位）と比較した色の差（$\sqrt{a^{*2}+b^{*2}}$）は従来の偏光板と比較して平行位・直交位ともに圧倒的に

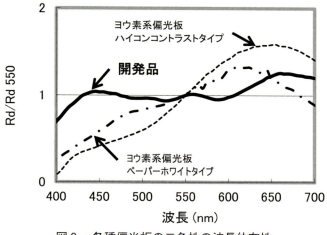

図9　各種偏光板の二色性の波長依存性

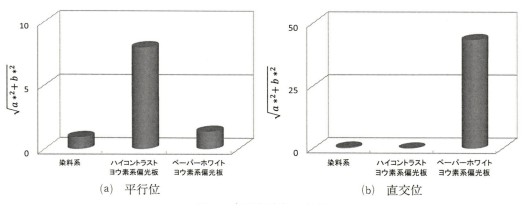

図10　各種偏光板の色相

小さい。この結果から，従来の偏光板よりも着色のない偏光板が得られていることが分かる。

　新規に開発した二色性染料と，それを用いて開発された偏光板は，我々の結果をもとに㈱ポラテクノにて実用化に向けて検討が進められており，様々な用途へ展開が期待できる。この偏光板の応用例として，反射型液晶ディスプレイが挙げられる。

　図11には，開発された偏光板を用いたモノクロ反射型液晶ディスプレイを示す。従来の偏光板を用いた場合は黄緑色に着色してしまうのに対して，我々が開発した偏光板を用いた反射型液晶ディスプレイは，ペーパーホワイト色を示し，かつ，偏光板の色を調整する部材や処方を用いていないため高輝度な反射型液晶ディスプレイを実現した。

　本偏光板も，前述の"新規高性能染料系偏光板"と同様に，高い耐久性を有している。

機能性色素の新規合成・実用化動向

図11　反射型モノクロディスプレイ
（左）ヨウ素系偏光板を用いた液晶ディスプレイ，（右）開発品を用いた液晶ディプレイ

高い二色性制御技術と高耐久性を兼ね備えていることから，今後は様々な用途への展開が期待できる。特に，反射型・半透過型液晶ディスプレイにおいては，近年，車載モニタへの応用が検討され始めている。これは外光の影響によって，従来の車載モニタでは表示品質の低下が問題になるためである[17〜19]。このことから反射型・半透過型液晶ディスプレイにも高い耐久性が求められている。さらにデジタルサイネージにおいても，太陽光の下でも視認性が良好な反射型・半透過型液晶ディスプレイの開発が進められているが，従来の偏光板では耐熱性・耐光性の要求に応えられていなかった。この問題に対して，我々が開発した染料系偏光板はヨウ素系偏光板よりも高い色再現性と耐久性を兼ね備えているため，車載モニタやデジタルサイネージに向けた反射型・半透過型液晶ディスプレイへの応用が可能である。さらには，ディスプレイだけでなく，レンズやスマートウィンドウ等へのアプリケーションへの応用展開が期待できる。

　我々は高い二色性制御技術を応用し，かつ，より高い偏光性能を実現できる偏光板を開発していく。さらには，各波長の二色性を制御しうる特徴を活かして，その偏光板を用いた様々なアプリケーションも検討していきたいと考えている。

1.5　おわりに

　これまで紹介した新規染料系偏光板は既に㈱ポラテクノにて実用化にむけて検討が始まっている。その偏光板は，偏光性能，色の調整，耐熱性，高温高湿耐性，耐光性の面

第1章　エレクトロニクス分野

で，従来の偏光板より非常に優れており，車載ディスプレイは勿論，デジタルサイネージ，スマートウィンドウ，有機EL（OLED）などに用いる偏光板に対しても有用であると考えている。

　その実用化にむけて検討が始まった一方で，我々は染料系偏光板の更なる高性能化に向けて，新規な二色性染料の開発を行っている。二色性染料はその構造制御と配合によって，色相や偏光性能を制御できるため，様々な光学特性を有する偏光板の開発が可能であり，今後の応用が期待できる。そういった応用展開に対して染料の開発は非常に重要であり，さらに日本化薬が有する新たな知見を導入することによって，特徴ある偏光板の開発が期待できる。染料を用いた偏光板は高耐久性，特定波長領域の偏光制御，色相のコントロール，波長依存性の制御などの様々な点で，今後のアプリケーションの開発や応用の幅が広い。

　我々は今後も二色性染料の開発によって特徴を有する偏光板の開発をし，また，さらには新たなアプリケーションの開発も視野に入れて検討を進めていきたいと考えている。

謝　辞

　本執筆に際しまして，御協力を頂きました㈱ポラテクノ　開発本部の皆様に感謝致します。
　また，各波長の二色性を制御した偏光板を応用し，それを用いた反射型液晶ディスプレイを開発して頂きました東北大学　藤掛英夫教授，石鍋隆宏准教授，ならびに，その研究室の皆様に感謝申し上げます。

文　献

1) US Patent 1918848
2) E. H. Land, *Journal of the optical society of America*, **41**(12), p 957-963 (1951)
3) M. M. Zwick, *J. Polym. Sci., A-1*, **4**, 1642 (1966)
4) R. E. Rundle, J. F. Foster, R. R. Baldwin, *J. Am. Chem. Soc.*, **66**, 2116 (1944)
5) 入江正浩監修，機能性色素の応用，p 96-106，シーエムシー出版（2002）
6) 電子デバイス産業新聞（2016/5/26）
7) デジタルサイネージ市場総調査 2015，富士キメラ総研（2015）
8) B. Medvitz, *Information Display Magazine*, **32**(3), p 38-42 (2016)

9) 飯村靖文監修，液晶ディスプレイ構成材料の最新技術，p 142-155，シーエムシー出版（2006）
10) 時田澄男，松岡賢，古後義也，木原寛著，機能性色素の分子設計，p 147-153，丸善出版（1989）
11) 特公平4-36189
12) 特開平4-120177
13) 特開平6-148427
14) 特開平7-207169
15) 時田澄男監修，エレクトロニクス用機能性色素，p 51-60，シーエムシー出版（2005）
16) M. Mitsui, Y. Fukunaga, M. Tamaki, A. Sakaigawa, T. Harada, N. Takasaki, T. Nakamura, Y. Aoki, T. Tsunashima, H. Hayashi and T. Nagatsuma, SID 2014 Symposium Digest, pp. 93-96（2014）
17) Shannon O'Day, *Information Display Magazine*, **31**(3), p 24（2015）
18) J. Hatfield, Y. Kobayashi, A. Nonaka, *Information Display Magazine*, **31**(3), p 28-31（2015）
19) J. Dauer and M. Kreuzer, *Information Display Magazine*, **32**(3), p 14-22（2016）

2 有機EL用発光材料の開発

八木繁幸*

2.1 はじめに

　有機EL素子は，有機物質から電気エネルギーで光を取り出す発光素子をいい，古くは1965年，アントラセンの単結晶に高電圧を印加し，その蛍光を観測したことに始まる。その後，真空蒸着による有機薄膜の作製技術が向上し，1980年代半ばから後半にかけて，コダック社・Tangらの手で，現在の薄膜積層型有機EL素子のプロトタイプが開発された[1,2]。実に今から30年も前の話である。その後，素子構造の改良と新規材料開発が活発に展開され，現在の高効率素子の実現へとつながっている。有機EL素子の技術的な利点としては，自発光・高輝度，高速on-off応答，フレキシブル化が可能，低消費電力などが挙げられる。今日ではこれらの長所を生かして，有機EL素子はテレビやスマートフォンの表示素子として応用が進んでおり，また最近では，有機EL素子を用いた時計タイプのウェアラブル端末が市販されている。さらには，白色発光を与える素子については，照明機器や光源への応用も検討されている。

　図1に示すように，典型的な有機EL素子は，酸化インジウムスズ（ITO）薄膜と金属薄膜をそれぞれ陽極（透明電極）と陰極として，それらの間に有機ナノ積層薄膜が挟まれた構造を有する。陽極側には正孔を発光層に運ぶために正孔輸送性（p型）の有機半導体層（正孔注入層・正孔輸送層）が，陰極側には電子を発光層に運ぶために電子輸

図1　典型的な有機EL素子の構造

＊　Shigeyuki Yagi　大阪府立大学　大学院工学研究科　物質・化学系専攻
　　応用化学分野　教授

送性（n型）の有機半導体層（電子注入層・電子輸送層）がそれぞれ形成されている。電界発光では正孔と電子の電荷再結合エネルギーによって発光性物質の励起子を生成させるため，発光材料は電荷再結合の生じるp型とn型有機半導体の界面に挿入するか（非ドープ型素子），もしくはその近傍にドープされる（ドープ型素子）。有機EL素子から得られる発光は，基本的には発光材料から得られるものであり，よって発光材料は発光色調や発光効率を決定する重要な構成部材である。ここでは，発光のメカニズムによって発光材料を分類し，最近の研究開発例から代表的なものを紹介する。

2.2 発光材料の分類

有機EL素子の発光効率の指標には，素子外部に取り出される電界発光の量子効率，すなわち外部量子効率（External quantum efficiency, EQE）が用いられ，(1)式で表される。

$$\mathrm{EQE}\,(\%) = \alpha \times \phi_p \times \varPhi_{\mathrm{exciton}} \times \gamma \times 100\% \tag{1}$$

ここで，αは光取り出し効率，ϕ_pは内部発光量子収率，$\varPhi_{\mathrm{exciton}}$は励起子生成効率，$\gamma$はキャリアバランスをそれぞれ表す。なお，EQEを$\alpha$で除すると素子内部で発生する光の量子効率（内部量子効率）である。αは特殊な技術（光取り出し技術）を用いない限り，平板素子では通常0.2程度である。また，γは最大で1であり，素子構造や正孔・電子輸送材料に依存する。一方，ϕ_pは励起状態からの発光確率（最大1）に相当し，発光材料の発光量子収率（$\varPhi_{\mathrm{PL}}$）によって近似できる。また，$\varPhi_{\mathrm{exciton}}$は文字通り，発光に寄与する励起子の生成確率（最大1）である。よって，これらϕ_pと$\varPhi_{\mathrm{exciton}}$は発光材料に依存するパラメーターであり，素子性能に大きく寄与する。特に，$\varPhi_{\mathrm{exciton}}$は発光材料の種類によって，大きく異なる。すなわち，図2に示すように，発光材料の電界励起では励起子形成はスピン統計則に従うため，一重項励起子と三重項励起子は1：3の割合で生成する。有機EL素子の草創期に用いられた蛍光材料は一重項励起子を利用するため（図2，①），そのEQEは最大でも5％程度である。一方，1990年代後半から本格的に利用されているりん光材料は，三重項励起子からの発光（図2，②）を与えるが，一重項励起子の項間交差も考慮すると，すべての励起子を利用することが可能であり，最大で20％のEQEを達成することができる。これら蛍光材料とりん光材料は，それぞれ第一世代および第二世代発光材料とも呼ばれている。最近では，蛍光材料でありながらりん光材料と同等のEQEを与える蛍光材料も見出されている。この種の発光材料は，図2における③の過程のように，三重項からの逆項間交差を経た一重項励起子生成

第1章　エレクトロニクス分野

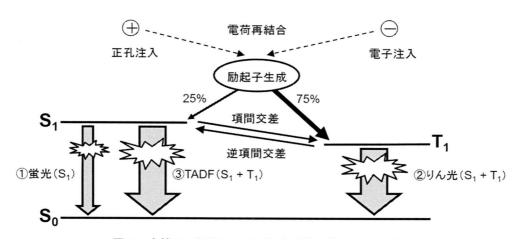

図2　有機EL素子における発光材料の発光メカニズム
S_0, S_1, およびT_1はそれぞれ一重項基底状態、最低一重項励起状態、および最低三重項励起状態を示す。

によって蛍光（熱活性化遅延蛍光，thermally activated delayed fluorescence，以下TADF）を与え，第三世代発光材料と呼ばれている。以下，第一～第三世代の発光材料について順を追って詳説する。

2.3　蛍光材料

上述のように，蛍光材料はりん光材料に比べてEQEの点で劣るが，染料や顔料などの色素と類似の骨格をもち発色団の構造が多種多様であるため，青～赤色まで発光色を調節することが容易である。また，発光材料の製造コストを低減できることも，色素系骨格を有する蛍光材料の大きな魅力の一つである。特に，青色発光を与えるりん光材料の分子設計が困難であり，今なお市場を満足させるものが開発されていないことを考慮すると，有機EL素子の実用化における青色蛍光材料の存在は大きい。最近では，アシストドーパントとして共ドープしたTADF材料から蛍光材料へのエネルギー移動を利用することによって，蛍光性有機EL素子の理論限界値を超えるEQEが達成されたことから[3]，蛍光材料の有用性が再び注目されつつある。色素系骨格以外にも，蛍光性π共役高分子も溶液塗布型素子用発光材料として用いられている。

ディスプレイ用途に用いる青色発光には，かなり深い青色が求められる。全米テレビジョン放送方式標準化委員会（National Television System Committee，NTSC）は標準的な青色の色度座標として，国際照明委員会（Commission Internationale de l'Eclairage，CIE）色度座標を用いて（x, y）=（0.14, 0.08）と定めており，これはおおよそ450

nm 前後の発光波長を有する半値幅の狭い発光スペクトルに相当する。青色蛍光材料の代表的なものを図3に示す。色素系発光材料の場合，発光は一般的に最高被占軌道（highest occupied molecular orbital, HOMO）から最低空軌道（lowest unoccupied molecular orbital, LUMO）への遷移によって生成する励起状態から得られるが，分子内電荷移動（intramolecular chargetransfer, ICT）型の遷移の場合，HOMO/LUMO エネルギー差が小さくなるため，発光が長波長シフトする。よって，青色蛍光材料はいずれも比較的コンパクトなπ共役系を有し，π-π*型の遷移に基づく発光を示す。TBP[3]，TPB[4]，およびDPVBi[5]などは市販品であり，容易に入手できる。青色蛍光材料には電荷輸送機能を有するものも報告されており，α-NPD は正孔輸送材料としてよく用いられるが，青色蛍光材料として用いられた例もある[4]。α-NPD の類似体である4P-NPD も正孔輸送性青色蛍光材料として白色発光素子に用いられている[6]。また，両極性を示す青色蛍光材料として B3PPQ が報告されている[7]。その他，ポリ(9,9'-ジアルキル-9H-フルオレン)（PFL）は青色蛍光性π共役高分子としてよく用いられている。

代表的な緑色蛍光材料を図4に示す。この種の材料としては，Tang らが初期の素子

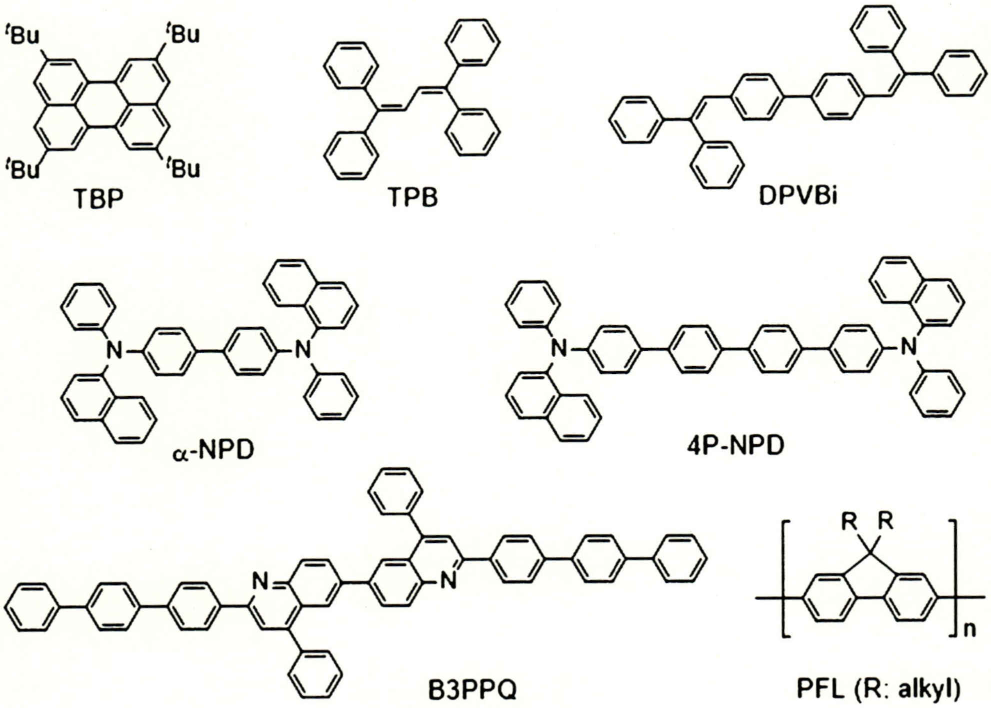

図3　青色蛍光材料

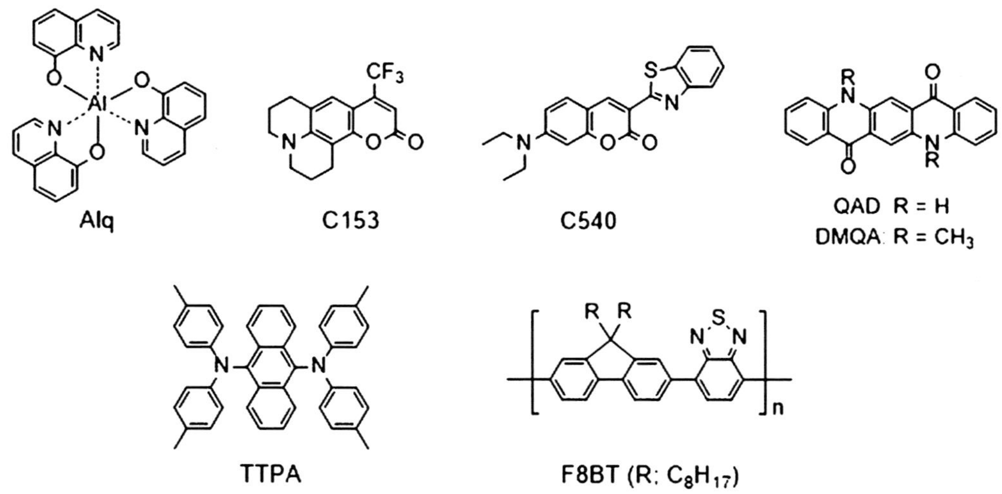

第1章　エレクトロニクス分野

図4　緑色蛍光材料

において用いたアルミニウム-キノリノール錯体 Alq が有名であるが[1]，この化合物はそれ以降，主に電子輸送材料やホールブロック材料として用いられている。色素系の緑色蛍光材料としては，C153[8] や C540[2] などのクマリン系蛍光色素がよく用いられている。これらの色素は元来，レーザー用色素として用いられてきたため Φ_{PL} も高く，耐久性にも優れた発光材料である。それ以外の色素系材料としては，QAD[9] や DMQA[10] などに代表されるキナクリドン誘導体や TTPA[3] のようなアントラセン誘導体がある。緑色蛍光材料についても F8BT のような π 共役高分子系材料が報告されている[11]。

赤色蛍光材料は π 共役系が拡張された色素系骨格を有するものがほとんどである。代表的なものを図5に示すが，この種の材料はピラン系色素（DCM2，DCJTB）[5,12] のように分子内ドナー-アクセプター構造からなるメロシアニン型発色団を有する。これは，分子内に強いドナーとアクセプターが存在することで ICT が促進され，HOMO/LUMO の狭ギャップ化によって発光波長が長波長化するためである。ピラン骨格をベンゾピランに変換すると，π 共役系がさらに拡張され（BPRED1-3），DCJTB（発光波長 λ_{PL}；615 nm）に比べて溶液中で 8〜26 nm 長波長化した深赤色蛍光を与える[13]。ピラン系色素以外にも，ベンゾチアジアゾール[14] やフマロニトリル[15] を基盤骨格に用いて ICT 型赤色蛍光色素が開発されており（それぞれ，BTZA および NPAFN），特に後者は溶液ではほとんど発光しないが固体状態では強く発光するため，発光材料のみで発光層を形成する非ドープ型素子に応用できる。

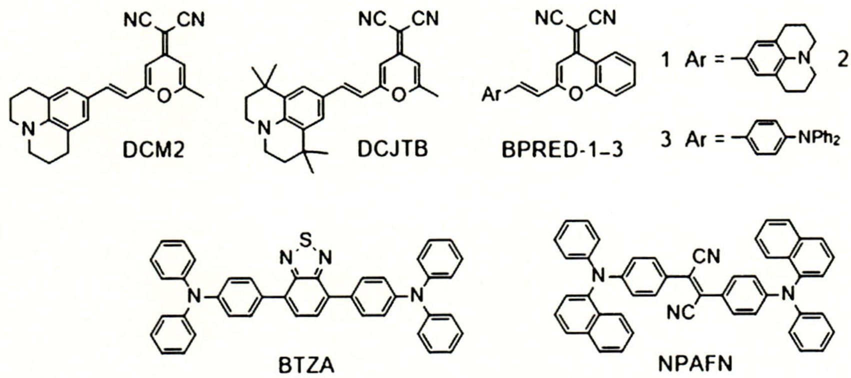

図5 赤色蛍光材料

2.4 りん光材料

　りん光材料は，素子性能の観点から，有機 EL 製品を支える発光材料として欠かすことのできない部材であり，特に緑～赤色の発光領域については，実用面でりん光材料が主流である。りん光材料は蛍光材料とは異なり，イリジウムや白金を中心金属とする有機金属錯体を基盤骨格とする。これは，室温でりん光放出を達成するためには，量子的に禁制過程である一重項励起状態から三重項励起状態への項間交差，および，三重項励起状態から一重項基底状態への放射失活を促す強いスピン–軌道相互作用が必要だからである。りん光材料の歴史は比較的浅く，1998年にポルフィリン白金錯体を用いた有機 EL 素子からりん光による赤色電界発光が報告されたのを皮切りに[16]，1999年には2-フェニルピリジンを配位子とするトリスシクロメタル化イリジウム錯体 Ir(ppy)$_3$ を発光材料に用いた素子が報告され[17]，2000年には Ir(ppy)$_3$ を用いて理論限界に近い15.4%の EQE を達成している[18]。

　典型的なりん光性有機イリジウム錯体の構造を図6に示すが，代表的なものとして Thompson らによって開発されたビスシクロメタル化錯体[19,20]とトリスシクロメタル化錯体[21]がある。イリジウム中心は形式的に3価であり，前者は ppy$_2$Ir(acac) のように2つのシクロメタル化配位子と1つのアニオン性二座型補助配位子から，後者は Ir(ppy)$_3$ のように3つのシクロメタル化配位子からそれぞれ構成された，電気的に中性の錯体である。中心の幾何構造は，ビスシクロメタル化錯体では通常 *C,C-cis, N,N-trans* が安定である[19,22]。一方，トリスシクロメタル化錯体では，*fac* 異性体と *mer* 異性体が存在する[21]。*fac* 体は熱力学的に安定な構造であるのに対し，*mer* 体は速度論的支配によって生成する構造であるため，反応時には *mer* 体が含まれることがあ

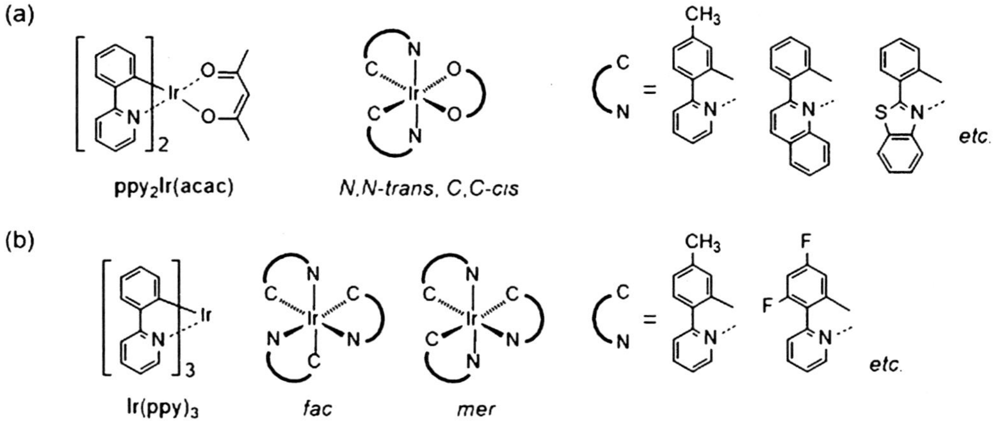

図6 典型的な有機イリジウム錯体
(a)ビスシクロメタル化イリジウム錯体と(b)トリスシクロメタル化イリジウム錯体。

る。興味深いことに，fac 体は高い Φ_{PL} を示すのに対し，mer 体の Φ_{PL} は低く，0.1以下である。強発光性の fac 体は，高温条件下で反応を行うか[21]，もしくは低温での反応で得られた mer 体を異性化させることによって得られる[23]。通常，発光材料として用いられるのは fac 体であるので，ここではトリスシクロメタル化錯体は fac 体を指すものとする。これら以外にも類似の構造をもつものとして，三座型シクロメタル化配位子をもつ錯体も報告されている[24]。

上述の典型的な有機イリジウム錯体の発光に寄与する遷移は，金属中心の d 軌道から配位子の π^* 軌道への電荷移動，すなわち metal-to-ligand charge transfer（MLCT）型遷移や，配位子上での π-π^* 遷移である。イリジウムによるスピン軌道相互作用によって ^{1}MLCT 励起状態や，^{3}MLCT 励起状態との混合，さらには $^3\pi$-π^* 励起状態との混合が効果的におこるため，基底状態への遷移が許容となり，効率的な室温りん光放出が可能となる。金属中心での無放射性 d-d 遷移は，炭素-金属共有結合による強い配位子場によって高エネルギー化されるため，発光への影響は少ない。色素系蛍光材料の場合とは異なり，通常，りん光性有機金属錯体の発光にはいくつかの遷移が含まれているが，図7のトリスシクロメタル化錯体に関する理論計算に見られるように，主たる遷移は HOMO-LUMO 遷移であることが多く，また，HOMO と LUMO はシクロメタル化配位子に局在している。よって，シクロメタル化配位子を適宜設計し HOMO/LUMO のエネルギーギャップを調節すれば，発光色を調節することができる。詳細な発光色調の制御については後述する。

図8にりん光性有機白金錯体の代表的な構造を示す。この種の錯体は平面4配位構造

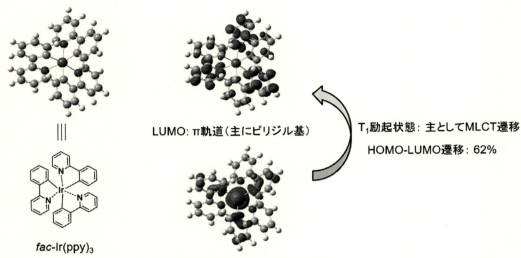

図7 トリスシクロメタル化イリジウム錯体 Ir(ppy)$_3$（fac 異性体）の分子軌道と三重項遷移
HOMO および LUMO は密度汎関数理論（DFT）計算から求め，三重項遷移は時間依存 DFT 計算によって求めた。汎関数は B3LYP を用い，基底関数は Ir について LanL2DZ を，その他の元素については 6-31G(d) を用いた。

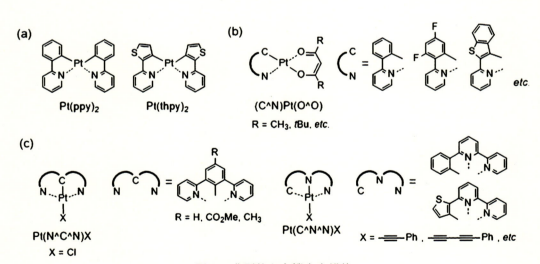

図8 典型的な有機白金錯体
(a)ホモレプティックおよび(b)ヘテロレプティックシクロメタル化白金錯体と(c)三座配位子を有するシクロメタル化白金錯体。

をとり，古くは同種のシクロメタル化配位子をもつホモレプティック型シクロメタル化錯体 Pt(ppy)$_2$ や Pt(thpy)$_2$[25] が報告されているが，近年は主に (C^N)Pt(O^O)（C^N は 2-フェニルピリジン型シクロメタル化配位子，O^O は β-ジケトナート補助配位子）のようなヘテロレプティック型錯体[26]や，三座型シクロメタル化配位子をもつ Pt(N^C^N)X[27,28] および Pt(C^N^N)X 型錯体（X はアニオン性単座配位子）が報告されている。りん光性有機白金錯体は，その構造を反映してしばしば励起二量体（エキシマー）発光を示すことがある。例えば，図9に示すように，緑色りん光を示すシクロメタル化白金錯体 dbfpPt(acac) を発光ドーパントに用いた素子では，低ドープ濃度ではモノマー由来の緑色電界発光を与えるが，ドープ濃度が増大するにつれて600 nm 付近のエキシマー発光の強度が増大する[29]。有機白金錯体も有機イリジウム錯体と同様，その発光に関与する遷移は，^{3}MLCT，$^3\pi$-π^*，およびそれらの混合したものであり，HOMO/LUMO のエネルギーギャップの調節によって発光色の調節が可能となる。

次に，発光色ごとにりん光材料を見ていく。まず，代表的な青色りん光性有機イリジウム錯体を図10に示すが，この種の材料はりん光材料の中で最も分子設計が難しく，現在もなお様々な材料が提案されている。図7に示すように，2-フェニルピリジン型シクロメタル化配位子を有する錯体の場合，HOMO はイリジウムおよびフェニル基に局在し，LUMO はピリジル基の寄与が大きい。高い三重項レベルを得るためによく行われるのが，フェニル基上に電子求引性の置換基を導入して HOMO を安定化する方法である。特に，4',6' 位へのフルオロ基の導入は効果的であり，FIrpic（λ_{PL}：471 nm）[30]や

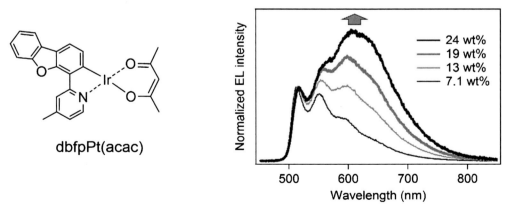

図9　シクロメタル化白金錯体 Pt(dbfp)(acac) を発光ドーパントに用いた有機 EL 素子の電界発光スペクトル
図中の数値は，発光層中における Pt(dbfp)(acac) のドープ濃度（重量パーセント）を示す。

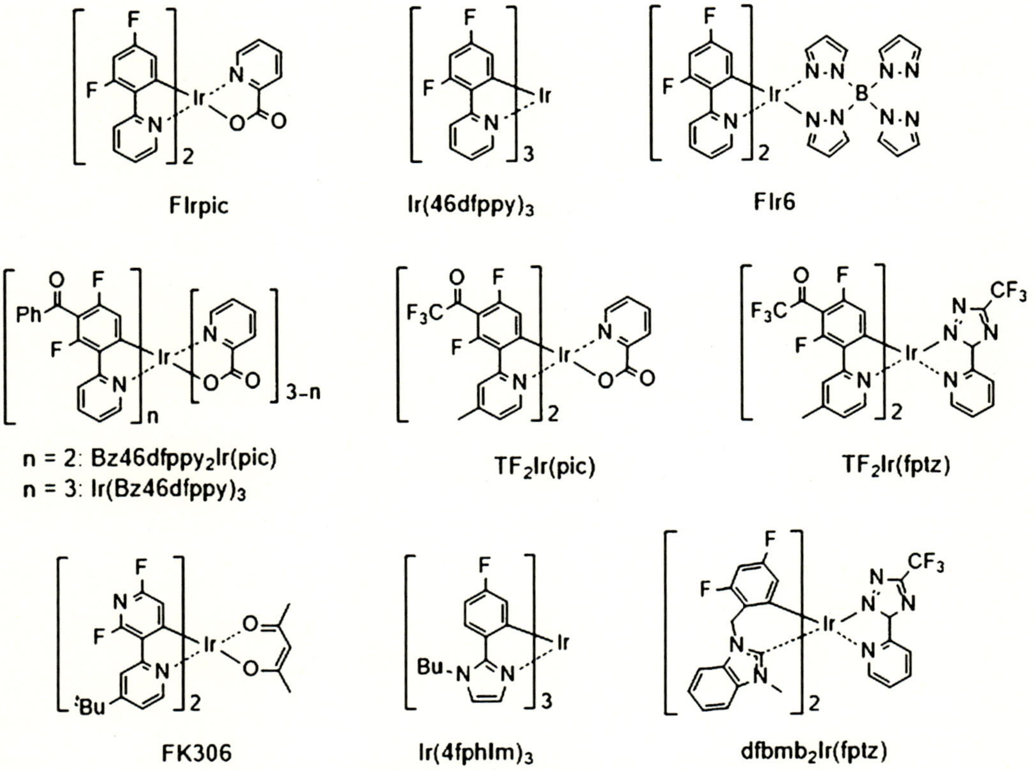

図10 青色りん光性有機イリジウム錯体

Ir(46dfppy)$_3$ (λ_{PL}；468 nm)[21] などはスカイブルー色の発光を示すりん光材料としてよく知られている。ビスシクロメタル化錯体では補助配位子を置換することも効果的であり，FIrpic の補助配位子をテトラピラゾリルボレートに置換した FIr6 は FIrpic よりも 13 nm 短波長側に発光ピークを有する（λ_{PL}；458 nm）[30]。また，4',6' 位のフルオロ基に加えて 5' 位に電子求引性基を導入し，さらなる HOMO の安定化を試みた報告例もある。電子求引性基であるベンゾイル基を 5' 位に導入した Bz46dfppy$_2$Ir(pic) や Ir(Bz46dfppy)$_3$ では，それぞれ FIrpic や Ir(46dfppy)$_3$ に比べて 3 および 5 nm の λ_{PL} の短波長化を実現している[31]。ベンゾイル基の導入によってこれらの Φ_{PL} はそれぞれ 0.82 および 0.90 まで改善されており，溶液塗布型素子において EQE の最大値が 8.6 および 7.5％ の電界発光が得られている。また，TF$_2$Ir(pic) や TF$_2$Ir(fptz) のように 5' 位にトリフルオロアセチル基を導入した錯体では，λ_{PL} はそれぞれ 453（Φ_{PL}；0.74）および 447 nm（Φ_{PL}；0.63）まで短波長化している[32]。有機 EL 素子についても TF$_2$Ir(fptz) を発光ドーパントに用いた場合，CIE 色度座標は (x, y) = (0.147, 0.116) となり，

第1章　エレクトロニクス分野

NTSCの定める青色基準値にかなり近い値となっている。その他，FK306のようにビピリジンをシクロメタル化配位子に用いた錯体は，HOMOが大きく安定化するため，青色りん光材料の基盤骨格として期待されている[33]。また，ピリジン環をイミダゾール（Ir(4fphIm)$_3$）[34] などの5員環構造に変換することでLUMOを不安定化することができ，高い三重項レベルを実現することができる。その他，非共役のベンジル–カルベン型配位子を用いた錯体（dfbmb$_2$Ir(fptz)）[35] についても青色りん光が報告されており，有機EL素子において (x, y) = (0.16, 0.13) のCIE色度座標の電界発光を与えている。

　図11には，代表的な青色りん光性有機白金錯体を示す。(C^N)Pt(O^O)型シクロメタル化白金錯体についても同様に，フェニル基上への電子求引性基の導入によってλ_{PL}は短波長シフトする。例えば，46dfppyPt(acac)はホール輸送性ホスト材料として用いられる1,3-ジ(9H-カルバゾール-9-イル)ベンゼン（mCP）薄膜中において，ドープ濃度が低い場合（5%）には青色発光（λ_{PL}；460 nm）を示す。しかしながら，46dfppyPt(acac)のドープ濃度が増大するとともに580 nm付近に会合種由来の発光が観測される[36]。会合・エキシマー形成の制御方法としては，(46dfppy)Pt(μ-pz)$_2$(46dfppy)のように，立体障害を利用した二核錯体中の発色団の配向制御によるユニークな方法が報告されている[37]。一方，最近，四座型シクロメタル化配位子を用いて優れた純青色発光を示す有機白金錯体PtON-dtbが報告されている[38]。四座型シクロメタル化配位子を用いる利点として，励起状態における分子内振動緩和や結合回転による熱失活を抑えることができるため，Φ_{PL}の向上のみならず半値幅の狭いスペクトルを達成することができる。実際，PtON-dtbは446 nmに半値幅19 nmの発光ピークを示し，振動準位に帰属される発光ピークは大幅に低減されている。また，ポリメタクリル酸メチル（PMMA）薄膜中のΦ_{PL}も0.7であり，比較的高い値を示す。なお，この錯体を用いた素子では，CIE色度座標が (x, y) = (0.148, 0.079) の純青色の電界発光が得られ，EQEの最大値として理論限界に匹敵する24.8%が得られている。

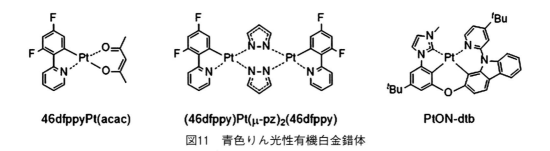

図11　青色りん光性有機白金錯体

機能性色素の新規合成・実用化動向

緑色発光有機EL素子に関しては，良好なCIE色度座標を示すIr(ppy)$_3$を用いて理論限界に近いEQEが達成され，これまでに高効率な素子が開発されてきた[39]。このような経緯から現在では，分子設計の難しい純青色りん光材料（前述）や，高発光効率化が求められる赤色りん光材料（後述）に比べて，ほぼ技術的には成熟している。図12に示すように，Ir(ppy)$_3$以外の緑色りん光材料としては，Ir(mppy)$_3$[21]が素子開発の標準物質としてよく用いられる。これらトリスシクロメタル化錯体と同じシクロメタル化配位子をもつビスシクロメタル化錯体も同様に，緑色の発光を与える。その他，2-フェニルピリジン型シクロメタル化配位子と芳香族系ジケトナート補助配位子の組み合わせによる緑色りん光性ビスシクロメタル化イリジウム錯体 35dtmppy$_2$Ir(bdbp) が報告されている[22]。補助配位子がジピバロイルメタナート（dpm）である 35dtmppy$_2$Ir(dpm) はスカイブルー色の発光（λ_{PL}；474 nm）を示すが，補助配位子を芳香族系ジケトナート（bdbp）に置換すると発光は長波長化し，PMMA薄膜中で緑色の発光（λ_{PL}；526 nm）を与える。このように，補助配位子によっても発光色調を制御することが可能である。一般的に，有機白金錯体は Φ_{PL} に関して有機イリジウム錯体に比べて劣るので，緑色りん光材料の開発においてあまり注目されてこなかったが，dbfpPt(acac)（図9）のようにPMMA薄膜中でも Φ_{PL} が0.75に達する材料も報告されている[29]。

有機イリジウム・白金錯体ともに，赤色りん光材料の開発では，シクロメタル化配位子のHOMO/LUMOを操作することによって低い三重項レベルを実現できる。まず，第一の分子設計指針として，2-フェニルピリジン型配位子への電子過剰系複素芳香環の導入によるHOMOの不安定化である。上述のように，2-フェニルピリジン型配位子を有するビスおよびトリスシクロメタル化イリジウム錯体では，金属中心からフェニル基部分にかけてHOMOが局在している。よって，フェニル基を電子過剰系複素芳香環に置換するとHOMOが大きく不安定化され，HOMO-LUMOギャップが狭くなる。また第二の分子設計指針として，同錯体ではLUMOはピリジン部分に局在しているため

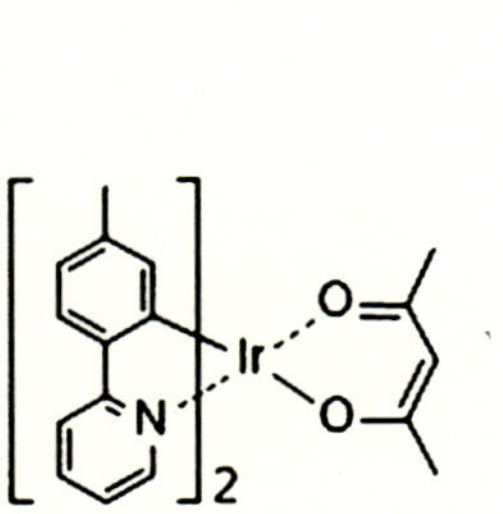

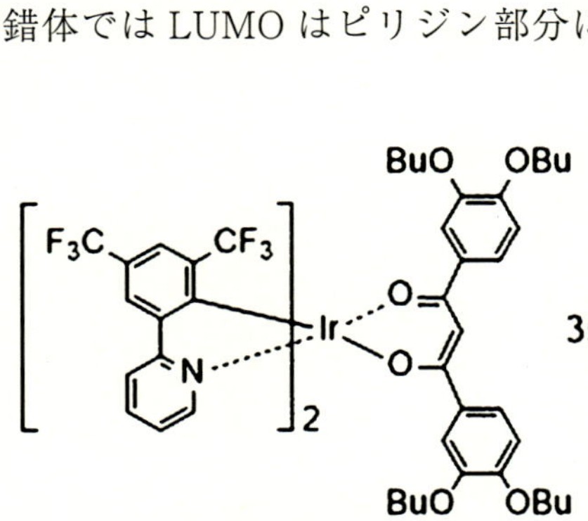

図12　緑色りん光性有機金属錯体

第1章　エレクトロニクス分野

(すなわち，π^* に局在しているため)，配位性含窒素芳香環としてピリジンの代わりにキノリンやイソキノリン骨格を導入し，π 共役拡張による π–π^* 遷移の狭ギャップ化によって狭い HOMO-LUMO ギャップが得られ，三重項レベルが低エネルギー化する。これまで開発されてきた実用的な赤色りん光材料は概ねこのような分子設計に基づく。

代表的な赤色りん光材料を図13に示す。Ir(piq)$_3$ (λ_{PL}；620 nm，Φ_{PL}；0.26)[40] や btp$_2$Ir(acac) (λ_{PL}；612 nm，Φ_{PL}；0.21)[20] などの有機イリジウム錯体や，btpPt(acac) (λ_{PL}；612 nm，Φ_{PL}；0.08)[26] などはりん光有機 EL 素子の開発初期から用いられた材

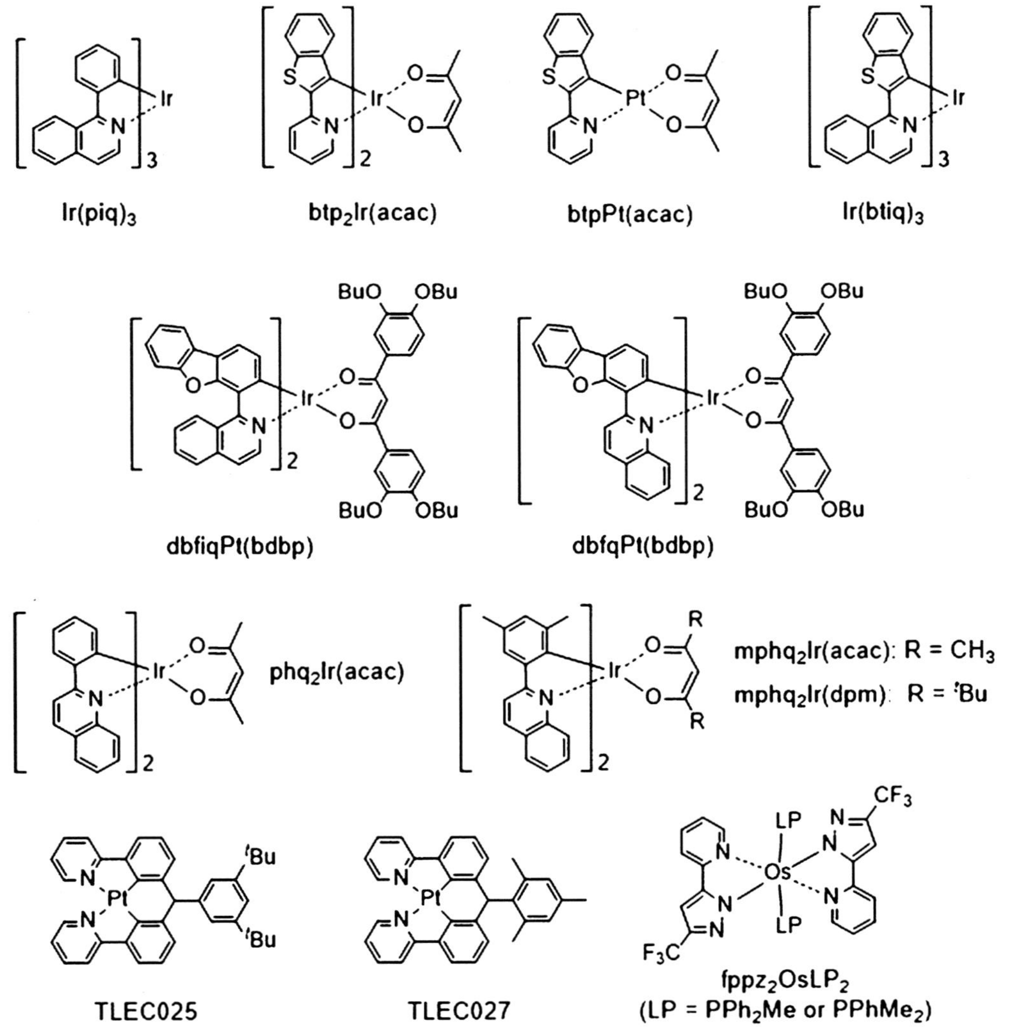

図13　赤色りん光性有機金属錯体

料である。HOMO の安定化と π-π^* 遷移の狭ギャップ化を同時に施すと，Ir(btiq)$_3$ (λ_{PL}；690 nm) のように発光は深赤色にまで達する[41]。赤色発光材料ではエネルギーギャップ則によって放射失活に比べて無放射失活が顕著になるため，一般的に優れた $\varPhi_{PL}$ を達成することが難しいが，最近では高い $\varPhi_{PL}$ を示す材料が報告されている。dbfiq$_2$Ir(bdbp) は純赤色の発光（λ_{PL}；640 nm）を示すが $\varPhi_{PL}$ は 0.61 に達し，acac や dpm などの脂肪族系補助配位子の代わりに芳香族系補助配位子を導入することが $\varPhi_{PL}$ の向上に有効である[42]。なお，dbfiq$_2$Ir(bdbp) を発光ドーパントに用いた素子では，CIE 色度座標 (x, y) = (0.68, 0.31) を示す電界発光を与え，この値は NTSC 赤色基準 (x, y) = (0.67, 0.33) をほぼ満たすものである。類似の構造をもつ dbfq$_2$Ir(bdbp) (λ_{PL}；610 nm) は λ_{PL} が短波長シフトするが，$\varPhi_{PL}$ は 0.77 に達する[43]。phq$_2$Ir(acac) を基盤骨格とする一連の錯体も優れた赤色りん光を与える[44]。phq$_2$Ir(acac) そのものは PMMA 薄膜中で 583 nm に λ_{PL} を有する発光を示す（$\varPhi_{PL}$；0.63）。一方，3',5' 位にメチル基を導入した mphq$_2$Ir(acac) やその補助配位子を dpm に置換した錯体 mphq$_2$Ir(dpm) では，λ_{PL} がそれぞれ 13 および 14 nm 長波長化する。これは弱い電子供与性基であるメチル基が導入され，HOMO が不安定化したことによると考えられる。また，$\varPhi_{PL}$ も 0.70 および 0.76 と向上し，光物理過程の解析から放射失活速度の増大と無放射失活速度の減少の双方が効いている。また，dpm を補助配位子に用いることによって，無放射失活を促進する分子間相互作用が低減されていると考えられる。興味深いことに，これらの錯体を発光ドーパントに用いた素子の電界発光は，PMMA 中での発光に比べて長波長化し，特に mphq$_2$Ir(dpm) を用いた素子では CIE 色度座標 (x, y) = (0.665, 0.333) の純赤色電界発光が 21.9% の EQE で得られている。四座型シクロメタル化配位子を用いた白金錯体についても，優れた有機 EL 素子用赤色りん光材料 TLEC025 と TLEC027 が報告されている[45]。これら錯体を用いた素子ではともに 17% 程度の EQE（@100 cd m^{-1}）が得られ，CIE 色度座標も，TLEC025 で (x, y) = (0.669, 0.330)，TLEC027 で (x, y) = (0.658, 0.340) と良好な値が得られている。これら錯体が優れた発光特性を与える要因として，四座型配位子を用いることで分子内振動緩和や構造緩和による無放射失活が抑制され，また，白金錯体平面に対して大きな二面角をもつ窒素上のベンゼン環が会合やエキシマー形成を抑制しているためと考えられる。

　その他の赤色りん光材料として，オスミウム錯体 fppz$_2$OsLP$_2$ が報告されている[46]。オスミウムはイリジウムと同じ白金族に属する元素であり，強いスピン-軌道相互作用をもたらすため，この錯体は効率的な赤色りん光を与える。しかしながら，オスミウムのもつ毒性のため，現時点ではその開発は敬遠されている。

第1章 エレクトロニクス分野

2.5 TADF材料

上述（2.2項）のように，TADF材料は第三世代発光材料とも呼ばれ，発光としては一重項励起状態からの放射失活，すなわち蛍光でありながら，りん光と同等の内部量子効率を実現することができる材料である。鍵となるプロセスは熱エネルギーによる三重項励起状態から一重項励起状態へのアップコンバージョンであり，理論上100％近い内部量子効率を達成することが可能である。TADFを示す物質の存在は，エオシンやポルフィリン誘導体などをはじめとして，有機EL素子の研究が活発化する前から知られていた。有機EL素子への応用という観点では，ポルフィリン-すず(IV)錯体（図14, SnF2-OEP）を用いた素子が2009年に初めて報告されたが[47]，発光全体へのTADFの寄与は小さいものであった。2010年には，TADFを示す銅(I)錯体（図14, [Cu(PNP-^{t}Bu)]$_2$）を発光材料に用いて16.1％のEQEが達成され，発光材料が一重項励起子のみならず三重項励起子も利用していることが示唆された[48]。その後，2011年に典型元素のみからなるTADF材料（図14, PIC-TRZ）が報告され，これを用いた有機EL素子では蛍光材料の理論値を超えるEQEが達成された[49]。この種の材料はレアメタル元素を含むりん光材料とは異なり，色素系蛍光材料に類似した構造を有するため，

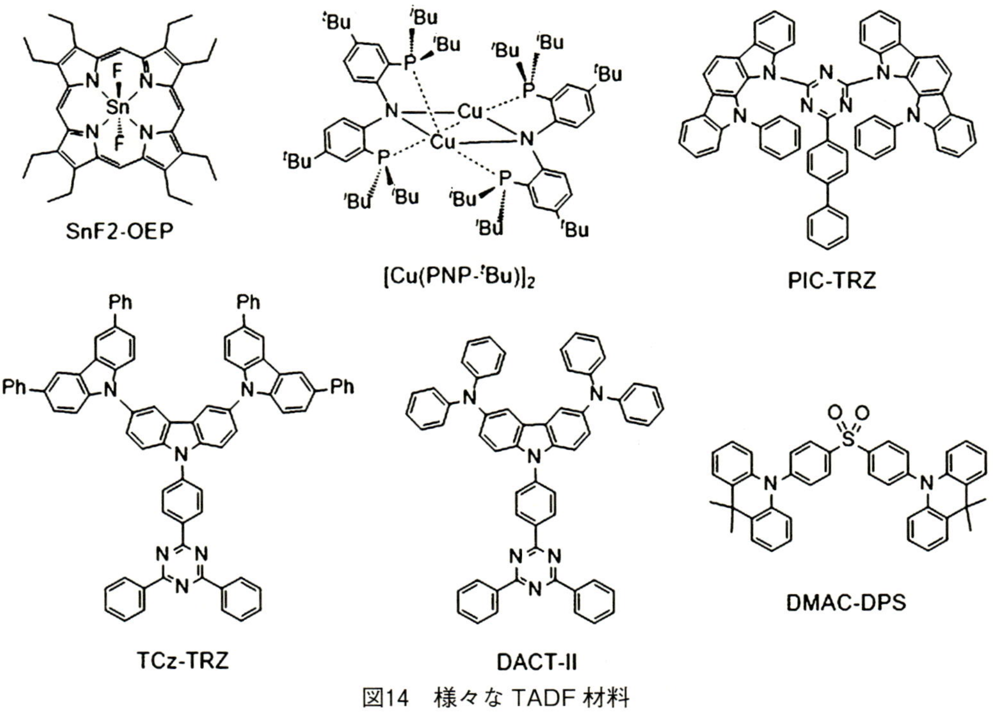

図14 様々なTADF材料

製造コストの面でも優位性をもった材料である。言わば，第一世代および第二世代発光材料の長所を持ち合わせた材料であり，今後の有機EL素子の開発の命運を握る物質であるといっても過言ではない。以下，有機系物質を中心にTADF材料を紹介する。

　TADF材料の電界励起下における光物理過程は図2中に発光過程③として示したが，TADFを得るためには，スピン状態の異なる一重項励起状態と三重項励起状態のエネルギー差（ΔE_{ST}）を0.1 eV程度に小さくしなければならない。ΔE_{ST}はHOMOとLUMOの交換積分に比例するため，E_{ST}を小さくするためには直交した（すなわち，軌道の重なりの少ない）HOMOとLUMOを有する発光性分子を設計する必要がある。そこで安達らは，このような分子設計を満たす分子として，ねじれたドナー−アクセプター（D-A）型構造を有する分子を提唱し，上述のPIC-TRZを発表した[49]。PIC-TRZでは，ドナー性原子団であるフェニルインドロ[2,3-a]カルバゾール（PIC）骨格をアクセプター性原子団であるトリアジン（TRZ）骨格に導入し，2つのPIC間の立体障害を利用してD-A間にねじれをもたせている。この材料の蛍光は466 nmに，りん光は483 nmにそれぞれ観測され，0.11 eVの小さなΔE_{ST}が達成されている。DFT計算によると，HOMOはPIC部位に，LUMOはTRZ部位に局在化し，HOMO-LUMOの軌道の重なりは小さい。実際にPIC-TRZを発光材料に用いたゲスト−ホスト型の有機EL素子では，EQEの最大値が5.3％の電界発光が観測され，TADF材料の有用性が示された。その後，ターカルバゾール骨格とトリアジン骨格をそれぞれドナーとアクセプターに用いて，青色発光性TADF材料（図14，TCz-TRZ）が開発されている[50]。この材料を用いた有機EL素子ではEQEの最大値として20.6％が得られており，ほぼ100％の内部量子効率の達成が示唆された。さらに，TCz-TRZと類似構造をもつTADF材料（図14，DACT-II）を用いて緑色電界発光を与える有機EL素子が作製され，29.6％の極めて高いEQEが実現されている[51]。これは，DACT-IIのΔE_{ST}が極めて小さく，効率的なアップコンバージョンがおこることに加え，発光層のホスト中におけるDACT-IIのΦ_{PL}がほぼ1であることによる。

　安達らはまた，ドナー性原子団としてカルバゾールを，電子受容性原子団としてジシアノベンゼンをそれぞれ用いて図15(a)に示す一連のTADF材料を開発し，その組み合わせによって発光色の幅広い調節に成功した[52]。図15(b)には，これらの材料のトルエン中における発光特性を示す。1,2-ジシアノベンゼンを基盤とする材料では，4,5位にカルバゾリル（Cz）基を導入することでスカイブルーの発光が得られ（2CzPN），さらに3,6位にもCz基を導入すると発光は長波長化し，緑色の発光が得られる。1,3-ジシアノベンゼンの水素原子をCz基で全置換した4CzIPNは，4CzPNに比べて若干短波長化

(a)

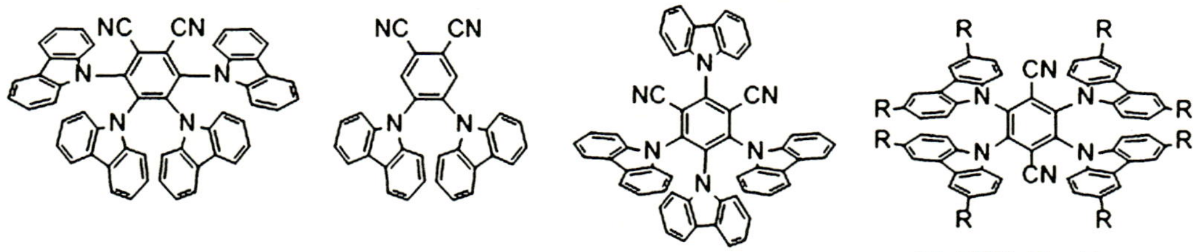

4CzPN　　2CzPN　　4CzIPN　　4CzTPN: R = H
4CzTPN-Me: R = Me
4CzTPN-Ph: R = Ph

(b)

化合物	発光波長（nm）	発光量子収率（%）
4CzPN	525	74.4
2CzPN	473	46.5
4CzIPN	507	93.8
4CzTPN	535	71.6
4CzTPN-Me	561	47.4
4CzTPN-Ph	577	26.3

図15　ジシアノベンゼンを構造基盤とする TADF 材料(a)と
その発光特性（トルエン中，窒素雰囲気下）(b)

した緑色の発光を与える。さらに，1,4-ジシアノベンゼンを全置換した 4CzTPN では，Cz 基の3,6位の置換基によって黄緑～オレンジ色まで発光色を調節することができる。いずれの誘導体においても，Cz 基は立体障害によって中央のベンゼン環からねじれた状態で配置されており，Cz 基に局在化した HOMO とジシアノベンゼンに局在化した LUMO との軌道の重なりは小さい。2CzPN，4CzIPN，および 4CzTPN-Ph を発光材料に用いて実際に有機 EL 素子も作製されており，それぞれ8.0，19.3，および11.2% の EQE を与え，蛍光性有機 EL 素子の理論限界を超える素子特性を与えている。安達らはさらに，大きくねじれた D-A 型構造を用いて青色 TADF 材料（図14，DMAC-DPS）の創出にも成功している[53]。これまでは青色 TADF 材料を得るために電荷移動励起による一重項励起状態（^{1}CT）と三重項状態（^{3}CT）を高エネルギー化すると，より低いエネルギー準位に位置する局所励起三重項状態（^{3}LE）の存在によって ^{3}CT から ^{1}CT への効率的なアップコンバージョンが実現されなかったが，安達らは D-A 間の構造的なねじれを大きくすることによって ^{3}LE を高エネルギー化させ，青色 TADF 材料 DMAC-DPS を創出した。DMAC-DPS を用いて作製した有機 EL 素子では，19.5% の EQE が得られている。

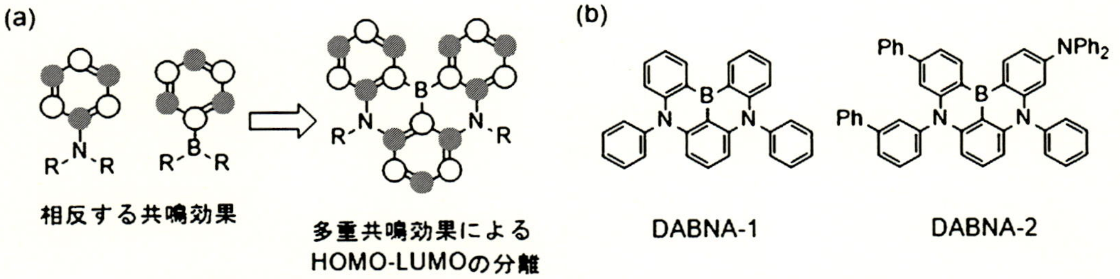

図16 多重共鳴効果による TADF 材料の分子設計(a)と DABNA の構造(b)

TADF 材料を開発する上で，D-A 構造に基づく ICT 型遷移では D-A 間の結合回転による構造緩和が大きいため発光の半値幅が大きくなり，発光の色純度が悪くなるという問題点がある。この問題を克服するために畠山らは，図16(a)に示すように芳香環への窒素原子とホウ素原子の導入による多重共鳴効果を利用して，構造緩和を最小限に抑えた HOMO/LUMO の分離を提案した[54]。この分子設計によって合成された DABNA-1 と DABNA-2（図16(b)）では，発光層ホストをマトリックスとする薄膜中で30 nm 程度の狭い半値幅を有する青色発光が得られている。これらの TADF 材料を用いた有機 EL 素子では，最大輝度が1000 cd m^{-2} 以下と低いものの，DABNA-1 では13.5%，DABNA-2 では20.2% の EQE の最大値が得られている。電界発光の色度も優れており，DABNA-1 を用いた素子では (x, y) = (0.13, 0.09) の CIE 色度座標が得られ，NTSC の青色基準値とほぼ同等の値に達する。

2.6 おわりに

ここでは，有機 EL 用発光材料の開発について概観した。蛍光材料は素子特性の観点からりん光材料や TADF 材料に比べて劣るが，TADF 材料からのエネルギー移動を利用することによって素子特性を大幅に改善することが可能であるため，色調や構造のバリエーションの観点から再び注目されつつある。りん光材料は，実用レベルで用いる材料として今なお中心的存在にあり，今後は青色および赤色発光材料を中心に，色純度の最適化と素子特性の向上を両立できる材料の探索に焦点が絞られるであろう。TADF 材料は材料コストを抑えながら優れた素子特性を実現できる発光材料であり，有機 EL 製品の普及に向けて大いに期待される材料である。今後，スマートフォンやタブレット端末，さらにはテレビや光源デバイスへの応用を目指して，有機 EL 素子の開発はさらに加速するであろう。有機 EL 用発光材料の更なる高機能化に注目していきたい。

第1章 エレクトロニクス分野

文　　献

1) C. W. Tang, S. A. VanSlyke, *Appl. Phys. Lett.*, **51**, 913-915 (1987)
2) C. W. Tang, S. A. VanSlyke, C. H. Chen, *J. Appl. Phys.*, **65**, 3610-3616 (1989)
3) H. Nakanotani, T. Higuchi, T. Fukuyama, K. Masui, K. Morimoto, M. Numata, H. Tanaka, Y. Sagara, T. Yasuda, C. Adachi, *Nature Commun.*, **5**, 4016 (7 pages) (2014)
4) A. Mikata, T. Koshiyama, T. Tsuboyama, *Jpn. J. Appl. Phys.*, **44**, 608-612 (2005)
5) X. Y. Zheng, W. Q. Zhu, Y. Z. Wu, X. Y. Jiang, R. G. Sun, Z. L. Zhang, S. H. Xu, *Displays*, **24**, 121-124 (2003)
6) G. Schwartz, M. Pfeiffer, S. Reineke, K. Walzer, L. Leo, *Adv. Mater.*, **19**, 3672-3676 (2007)
7) J. M. Hancock, A. P. Gifford, C. J. Tonzola, S. A. Jenekhe, *Chem. Mater.*, **111**, 6875-6882 (2007)
8) D. Pereira, A. Pinto, A. Califórnia, J. Gomes, L. Pereira, *Mater. Sci. Eng. B*, **211**, 156-165 (2016)
9) 脇本健夫，村山竜史，仲田仁，今井邦男，佐藤義一，野村正治，テレビジョン学会技術報告，**16**, 47-51 (1992)
10) J. Shi, C. W. Tang, *Appl. Phys. Lett.*, **70**, 1665-1667 (1997)
11) Y. He, S. Gong, R. Hattori, J. Kanicki, *Appl. Phys. Lett.*, **74**, 2265-2267 (1999)
12) V. Bulović, A. Shoustikov, M. A. Baldo, E. Bose, V. G. Kozlov, M. E. Thompson, S. R. Forrest, *Chem. Phys. Lett.*, **287**, 455-460 (1998)
13) X, H. Zhang, B. J. Chen, X. Q. Lin, O. Y. Wong, C. S. Lee, H. L. Kwong, S. T. Lee, S. K. Wu, *Chem. Mater.*, **13**, 1565-1569 (2001)
14) K. R. J. Thomas, J. T. Lin, M. Velusamy, Y.-T. Tao, C.-H. Chuen, *Adv. Funct. Mater.*, **14**, 83-90 (2004)
15) H.-C. Yeh, S.-J. Yeh, C.-T. Chen, *Chem. Commun.*, 2632-2633 (2003)
16) M. A. Baldo, D. F. O'Brien, Y. You, A. Shoustikov, S. Sibley, M. E. Thompson, S. R. Forrest, *Nature*, **395**, 151-154 (1998)
17) M. A. Baldo, S. Lamansky, P. E. Burrows, M. E. Thompson, S. R. Forrest, *Appl. Phys. Lett.*, **75**, 4-6 (1999)
18) C. Adachi, M. A. Baldo, S. R. Forrest, M. E. Thompson, *Appl. Phys. Lett.*, **77**, 904-906 (2000)
19) S. Lamansky, P. Djurovich, D. Murphy, F. Abdel-Razzaq, R. Kwong, I. Tsyba, M. Bortz, B. Mui, R. Bau, M. E. Thompson, *Inorg. Chem.*, **40**, 1704-1711 (2001)

20) S. Lamansky, P. Djurovich, D. Murphy, F. Abdel-Razzaq, H.-E. Lee, C. Adachi, P. E. Burrows, S. R. Forrest, M. E. Thompson, *J. Am. Chem. Soc.*, **123**, 4304-4312 (2001)
21) A. B. Tamayo, B. D. Alleyne, P. I. Djurovich, S. Lamansky, I. Tsyba, N. N. Ho, R. Bau, M. E. Thompson, *J. Am. Chem. Soc.*, **125**, 7377-7387 (2003)
22) S. Ikawa, S. Yagi, T. Maeda, H. Nakazumi, H. Fujiwara, Y. Sakurai, *Dyes Pigm.*, **95**, 695-705 (2012)
23) T. Karatsu, T. Nakamura, Shiki Yagai, A. Kitamura, K. Yamaguchi, Y. Matsushima, T. Iwata, Y. Hori, T. Hagiwara, *Chem. Lett.*, **32**, 886-887 (2003)
24) J. Lin, N.-Y. Chau, J.-L. Liao, W.-Y. Wong, C.-Y. Lu, Z.-T. Sie, C.-H. Chang, M. A. Fox, P. J. Low, G.-H. Lee, Y. Chi, *Organometallics*, **35**, 1813-1824 (2016)
25) F. Barigelletti, D. Sandrini, M. Maestri, V. Balzani, A. von Zelewsky, L. Chassot, P. Jolliet, U. Maeder, *Inorg. Chem.*, **27**, 3644-3647 (1988)
26) J. Brooks, Y. Babayan, S. Lamansky, P. I. Djurovich, I. Tsyba, R. Bau, M. E. Thompson, *Inorg. Chem.*, **41**, 3055-3066 (2002)
27) J. A. G. Williams, A. Beeby, E. S. Davies, J. A. Weinstein, C. Wilson, *Inorg. Chem.*, **42**, 8609-8611 (2003)
28) W. Lu, B.-X. Mi, M. C. W. Chan, Z. Hui, N. Zhu, S.-T. Lee, C.-M. Che, *Chem. Commun.*, 206-207 (2002)
29) T. Shigehiro, Q. Chen, S. Yagi, T. Maeda, H. Nakazumi, Y. Sakurai, *Dyes Pigm.*, **124**, 165-173 (2016)
30) A. Endo, K. Suzuki, T. Yoshihara, S. Tobita, M. Yahiro, C. Adachi, *Chem. Phys. Lett.*, **460**, 155-157 (2008)
31) N. Okamura, T. Nakamura, S. Yagi, T. Maeda, H. Nakazumi, H. Fujiwara, and S. Koseki, *RSC Adv.*, **6**, 51435-51445 (2016)
32) S. Lee, S.-O. Kim, H. Shin, H.-J. Yun, K. Yang, S.-K. Kwon, J.-J. Kim, Y.-H. Kim, *J. Am. Chem. Soc.*, **135**, 14321-14328 (2013)
33) F. Kessler, Y. Watanabe, H. Sasabe, H. Katagiri, M. K. Nazeeruddin, M. Grätzel, J. Kido, *J. Mater. Chem. C*, **1**, 1070-1075 (2013)
34) T. Karatsu, M. Takahashi, S. Yagai, A. Kitamura, *Inorg. Chem.*, **52**, 12338-12350 (2013)
35) C.-F. Chang, Y.-M. Cheng, T. Chi, Y.-C. Chiu, C.-C. Lin, G.-H. Lee, P.-T. Chou, C.-C. Chen, C.-H. Chang, C.-C. Wu, *Angew. Chem. Int. Ed.*, **47**, 4542-4545 (2008)
36) V. Adamovich, J. Brooks, A. Tamayo, A. M. Alexander, P. I. Djurovich, B. W. D'Andrade, C. Adachi, S. R. Forrest, M. E. Thompson, *New J. Chem.*, **26**, 1171-1178 (2002)

37) B. Ma, P. I. Djurovich, S. Garon, B. Alleyne, M. E. Thompson, *Adv. Funct. Mater.*, **16**, 2438-2446 (2006)
38) T. Fleetham, G. Li, L. Wen, J. Li, *Adv. Mater.*, **26**, 7116-7121 (2014)
39) H. Sasabe, H. Nakanishi, Y. Watanabe, S. Yano, M. Hirasawa, Y.-J. Pu, J. Kido, *Adv. Funct. Mater.*, **23**, 5550-5555 (2013)
40) A. Tsuboyama, H. Iwawaki, M. Furugori, T. Mukaide, J. Kamatani, S. Igawa, T. Moriyama, S. Miura, T. Yakiguchi, S. Okada, M. Hoshino, K. Ueno, *J. Am. Chem. Soc.*, **125**, 12971-12979 (2003)
41) S. Ikawa, S. Yagi, T. Maeda, H. Nakazumi, H. Fujiwara, S. Koseki, Y. Sakurai, *Inorg. Chem. Commun.*, **38**, 14-19 (2013)
42) H. Tsujimoto, S. Yagi, H. Asuka, Y. Inui, S. Ikawa, T. Maeda, H. Nakazumi, Y. Sakurai, *J. Organomet. Chem.*, **695**, 1972-1978 (2010)
43) H. Tsujimoto, S. Yagi, S. Ikawa, H. Asuka, T. Maeda, H. Nakazumi, Y. Sakurai, *J. Jpn. Soc. Colour Mater.*, **83**, 207-214 (2010)
44) D. H. Kim, N. S. Cho, H.-Y. Oh, J. H. Yang, W. S. Jeon, J. S. Park, M. C. Suh, J. H. Kwon, *Adv. Mater.*, **23**, 2721-2726 (2011)
45) H. Fukagawa, T. Shimizu, H. Hanashima, Y. Osada, M. Suzuki, H. Fujikake, *Adv. Mater.*, **24**, 5099-5013 (2012)
46) Y.-L. Tung, P.-C. Wu, C.-S. Liu, Y. Chi, J.-K. Yu, Y.-H. Hu, P.-T. Chou, S.-M. Peng, G.-H. Lee, Y. Tao, A. J. Carty, C.-F. Shu, F.-I. Wu, *Organometallics*, **23**, 3745-3748 (2004)
47) A. Endo, M. Ogasawara, A. Takahashi, D. Yokoyama, Y. Kato, C. Adachi, *Adv. Mater.*, **21**, 4802-4806 (2009)
48) J. C. Deaton, S. C. Switalski, D. Y. Kondakov, R. H. Young, T. D. Pawlik, D. J. Giesen, S. B. Harkins, A. J. M. Miller, S. F. Mickenberg, J. C. Peters, *J. Am. Chem. Soc.*, **132**, 9499-9508 (2010)
49) A. Endo, K. Sato, K. Yoshimura, T. Kai, A. Kawada, H. Miyazaki, C. Adachi, *Appl. Phys. Lett.*, **98**, 083302 (3 pages) (2011)
50) S. Hirata, Y. Sakai, K. Masui, H. Tanaka, S. Y. Lee, H. Nomura, N. Nakamura, M. Yasumatsu, H. Nakanotani, Q. Zhang, K. Shizu, H. Miyazaki, C. Adachi, *Nature Mater.*, **14**, 330-336 (2015)
51) H. Kaji, H. Suzuki, T. Fukushima, K. Shizu, K. Suzuki, S. Kubo, T. Komino, H. Oiwa, F. Suzuki, A. Wakamiya, Y. Murata, C. Adachi, *Nature Commun.*, **6**, 8476 (8 pages) (2015)
52) H. Uoyama, K. Goushi, K. Shizu, H. Nomura, C. Adachi, *Nature*, **492**, 234-238 (2012)

53) Q. Zhang, B. Li, S. Huang, H. Nomura, H. Tanaka, C. Adachi, *Nature Photonics*, **8**, 326-332 (2014)
54) T. Hatakeyama, K. Shiren, K. Nakajima, S. Nomura, S. Nakatsuka, K. Kinoshita, J. Ni, Y. Ono, T. Ikuta, *Adv. Mater.*, **28**, 2777-2781 (2016)

3 マイクロレンズアレイの開発

櫻井芳昭*

3.1 はじめに

近年,光システムの小型化に伴い,微小光学素子が不可欠となっている。このようなミクロン単位で扱われる微小光学素子には直径が数 mm 以下のレンズ(マイクロレンズ)が必要とされる。例えば,マイクロレンズは単一レンズとしてコンパクトディスクのピックアップ用レンズ(図1)に用いられる。また,1次元あるいは2次元に配列したマイクロレンズアレイは,複写機やファクシミリの受像光学系をはじめ,光コンピュータにおけるキーデバイス,液晶プロジェクタや CCD (Charge Coupled Device, 電荷結合素子)などの結像系に組み込まれている[1](図2)。さらに,かまぼこ型のレ

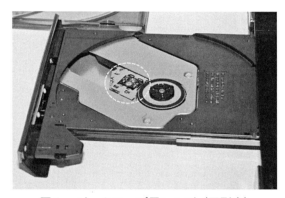

図1　ピックアップ用レンズ(円形内)

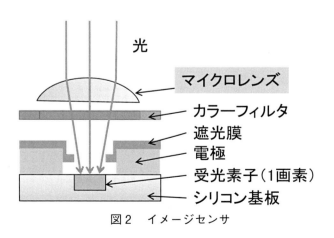

図2　イメージセンサ

＊　Yoshiaki Sakurai　(地独)大阪府立産業技術総合研究所　研究管理監

ンズで立体視を可能にする結像系のレンチキュラーレンズにも応用されている。

3.2 マイクロレンズアレイの作製方法

現在のマイクロレンズアレイ作製方法には，電子ビームによる超微細加工[2~4]，ナノインプリント法[5~7]，レジストリフロー法[8]などがある（図3）。しかし，これらの作製方法には，生産性が低い，コストが高い，レンズ作製形状の自由度が低い，およびカラー化が困難といった問題がある。

3.3 電着法によるカラーマイクロレンズアレイの作製

レンズのカラー化に着目し，従来の作製方法とは全く違った方法であるポリマー電着法を用いたカラーマイクロレンズアレイの作製方法について検討した結果を述べる[9~11]。

このカラーマイクロレンズアレイの作製方法は，「フォトリソグラフィ法によるレンズパターンの作製」，「ポリマー電着法によるパターン化した部分へのレンズ材料の堆積」，および「加熱処理によるレンズ形成」の三工程から構成される。

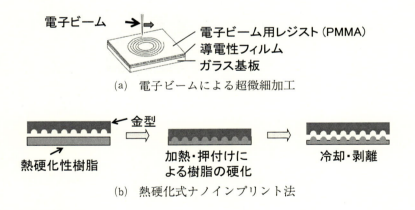

図3　現在のマイクロレンズアレイの作製方法

第1章　エレクトロニクス分野

次項より，ITO（Indium Tin Oxide）透明導電膜付きガラスおよびシリコンウエハを基板として用い，カラーマイクロレンズアレイを作製した結果について記述する。

3.3.1　ITOガラス基板上への単色マイクロレンズアレイの作製

(1)　50μm正方形の単色マイクロレンズアレイの作製

赤，緑，および青色の各電着液は，アニオン性ポリマーコロイド溶液SR-A-309［ハニー化成㈱製］に，それぞれ，赤色顔料水分散体Red-B99，緑色顔料水分散体Green-D107，および青色顔料水分散体Blue-D106［山陽色素㈱製］を3 vol%添加することで調製した。

一例として，赤色マイクロレンズアレイの作製手順（図4）について述べる。最初に，ITOガラス（2.0 cm×2.5 cm）上に，50μm角の正方形（開口部分）が縦，横200μmピッチで100×200個配列しているフォトマスクを設置し，フォトリソグラフィ法（ポジ型レジスト）によりパターニングを行った。次に，パターニングを施した基板を赤色電着液中に浸漬させ，25℃にて，電解電圧25 Vを印加し，20秒間電着を行った。さらに，イオン交換水による洗浄後，90℃，30分間加熱処理を行い，赤色のマイクロレンズアレイ［図5(a)］を得た。

なお，図5では，赤色のマイクロレンズアレイ［図5(a)］とともに，緑および青色の50μm正方形のカラーマイクロレンズアレイ表面の光学顕微鏡写真［図5(b)および(c)］も示した。また，図6は，触針式の段差・表面あらさ・微細形状測定装置により，赤色

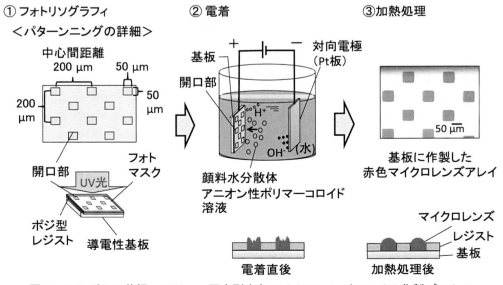

図4　ITOガラス基板への50μm正方形赤色マイクロレンズアレイの作製プロセス

機能性色素の新規合成・実用化動向

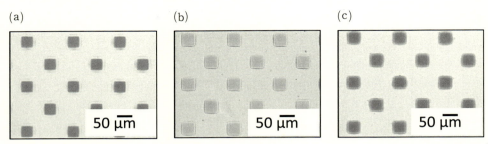

図5　ITOガラス基板上に作製した50μm正方形のカラーマイクロレンズアレイ表面の光学顕微鏡写真
　　(a) 赤色, (b) 緑色, および(c) 青色

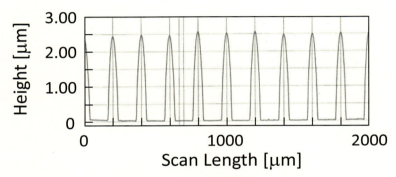

図6　ITOガラス基板上に作製した50μm正方形の赤色マイクロレンズアレイ表面の断面形状

のマイクロレンズアレイの断面形状を計測した結果である。図6から，赤色マイクロレンズアレイの「レジストからのレンズ高さ（図7）」は，一定になっていることがわかる。このことは，電着法により再現性に優れたマイクロレンズアレイが作製できることを示している。

(2)　10μm正方形の単色マイクロレンズアレイの作製

(1)と同様の電着液を用いて，電着温度を15℃とすることで，赤，緑，および青色の10μm正方形のカラーマイクロレンズアレイを得た。得られた単色マイクロレンズアレイの光学顕微鏡写真を図8に示す。

レンズの大きさが小さく，触針式の段差・表面あらさ・微細形状測定装置により，カラーマイクロレンズアレイの断面形状とレンズの高さは計測できなかった。そのため，AFMによるレンズ形状の観察を行った。赤色マイクロレンズアレイのAFM画像を図9に示す。図9から，レンズ材料がレジストパターンからフローしているがレンズ形状

第1章　エレクトロニクス分野

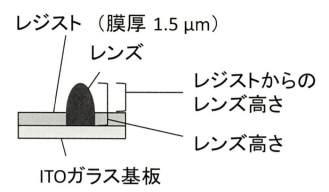

図7　ITOガラス基板上に作製したカラーマイクロレンズアレイの断面図

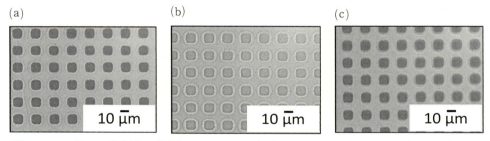

図8　ITOガラス基板上に作製した10 μm正方形のカラーマイクロレンズアレイ表面の光学顕微鏡写真
　(a) 赤色，(b) 緑色，(c) 青色

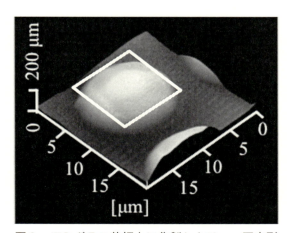

図9　ITOガラス基板上に作製した10 μm正方形赤色マイクロレンズアレイのAFM画像
　◇は，レジストパターンの範囲を示す

が形成されていることが認められる。なお，より形状の良いレンズを作製するためには，加熱処理温度と時間を最適化する必要がある。

① 赤，緑，および青色マイクロレンズアレイの作製

図10に示す手順で，ポリマー電着法により，同一基板上に赤，緑，および青色（三色）のレンズアレイを作製した。最初に，直径100μmの円形のパターンが施されたフォトマスクを用い，ITO膜付きガラス上のレジストのパターニングを実施した。その後，緑色電着液を用いて，電解電圧25Vを印加し，30秒間電着を行った。なお，電着は，25℃にて行った。イオン交換水による水洗後，90℃，30分間加熱処理を行い，緑色マイクロレンズアレイを得た。

引き続き，直径100μmの円形パターンが施されたフォトマスクを用い，同様のパターニングを実施した。ただし，パターニング部分が先に作製した緑色マイクロレンズアレイと重ならないようにフォトマスク開口部の位置を調整した。フォトリソグラフィ後，緑色マイクロレンズアレイを作製した基板に対し，赤色電着液を用いて，同じプロセスで電着，洗浄，および加熱処理を行い，赤色マイクロレンズアレイを得た。

さらに，緑および赤色のマイクロレンズアレイを形成した基板に対し，青色電着液を用い，上記と同様のプロセスを繰り返すことで，青色マイクロレンズアレイを得た。

以上の手順により，図11のように，一枚の基板上に，緑，赤，および青からなる3色の直径100μmの円形のレンズが配列されたパターンの形成に成功した。また，図11からわかるように，作製したレンズアレイにおいて，混色（一つのレンズに二色以上混ざること）は認められなかった。

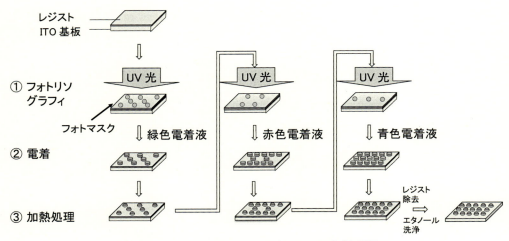

図10　三色マイクロレンズアレイの作製手順

第1章　エレクトロニクス分野

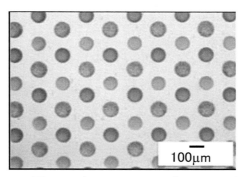

図11　三色マイクロレンズアレイ

② ITOガラス基板上の三色マイクロレンズアレイの光学特性評価

　一般に，対象物に対し光を照射し，レンズにより結像を行うと，対象物と同形状の像が得られる。このレンズの結像作用を利用し，図11の三色マイクロレンズアレイの結像について評価した。具体的には，反射・透過兼用金属顕微鏡の下部光源の上に「TRI$_{OSAKA}$」をプリントしたスライドフィルムを置き，ステージ上に置いた三色マイクロレンズアレイに，スライドフィルムを介して下部光源を透過させた（図12）。「TRI$_{OSAKA}$」を結像させた画像が，図12中の「レンズの集光効果による結像」である。結像画像には，レンズと同色の結像が得られたことから，作製したカラーマイクロレンズアレイは，凸レンズとしての機能および色彩機能を同時に併せ持つことがわかった。

3.3.2　シリコン基板上への三色マイクロレンズアレイの作製

　一般に，マイクロレンズアレイが利用されるCCDおよびCMOS（Complementary Metal Oxide Semiconductor，相補型金属酸化膜半導体）イメージセンサは，シリコン基板をベースに作製される。そこで，シリコン基板上に三色マイクロレンズアレイを作製した。

　図10と同様の手順で作製したところ，図13のように，三色からなる50μm正方形のレンズが配列されたパターンの形成に成功した。また，図11と同様に，図13においても，作製したレンズアレイにおいて，混色の発生がないことが認められる。

3.4　まとめ

　フォトリソグラフィ法とポリマー電着法により集光機能と色彩機能を併せ持つカラーマイクロレンズアレイの作製を行った。作製工程は，レンズパターンを決めるフォトリソグラフィ，レンズ材料を堆積する電着，およびレンズを形成する加熱処理から構成される。

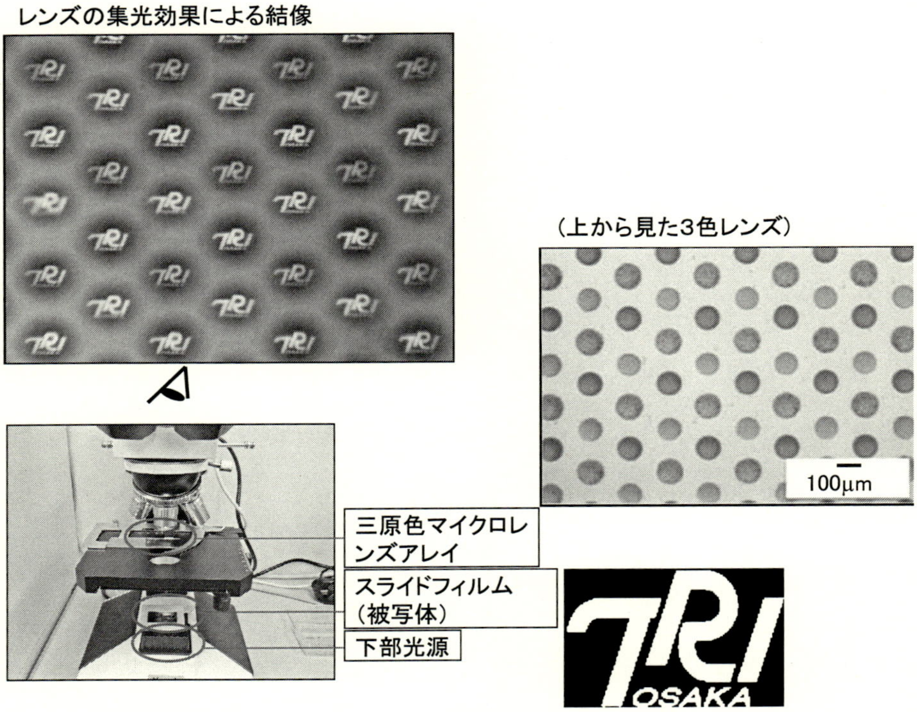

機能性色素の新規合成・実用化動向

図12　三色マイクロレンズアレイを用いた集光効果による結像

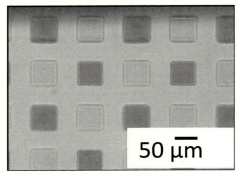

図13　シリコン基板上に作製した三色マイクロレンズアレイの
　　　光学顕微鏡写真

　このように，フォトリソグラフィ法とポリマー電着法を組み合わせ，開発したマイクロレンズアレイの作製方法は，着色はもちろんのこと，レンズサイズおよび形状に大きな自由度がある。例えば，フォトマスクの形状を長方形にすると，レンチキュラーレンズ（図14）が作製できる。

第1章　エレクトロニクス分野

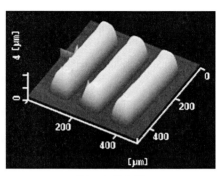

(a) 顕微鏡像　　　　　　　　　(b) AFM像

図14　レンチキュラーレンズ

電着液中の色素には顔料，染料が利用でき，ポリマーコロイドにはアニオン性，カチオン性が使用できるなど，多くの候補材料の中から，作製するカラーマイクロレンズの物性に応じて，最適材料を選択できる．さらに，基板にITOガラス，シリコン基板が利用できるなど，本方法の応用範囲は大きい．

本稿で紹介したカラーマイクロレンズアレイの作製方法が，光学および電子部品の作製に少なからず貢献できることを期待する．

文　　　　献

1) 佐野義和，マイクロレンズ，電子情報通信会，知識の森，77-85，(2011)
2) 宮下隆明，マイクロレンズ用波面収差測定装置の高精度化と国際基準への適用，奈良先端科学技術大学院大学物質創成科学研究科修士論文，15-16 (2009)
3) 鈴木浩文，岡田睦，藤井一二，白藤芳則，生産加工・工作機械部門講演会，生産と加工に関する学術講演会，**2010**(8)，167-168，(2010)
4) 藤田輝雄，西原浩，小山次郎，電子通信学会論文誌 (c)，**J64-C** (10)，652-657 (1981)
5) 松井真二，電子情報通信学会「知識ベース」，1-9 (2012)
6) S. Y. Chou, P. R. Krauss and P. J. Renstrom, *Appl. Phys. Lett.*, **67**, p. 3114 (1995)
7) S. Y. Chou, P. R. Krauss and P. J. Renstrom, *J. Vac. Sci. Technol.*, **B15**, p. 2897 (1997)
8) Z. D. Popovic, R. A. Sprague and G. A. Neville Connell, *Appl. Opt.*, **27**, 1281-1284

(1988)
9) Y. Sakurai, S. Okuda, N. Nagayama and M. Yokoyama, *J. Mater. Chem.*, **11**, 1077-88 (2001)
10) Y. Sakurai, S. Okuda, H. Nishiguchi, N. Nagayama and M. Yokoyama, *J. Mater. Chem.*, **13**, 1862-64 (2003)
11) 櫻井芳昭，山村昌大，鉛朋子，橋野宏樹，菅野敏彦，森田正直，高曲賢治，黒田公一，神門登，Japan Patent Kokai, 2013-132703 (2013)

第2章 エネルギー変換分野

1 ppmドーピングによる有機半導体のpn制御と有機太陽電池応用

平本昌宏*

1.1 はじめに

有機薄膜太陽電池の変換効率は,実用化の目安である10%を越え,現在では12%が報告されており[1,2],サンプル出荷が始まるレベルに達している。

私たちは,有機半導体においても,超高純度化,ドーピングによるpn制御,内蔵電界形成,オーミック接合形成,半導体パラメータ精密評価,などの,シリコンに代表される無機半導体に匹敵する,有機半導体物性物理学を確立することが,有機太陽電池の本質的な性能向上に不可欠と考えている。

本節では,ppmドーピング技術,有機半導体のpn制御,有機太陽電池のエネルギー構造の設計,ドーピングイオン化率増感,1 ppm極微量ドーピング効果について述べる。

1.2 ppmドーピング技術

ドーピングは,共蒸着によって行った。単独有機半導体だけでなく,2種の有機半導体の共蒸着膜に対してドーピングすることも考え,蒸着装置内に3つの蒸着源と水晶振動子膜厚計(QCM)を設置し,3種の材料の蒸着速度を独立にモニターできるように仕切り板を設けた(図1(a))。ドーピングは極微量で行う必要があるため,QCMからの出力をPCに取り込んでディスプレイに表示し,非常にゆっくりとした膜厚の変化をモニターした(図1(b))。QCM冷却水チラーのオンオフによる膜厚出力の周期的変動[注]があるが,ベースラインの変化から,図では,1.8×10^{-6} nm/sの変化までとらえている。以上の工夫で,体積比9 ppmまでの極微量ドーピングができる。

さらに低いドーパント蒸着速度を得るために,蒸着源と基板との間に,回転板シャッターを設置した(図1(c))。開口部の幅を,1/10とすれば,ドーパント蒸着速度1 ppm

---

注) 周期的変動は,QCM冷却循環水の水温がチラーのオンオフによって変動するため現れる。

---

* Masahiro Hiramoto ㈱自然科学研究機構 分子科学研究所
物質分子科学研究領域 分子機能研究部門 教授

機能性色素の新規合成・実用化動向

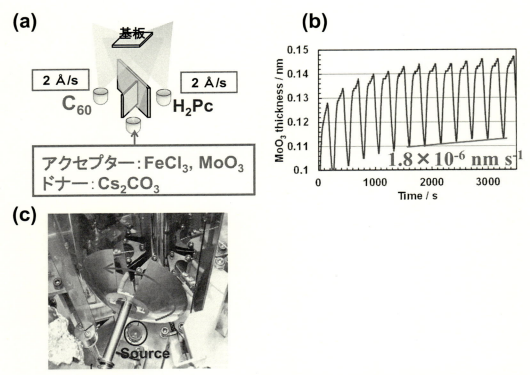

図1 (a) 共蒸着によるドーピング，(b) 極微量ドーピングのための膜厚計（QCM）出力例，ベースラインから1.8×10^{-6} nm/sと分かる，(c) 回転板シャッター（開口部1/10）ドーパント濃度1 ppmが可能である。

が可能である。以上の技術は，エピテック㈱と共同で開発した。

　有機半導体薄膜には，酸素と水が不純物となる。そのため，1度でもサンプルを空気にさらすと，フェルミレベル（E_F），セル特性が大きく影響を受け，正確な測定が困難となる。そのため，蒸着装置を，酸素0.5 ppm以下，水0.1 ppm以下に保ったグローブボックスに内蔵し，空気に全くさらさない条件で，フェルミレベル，光起電力特性を測定した。

1.3　pn制御

　まず，有機太陽電池の基幹材料であるC_{60}について，pn制御技術を確立した[3]。酸化モリブデン（MoO_3）を共蒸着によってドーピングした。MoO_3蒸着膜のE_Fは6.69 eVと非常に深く（図2右端），C_{60}の価電子帯（6.4 eV）から十分電子を引き抜く能力を持ち，p型化できると予想できた（図2左端）。実際，ノンドープC_{60}のE_Fはバンド

第2章　エネルギー変換分野

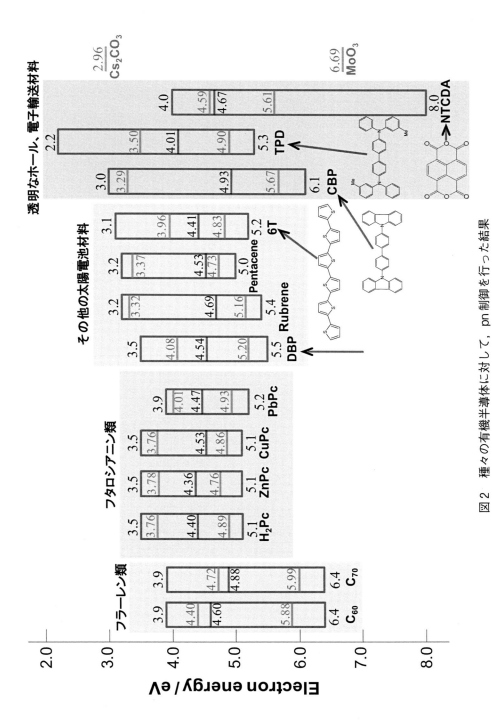

図2　種々の有機半導体に対して、pn制御を行った結果

中央の線がバンドープ、それよりも下側へプラスシフトした線がMoO_3ドープ、上側へマイナスシフトした線がCs_2CO_3をドープした場合のフェルミレベル(E_F)の位置。ドーピング濃度3,000 ppm。pn制御は原理的に全ての有機半導体に対して可能である。

ギャップ中央より上に位置するが，MoO$_3$を3,300 ppmドープすると，E$_F$は大きくプラスシフトして価電子帯に近づき，5.88 eVとなり，p型化した（図2左端）。

逆に，炭酸セシウム（Cs$_2$CO$_3$）は，C$_{60}$をn型化できるドナー性ドーパントとして働くことを確認した。

フラーレン類の他にも，フタロシアニン類[4]，典型的有機太陽電池材料，電子，ホール輸送材料に対して，pn制御が可能である（図2）。この結果は，無機半導体と同様に，単一の有機半導体も，ドーピングによってn型，p型のどちらにもなれることを明確に示している。図2の結果は，原理的には，すべての有機半導体に対してドーピングによるpn制御が可能であることを意味する[5]。

1.4　ケルビンバンドマッピング―キャリア濃度とイオン化率―

ドーピングによるバンドの曲がりは，ケルビン法によって直接測定できる（図3）。ITO電極とp型有機半導体膜の接合を考える。まず，フェルミレベル（E$_F$）は，ITOと有機膜で一致する。両者が一致するために，界面近くでバンドが曲がるが，真空準位（E$_{VAC}$）は，その曲がりに応じてシフトする。ケルビン法で測定される仕事関数は，E$_{VAC}$とE$_F$の差であるため，空乏層でのバンドの曲がりを正確に反映して変化する（両矢印）。すなわち，積層膜厚を，例えば，5，20，50 nmと変えて，その都度ケルビンプローブによって測定すれば，バンドの曲がりを直接マッピングできる。

図4に，C$_{60}$をMoO$_3$ドーピングによってp型化した場合と，Cs$_2$CO$_3$ドーピングによってn型化した場合のバンドの曲がりの測定結果（△と○）を示す[6]。これを上下

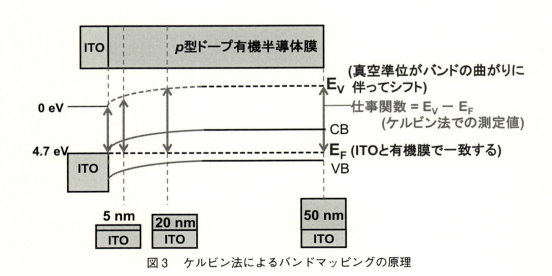

図3　ケルビン法によるバンドマッピングの原理

第2章　エネルギー変換分野

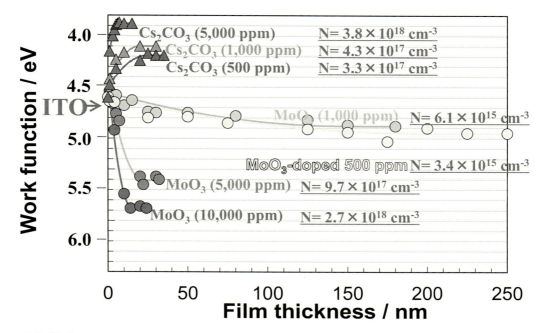

Y. Shinmura et al., APEX, 7, 071601 (2014).

図4　C_{60} を MoO_3 ドーピングによって p 型化した場合と，Cs_2CO_3 ドーピングによって n 型化した場合の，バンドベンディングの測定結果（△と○）とポアソン式からの理論曲線（実線）

ひっくり返すと，金属／有機界面のエネルギー構造を直接描画できることになる。さらに，このバンドの曲がりから，$W_{dep} = (2\varepsilon\varepsilon_0 V_{bi}/eN)^{1/2}$ の関係を用いて，キャリア濃度（N）を定量的に求めることができる。ここで，W_{dep}, V_{bi}, ε, ε_0, は，それぞれ，空乏層幅，内蔵電界，比誘電率，真空の誘電率である。図4の実線はポアソン方程式に基づいた2次理論曲線で，測定値とよくフィットし，キャリア濃度を正確に決定できる。

図5(a)に，キャリア濃度のドーピング濃度依存性を示す。n 型性，p 型性を問わず，キャリア濃度を 10^{16} から 10^{19} cm^{-3} の間でコントロールできていることが分かる。

キャリア濃度から，ドーピングした分子数に対する発生したキャリア数で定義されるドーピング効率を求めることができる（図5(b)）。ドーピング効率は，ドーパントの電荷から C_{60} に発生した電荷が，室温の熱エネルギーで自由キャリアになる確率（イオン化率）を意味している。C_{60} において，ドナードーパント Cs_2CO_3 では約10%の値が得られた。アクセプタードーパント MoO_3 では約3%であった。有機半導体に対するドーピングでは，多くのドーパントが10%以下の値を示す。シリコン（Si）におけるリン（P），ホウ素（B）ドープの室温のイオン化率は100%近いので，それよりもかなり

機能性色素の新規合成・実用化動向

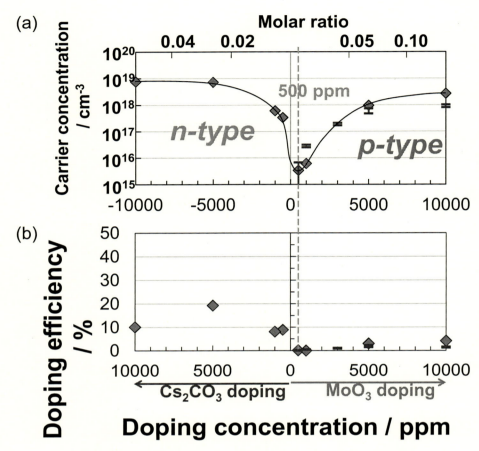

図5　キャリア濃度(a)とドーピング効率(b)のドーピング濃度依存性

小さい。イオン化率が小さいことは有機半導体特有の性質に起源を持つ。

図6(a)に，Si中のイオン化ドナー（P^+）のプラス電荷の周りの電子オービタルを示す。Siの比誘電率εは12と大きく，P^+の周りの電子オービタルの半径は3.3 nmと計算できる。これは，室温の熱エネルギーで容易にプラスとマイナス電荷が分離するワニエ励起子と同じ状況であり，この場合，電子は容易に室温の熱エネルギーでP^+から離れ，自由になることができる。今回の場合と励起子とのただ一つの違いは，P^+のプラス電荷が結晶格子中に空間的に固定されていることである。

一方，図6(b)に示した，C_{60}中へのCs_2CO_3ドーピングでは状況が異なる。C_{60}の比誘電率εは4.4と小さく，イオン化ドナー（$Cs_2CO_3^+$）のプラス電荷から強い引力を受けるが，この場合，幸運なことに，Cs_2CO_3ドーピングによってCT錯体［C_{60}^-—$Cs_2CO_3^+$］が形成され，正負電荷は隣接する分子に分離される。これは，CT励起子と

第 2 章　エネルギー変換分野

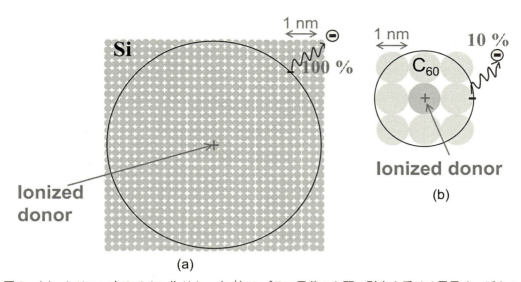

図6　(a)　シリコン中のイオン化ドナー（P^+）のプラス電荷から弱い引力を受ける電子オービタル，
　　　(b)　C_{60} 中のイオン化ドナー（$Cs_2CO_3^+$）のプラス電荷から強い引力を受ける電子オービタル
　　　C_{60} の場合，小さい比誘電率のためイオン化率が低い。

同じ状況であり，室温の熱エネルギーによって，C_{60} 上のマイナス電荷は $Cs_2CO_3^+$ から離れ自由になることができる。ただ，Si ほど大きな電子オービタルの半径は得られないので，イオン化率は Si より小さな10％程度の値になる。有機半導体における小さなイオン化率は，イオン化ドナーのプラス電荷のまわりの電子オービタルの半径が小さいため，より強い引力を受けるためと説明できる。本質的には，これは，有機半導体の小さな比誘電率 ε に起因している。

1.5　共蒸着膜の pn 制御

　有機半導体の単独膜において pn 制御が自由に行えることを示した。しかし，有機太陽電池への応用に際しては，もう一歩先に進まなければならない。なぜなら，単独の有機半導体では，生ずる光電流量が非常に小さいからである。有機太陽電池では，ドナー（D）／アクセプター（A）有機半導体の共蒸着膜中で起こる，光誘起電子移動による D/A 増感（図7）[7]。を利用して，実用レベルの光電流量を得る。

　ドーピング技術を有機太陽電池に対して応用する場合，2つの有機半導体から成る共蒸着混合膜を，1つの半導体とみなしてドーピングを行うアイデアが有効である。共蒸着膜は全バルクで励起子が分離するため，「励起子が分離しない」という有機太陽電池特有の問題がなくなり，無機太陽電池と同様の取り扱いができる。

機能性色素の新規合成・実用化動向

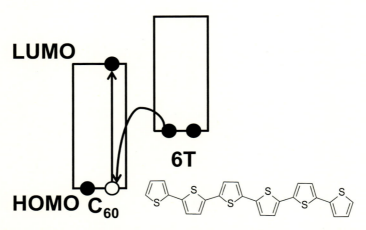

図7　光誘起電子移動によるドナー（D）/アクセプター（A）増感
HOMO-LUMO が平行にずれた2種の有機半導体を組み合わせると，光誘起電子移動によってフレンケル励起子が CT 励起子となり，実用レベルの光電流量が得られる。

共蒸着膜へのドーピング技術によって，ドーピングのみによってタンデムセルを作製することができる[8]。図8（右上）に，セル構造を示す。ここでは，一例として，C_{60}：6T（sexithiophene，図2）共蒸着膜を用いた。まず，シングルセルは，絶縁層（i 層）として働くノンドープ層を p^+，n^+ 層でサンドイッチした p^+in^+ 構造を持つ。タンデムセルは，シングルセルを2つ連結した構造で，2つのセルの連結部分は，n^+p^+ ハイドープオーミック接合となっている。

図8（左上）に，シングルセルとタンデムセルの特性を示す。シングルセルの開放端電圧（V_{oc}）0.85 V がタンデム化によって 1.69 V とほぼ2倍となり，ハイドープ n^+p^+ 層がセル連結に有効であることが分かる。また，このセルは，C_{60} と 6T の混合層であるため，共蒸着膜バルク全体で励起子解離が起こり，実用的な大きさの光電流量が得られ，これまでに研究例が全くないタイプのセルにもかかわらず，2.4％という比較的良い効率が得られている。この結果は，2つの有機半導体から成る共蒸着混合膜を，1つの半導体とみなせば，無機太陽電池と同様に，ドーピングのみによって内蔵電界を設計し，予想通りのセルを作製できることを明確に示している。

ケルビンプローブ測定から，タンデムセルのエネルギーバンド図を実スケールで描くことができる（図8右下）。伝導帯（CB）と価電子帯（VB）が二重になっているのは，C_{60} と 6T の混合になっているためである。太陽光照射下，フロントセルとバックセルそれぞれの i 層で，C_{60} と 6T の有機半導体間の増感によって光電流が発生する。n^+p^+ 接合は空乏層が 13 nm と非常に薄いため，オーミックトンネル接合を形成し，フロント

第2章　エネルギー変換分野

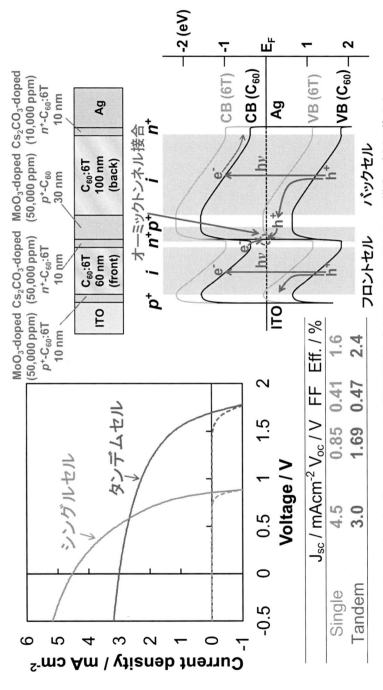

図8　ドーピングのみで C_{60}：6T共蒸着膜中に作り込んだタンデムセルの構造、実測に基づくタンデムセルのエネルギーバンド図、および、シングルセルとタンデムセルの特性

セルとバックセルで生成した電子とホールがここで互いに消滅し，その結果として，開放端電圧が2倍となる。

1.6 ドーピングイオン化率増感

単独の有機半導体にドーピングを行った場合のイオン化率（ドーピング効率）は，10%程度にすぎない（図5(b)）。しかし，共蒸着膜ではイオン化率が単独膜よりも大きくなる現象を発見した。

典型例として，フラーレン（C_{60}）と無金属フタロシアニン（H_2Pc）から成る共蒸着膜（C_{60} : H_2Pc）に，ドナードーパント（Cs_2CO_3）をドーピングした系について，ケルビンバンドマッピング法によってキャリア濃度を測定した。

図9(a)(b)に，キャリア濃度（N）とドーピング効率（ドーパントイオン化率）のドー

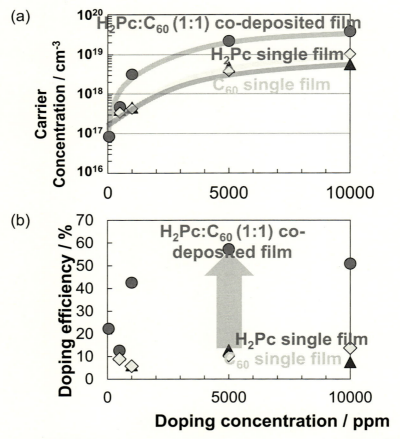

図9　キャリア濃度(a)とドーピング効率(b)のCs_2CO_3ドーピング濃度依存性

ピング濃度依存性を示す。単独膜に比べて，共蒸着膜の発生キャリア濃度は約10倍になった。その結果，ドーピングイオン化率は，単独膜の10%から，共蒸着膜では約50%と非常に増大した。C_{70}：H_2Pc系においても，同様の効果を確認した。共蒸着膜にドーピングすることでイオン化率が増大する，ドーピング増感効果が起こっていることが明白になった[9]。

H_2Pc，C_{60}へのCs_2CO_3ドーピングにおいては，ドナードーパント（Cs_2CO_3）は，H_2Pc，C_{60}双方に電子を供与することができ，両者をn型化する。ここで，C_{60}：H_2Pc共蒸着膜にドーピングした場合，太矢印で示したH_2PcからC_{60}への電子移動が起こり，ドーピング増感を引き起こす（図10）。

図11に，C_{60}：H_2Pc共蒸着膜を，C_{60}とH_2Pcから成る超格子と仮定した，電荷分離超格子モデルを示す。H_2Pc，C_{60}単独膜では，イオン化率は10%で，10個に1つのドナーがイオン化しており，このときの活性化エネルギー（ΔE_D）は0.12 eVとフェルミ分布関数から計算できる（図11(a)）。ここで，イオン化によって生じた電子はH_2PcからC_{60}に電子移動するため，H_2Pc層中の平衡がずれて最終的にはすべてのドナー（Cs_2CO_3）がイオン化して，生じた電子はすべてC_{60}側に移動する（図11(b)）。このモデルでは，H_2Pcがキャリア供給層として働いている。

このモデルから，キャリア供給層であるH_2Pcの割合が増えると，イオン化率が増大

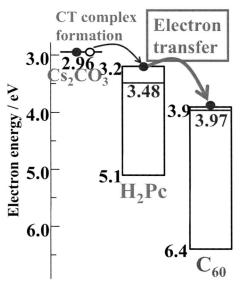

図10　H_2PcからC_{60}への電子移動（太矢印）により，ドーピング増感が引き起こされる

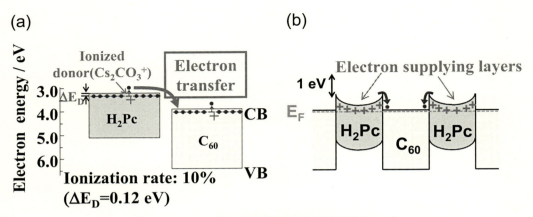

図11　C_{60}：H_2Pc 共蒸着膜の電荷分離超格子モデル

することが期待できる。実際，H_2Pc 比を99％（C_{60} 比 1％）まで増やすにつれて，イオン化率は増大し続け，97％に達した（図12）。有機半導体へのドーピングイオン化率は10％以下であったが，ドーピング増感効果によって，シリコン並の100％に近いイオン化率が有機半導体でも得られた。

ドーパントが C_{60}/H_2Pc 分子界面に存在している場合，直接カスケードイオン化過程も起こっていると推定できる（図13）。単独 H_2Pc，C_{60} 部分では，プラスイオン化ドナー

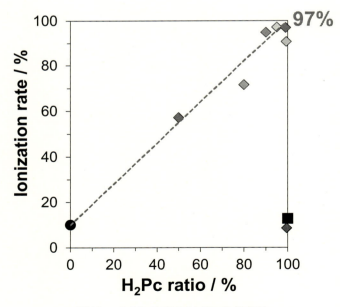

図12　イオン化率の H_2Pc 比依存性

第 2 章　エネルギー変換分野

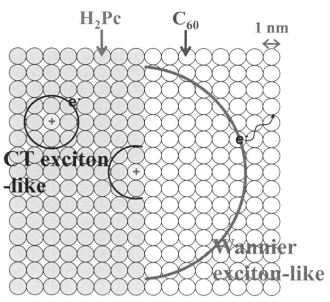

図13　直接カスケードイオン化モデル

($Cs_2CO_3^+$) に束縛された電子の活性化エネルギー（ΔE_D）は0.12 eVで，電子軌道半径1.6 nm に相当する（黒い太線の円）。この状態はCT励起子に類似している。C_{60}/H_2Pc 分子界面の H_2Pc 側にあるドナーは，H_2Pc 分子のLUMOからC_{60} 分子のLUMOへのカスケード的な第2段階の電子移動を起こす。この緩和エネルギーは0.58 eVあり，前述の活性化エネルギー0.12 eV よりも十分大きいので，容易に室温で解離できるエネルギー（kT = 0.026 eV）に相当する電子軌道半径6.5 nm（グレーの太線の半円）に広がり，イオン化する。この状態は，ワニエ励起子，または，シリコン中のドーパントの解離（図6(a)）に酷似している。

有機太陽電池においては，光生成した励起子を解離させるためにH_2Pc（D）からC_{60}（A）への電子移動を利用する（D/A増感）。同様に，今回のドーピング増感は，ドーパントをイオン化するために，全く同じ電子移動を利用しており，D/A増感のドーピング版と考えて良い。

ドーピング増感現象は，予想外の発見である。イオン化率増感を説明する電子移動モデルも，世界で初めての提案である。励起子を解離するために研究代表者が1991年に提案した混合接合（バルクヘテロ接合）の，ドーピング版に相当する。

1.7 最単純 n^+p ホモ接合における ppm ドーピング効果

最小1 ppm レベルの極微量ドーピングを光電変換層に行ったときに，太陽電池特性がどのような影響を受けるかを明らかにするため，最単純 n^+p ホモ接合を，C_{60}：6T 共蒸着膜中に作り込み，p層のドーピング濃度を0，1，10，100，1,000 ppm と変化させて光起電力特性を測定した（図14）[10]。1 ppm のドーピング濃度でも影響が表れた。わずか1～10 ppm のアクセプター（$FeCl_3$）ドーピングで，光電流，曲線因子が増大し，100 ppm で最大となった。しかし，1,000 ppm までドーピング濃度が大きくなるとそれらは，逆に低下した（図15）。図16に，短絡光電流（J_{sc}）と曲線因子（FF）のドーピング濃度依存性を示す。ドーピング効果は大きく3つの濃度領域に分かれて出現した。1～10 ppm では FF が増大した。10～100 ppm では，J_{sc} が増大した。100～1,000 ppm では，J_{sc} と FF が減少した。図17に，ケルビンプローブで実測したセルのエネルギー構造を示す。10 ppm のエネルギー構造は，ノンドープ（0 ppm）とほとんど変わらないが，アクセプタードーピングを行ったことで，ホールが生成し，多数キャリア（ホール）と少数キャリア（電子）の区別が生ずる。この多数キャリア（ホール）の導入によって，セル抵抗が減少し，まず，FF が増大する（図16）。100 ppm では，内蔵電界（V_{bi}）が増大し，幅50 nm 明瞭な空乏層（(a)部分）が現れる。これは，pn 接合の形成を見て

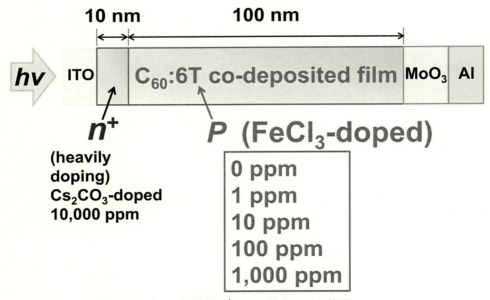

図14　最単純 n^+p ホモ接合セルの構造

p層のドーピング濃度を0，1，10，100，1,000 ppm と変化させて光起電力特性を測定した。

第 2 章　エネルギー変換分野

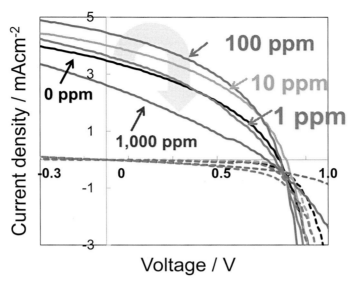

図15　光起電力特性

1〜10 ppm のアクセプター（FeCl$_3$）ドーピングで，光電流，曲線因子が増大し，100 ppm で最大となった。

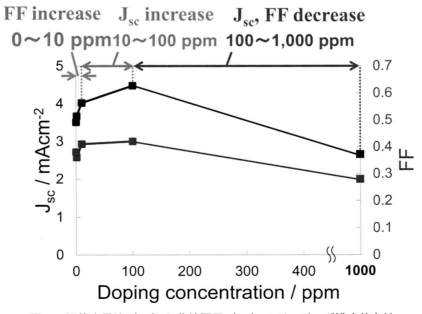

図16　短絡光電流（J_{sc}）と曲線因子（FF）のドーピング濃度依存性

機能性色素の新規合成・実用化動向

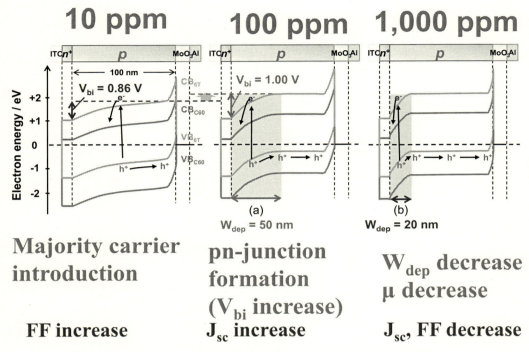

図17　ケルビンプローブで実測したセルのエネルギー構造

いることになる。光によるキャリア生成は，十分な内蔵電界が存在する空乏層で起こり，光電流が増大する。1,000 ppm では，光キャリア生成層として働く，空乏層（(b)部分）幅が 20 nm まで減少し，光電流が減少する。同時に，ドーパントイオンの濃度が高くなるために，ドーパントイオンそのもの，および，ドーパントによって引き起こされる有機半導体分子の配列の乱れによって，キャリア移動度が大きく低下し，曲線因子が低下する。

　以上のように，1 ppm レベルの極微量ドーピングによって，有機太陽電池の光電変換特性が敏感に影響されることを明らかにできた。

1.8　まとめ

　有機半導体の蒸着薄膜において，pn 制御技術を確立した。ドーピングのみで，セルのエネルギー構造を自由に設計製作できることを実証した。ドーピングイオン化率増感現象を発見し，ドーピング効率 100％を達成した。1 ppm の極微量ドーピングが，有機太陽電池の光電変換特性に影響を及ぼすことを実証した。

第 2 章　エネルギー変換分野

文　　献

1) 山岡弘明, 日経エレクトロニクス, pp 116-121, 6月27日（2011）
2) 「薄膜有機太陽電池でセル効率12%を達成—独ヘリアテック」, 時事通信, 1月22日（2013）
3) M. Kubo, K. Iketaki, T. Kaji, and M. Hiramoto, *Appl. Phys. Lett.*, **98**, 073311（2011）
4) Y. Shinmura, M. Kubo, N. Ishiyama, T. Kaji, and M. Hiramoto, *AIP Advances*, **2**, 032145（2012）
5) M. Hiramoto, M. Kubo, Y. Shinmura, N. Ishiyama, T. Kaji, K. Sakai, T. Ohno, and M. Izaki, *Electronics*, **3**, 351-380（2014）
6) Y. Shinmura, T. Yoshioka, T. Kaji, and M. Hiramoto, *Appl. Phys. Express*, **7**, 071601（2014）
7) 平本昌宏, 応用物理, **77**, 539（2008）
8) N. Ishiyama, M. Kubo, T. Kaji, and M. Hiramoto, *Org. Electron.*, **14**, 1793（2013）
9) Y. Shinmura, Y. Yamashina, T. Kaji, and M. Hiramoto, *Appl. Phys. Lett.*, **105**, 183306（2014）
10) C. Ohashi, Y. Shinmura, M. Kubo, and M. Hiramoto, *Org. Electron.*, **27**, 151-154 s（2015）

2 フタロシアニン誘導体の太陽電池素子への応用

坂本恵一＊

2.1 はじめに

　大気中の二酸化炭素の増加による地球温暖化などの地球環境問題と相まって，非再生型エネルギーである化石資源から脱却して，クリーンかつ再生可能なエネルギーの必要性が叫ばれるようになって久しい。現在，再生可能なエネルギーとして太陽光，風力，地熱，潮汐，バイオマスなどの利用が考えられており，これらの一次エネルギーの多くは電力として二次エネルギーへ転換する研究・開発がなされている。このような中で，太陽光はその量が莫大であり，無限の再生可能エネルギーであることから，さまざまな利用が考えられており，とりわけ太陽電池への期待は高い。

　太陽電池は光電効果を利用して，光エネルギーを電力に直接変換できる装置である。この装置に使用されている光吸収材料の違いおよび素子の形態によって，太陽電池は，①ケイ素を用いる単結晶シリコン，多結晶シリコンおよびアモルファスシリコンなどのシリコン系太陽電池，②ケイ素の代わりに無機化合物を用い，銅，インジウム，ガリウム，セレンを用いるCIGS太陽電池あるいはテルル化カドミウムを用いるCdTe太陽電池などの無機化合物系太陽電池，③有機半導体あるいは有機色素を用いた有機化合物系太陽電池というように，大きく三種類に分類できる[1]。有機化合物系太陽電池はさらに，有機薄膜太陽電池と色素増感太陽電池とに分類できる（図1）。

　有機化合物を用いた太陽電池では多種多様な化合物が知られているが，この中で次世代太陽電池用有機化合物として，フタロシアニンと呼ばれる一連の化合物が注目を浴びている。

2.2 フタロシアニン

　フタロシアニンは1900年初頭偶然に発見されて1930年代に合成方法および性質などが研究された化合物であり，その熱的，化学的および光化学的安定性から青から緑色を呈する堅牢で鮮やかな顔料・染料としてさまざまな方面で用いられてきた[2~4]。フタロシアニンは大環状平面アザ18π電子共役系を有し，四つのイソインドールサブユニットが窒素原子で架橋された分子構造である（図2）。このようなフタロシアニンは$(4n+2)π$電子系が芳香族化合物であるというHückel則を満足させており，芳香族性を示す。

＊　Keiichi Sakamoto　日本大学　生産工学部　環境安全工学科，
　　　　　　　　　　大学院生産工学研究科　応用分子化学専攻　教授

第 2 章　エネルギー変換分野

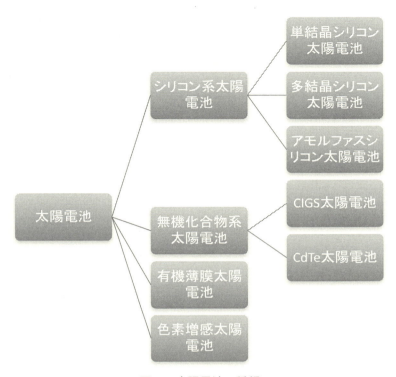

図 1　太陽電池の種類

　フタロシアニンの分子構造は葉緑素，ヘモグロビン，ビタミン B_{12} の一種シアノコバラミン，酸化酵素チトクローム P450 などの基本骨格である四つのピロールユニットがメチン基で架橋したポルフィリンに類似している。

　無置換のフタロシアニン類は，主な溶媒への溶解度が 10^{-5}〜$10^{-7}\,\mathrm{mol\,dm^{-3}}$ ときわめて低く，唯一硫酸へ溶解する程度である。一般にフタロシアニン類は，①中心の金属元素を変えること，②フタロシアニン骨格の外側のベンゼン環に置換基を導入することによって溶解性あるいは物理化学的性質を改善することが可能である。

　フタロシアニン類はその中心に 63 種類におよぶ金属元素を配位することが可能であり，中心金属の種類によって色合いや性質が異なっている[2〜4]。金属を配位したフタロシアニン類は，無金属（水素原子）およびアルカリ金属では二つの金属原子がフタロシアニン平面に配位し，3 価金属ではフタロシアニン平面から浮き上がったピラミッド型 5 配位，ランタノイドおよびアクチノイドではサンドイッチ型 8 配位といった分子構造となる。

　置換基を有するフタロシアニンの合成は 20 世紀最中頃から始められた。フタロシアニ

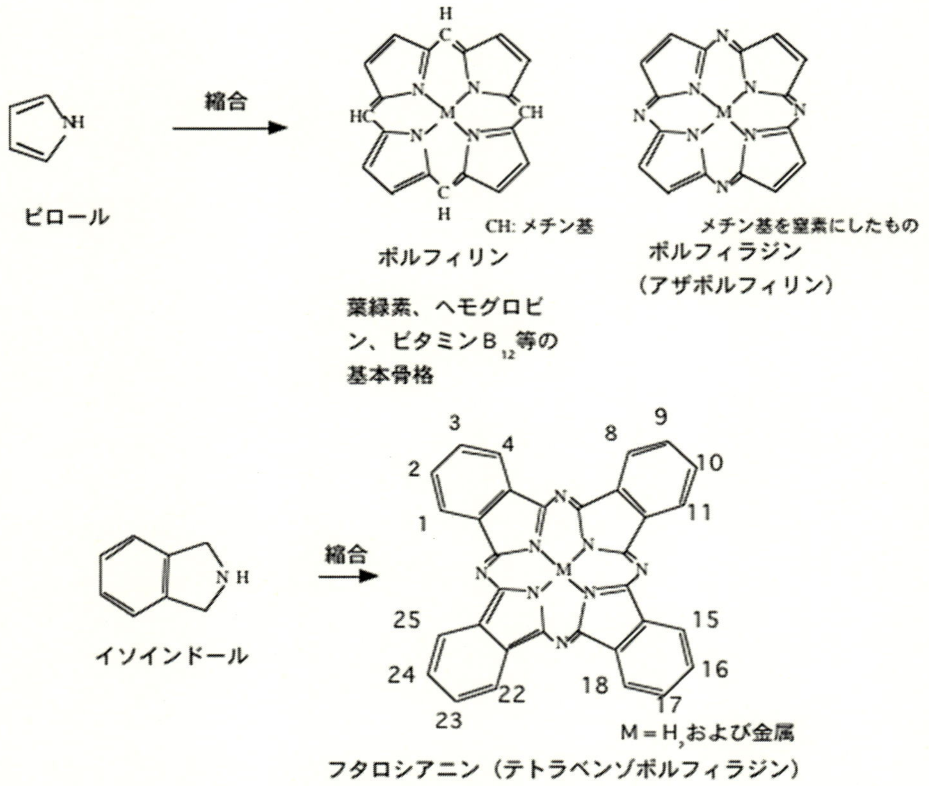

図2 ポルフィリンとフタロシアニン

ン類への置換基の導入は,存在する無置換のフタロシアニンにその芳香族性を利用して求電子置換反応によって行う方法と,必要とする置換基を導入したフタロシアニンの前駆体を合成し,その後環化する方法とがある。現在は機能発現のための分子設計の観点から後者の方法が用いられている。フタロシアニンの置換基は,最大18個導入でき,8置換の場合ペリフェラル位あるいはβ位といわれる2,3,9,10,16,17,23,24位と,ノンペリフェラル位あるいはα位といわれる1,4,8,11,15,18,22,25位に置換基を有する形がある。

フタロシアニンの大環状18π電子共役系はQ帯とSoret帯と呼ばれる二つの吸収帯を有している。青から緑色を呈する原因となり通常600から700 nmに現れるQ帯は最高被占軌道(HOMO)から最低空軌道(LUMO)への第一電子遷移であり,そのモル吸光係数(ε)が$10^5 \mathrm{dm^3 mol^{-1} cm^{-1}}$以上と大きいことが特徴である。Soret帯はnext-HOMOからLUMOへの第二電子遷移によって,350 nm付近に幅広の弱い吸収として現れる[4]。

第 2 章　エネルギー変換分野

　フタロシアニン類縁体として，フタロシアニンよりもイソインドールユニットが一つ少ないサブフタロシアニンも合成されている[2,4~7]。サブフタロシアニンはフタロシアニンが18πであるのに対して14π電子系と小さいため，Q帯が560から580 nm付近に現れ，赤紫色を呈している。サブフタロシアニンの分子構造は，分子中心のホウ素を頂点とするコーン型である。現在サブフタロシアニンは，非対称型フタロシアニン誘導体の前駆体として研究されている[2,5,8,9]。

　今日フタロシアニン誘導体は，代表的な機能性色素として用いられている。機能性色素としてのフタロシアニンは，電子写真における有機電荷発生物質および電荷移動物質などのいわゆる有機半導体，データ保存システム用レーザー吸収色素，有機EL素子用の光伝導体，カタラーゼ様酵素触媒反応，各種触媒反応，次世代がん光線力学療法用の増感色素などへの応用がはかられている[4]。さらにフタロシアニン誘導体はn型半導体特性およびp型半導体特性を有するばかりでなく，Q帯を近赤外線領域まで広げたものも合成され[9~14]，有機化合物系太陽電池用材料として研究されている。

2.3　有機化合物系太陽電池

　有機化合物を用いた太陽電池は現在主流のシリコン系太陽電池よりも製造コストが安いことから，次世代の太陽電池といわれている。また有機化合物系太陽電池は，軽く，フレキシブルという特徴があり，多彩なカラーデザインが可能である。また有機化合物系太陽電池はあらゆる場所に印刷，貼付ができ，大きく普及することが期待されている。

　現在，フタロシアニン誘導体を用いた太陽電池に関する報告はSciFinderによると2700件を上回っている。

　フタロシアニン誘導体は，前述のようにn型半導体特性およびp型半導体特性を有している。このことからフタロシアニン誘導体は有機薄膜太陽電池として用いることが可能である。また，フタロシアニン誘導体は近赤外域までQ帯の吸収域を伸ばせること，増感作用を有していることから色素増感型太陽電池の色素として利用することが可能である。

2.3.1　有機薄膜太陽電池

(1)　半導体と太陽電池

　有機薄膜太陽電池の動作原理は，シリコン系太陽電池および無機化合物系太陽電池と同じである。すなわちシリコン系太陽電池および無機化合物系太陽電池にて用いられているケイ素や無機化合物は，絶縁体と金属のような良導体との中間的な電気伝導性を示す半導体が使用されている。電気伝導率 σ は金属では10^9 S cm^{-1}，半導体では10^{-8}～10^3

$S\,cm^{-1}$，絶縁体では$10^{-14}\,S\,cm^{-1}$以下である。半導体は，ケイ素，ゲルマニウム，ヒ化ガリウム（ガリウムヒ素）が知られている[15]。

固体の場合，気体あるいは液体で用いられる分子軌道法の結合性軌道が価電子帯，反結合性軌道が伝導帯，両者の間が禁制帯，そのエネルギー幅がバンドギャップE_gと呼ばれ，バンド理論で考えられている。バンドギャップE_gは不導体では広く，半導体では狭い。ケイ素などの半導体を真性半導体とよぶ。これら半導体は温度を上げると熱エネルギーによって価電子帯の一部の電子が伝導帯へ励起され，電気が流れる。価電子帯から伝導帯へ電子が1個移動すると伝導体は電子1個が減り，＋1の正電荷を持つ状態となる。この状態が光キャリアとして正孔といわれる（図3）。

半導体に不純物を添加すると電気特性が劇的に変化し，これは不純物半導体とよばれている。不純物半導体は，電子受容性の不純物を添加すると価電子帯近傍にアクセプター準位を持つp型半導体となり，電気供与性不純物を添加すると伝導帯近傍にドナー準位を有するn型半導体となる（図4）。これら半導体が有機薄膜太陽電池に用いられている。芳香族化合物などの分子性結晶は電気伝導を示し，有機半導体になる。

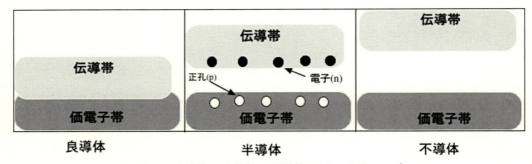

図3　良導体，半導体，不導体のバンドギャップ

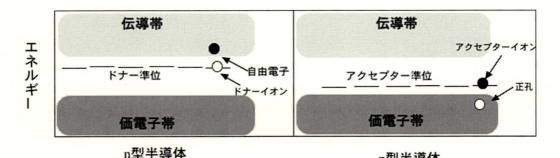

図4　n型半導体とp型半導体

第2章 エネルギー変換分野

(2) pn接合と有機薄膜太陽電池

半導体のバンドギャップE_gは1から3eV程度であり，換算すると紫外線から赤外線領域となる。太陽電池は，半導体が太陽光を吸収して発生した価電子帯の正孔と伝導帯の電子を電気エネルギーとして取り出したものである。

p型半導体とn型半導体とを貼り合わせることをpn接合という。このpn接合部に光を吸収させると励起状態となり，電子と正孔の光キャリア対が生じる。このようなpn接合面は電位勾配を有しているため，n型領域に電子が，p型領域に正孔が蓄積される電荷分離が起こる。ここに外部回路を接続すると，p型で還元反応が起き正極となり，n型で酸化反応が起こり負極の電池が構成される。

(3) 有機薄膜太陽電池用フタロシアニン誘導体

有機薄膜太陽電池にp型有機半導体としてのフタロシアニンが用いられた例は古く，金属との接触による乾式太陽電池が報告されている[16]。また有機薄膜pn接合型のプロトタイプとして，Tangは銅フタロシアニン-ペリレン誘導体薄膜太陽電池を報告している[17]。

トリフルオロエトキシ基を有する亜鉛フタロシアニン誘導体とポリ（3-ヘキシルチオフェン）とのpn接合による有機薄膜太陽電池が報告されている[18]。

有機薄膜太陽電池はp型半導体としてのフタロシアニン誘導体とn型半導体としてフラーレンC60を用いたもの[19]，ナノポーラス物質を用いたもの[20]，カーボンナノチューブを用いたもの[21]，などが知られている。また，Fischerらはアキシャル位にデンドリック配位子を有する二種類のルテニウムフタロシアニンが高い変換効率であることを報告している[22]。

分子科学研究所の新村らは，無金属フタロシアニン同士で有機薄膜太陽電池を作成し報告している[23]。すなわち，①無金属フタロシアニンに炭酸セシウムをドーピングしてn型半導体とし，p型半導体である無金属フタロシアニンを用いた系，②無金属フタロシアニンに酸化モリブデンをドーピングしてよりp型を高めたものと無金属フタロシアニンの系および③炭酸セシウムをドーピングした無金属フタロシアニンと酸化モリブデンをドーピングした系の一種類の無金属フタロシアニンで作成したpnホモ接合有機薄膜太陽電池である[23]。

2.3.2 色素増感太陽電池

(1) 色素増感太陽電池とその作動原理

色素増感太陽電池は25年ほど前に，標準的なシリコン型太陽電池に変わる非常に大きなポテンシャルを持つ太陽電池として考案された[24,25]。この10年ほどで色素増感太陽電

池は,透明性,製造のしやすさ,広い温度域での安定性などで,大きく注目を集めている[26〜28]。

色素増感太陽電池の作動原理は,以下の通りである[26]。まずチタニア(酸化チタン:TiO_2)などの金属酸化物半導体に吸着された増感色素が,光を吸収して励起状態となり,電子を金属酸化物半導体表面の伝導帯に注入して酸化状態となる。酸化物半導体に注入された電子は,外部回路によって対極(正極)へと導かれる。酸化した増感色素は,電解質中に入れられた酸化還元対(I^-/I_3^-)からの電子供与によって基底状態に戻る。ついで酸化した酸化還元対は対極から電子を受け元に戻る(図5)。ここで増感色素のLUMOは金属酸化物半導体の伝導帯よりも高いエネルギー準位であることが必要である。また酸化した増感色素が電解質中の酸化還元対電子を受け取るために,増感色素のHOMOは酸化還元対のエネルギー準位よりも低いことも必要である。

色素増感太陽電池はpn接合太陽電池と異なり,金属酸化物半導体には電子のみが注

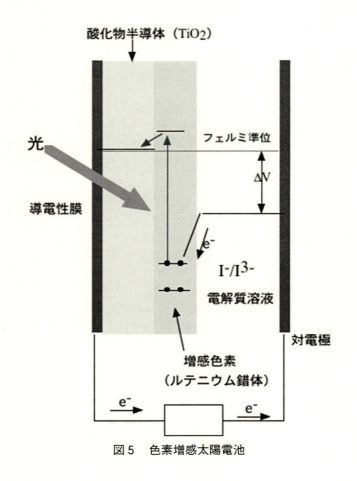

図5 色素増感太陽電池

入されるので，電子と正孔との再結合がないため電荷分離が効率的であることが特徴である。

色素増感太陽電池の構成は，増感色素としての光吸収剤，広いバンドギャップのナノクリスタル半導体である電子移動材料，電解質中の酸化還元対としての正孔移動材料の三つから成っている。とくに増感色素は前述したように適度な HOMO-LUMO 間エネルギー準位を持つこと，金属半導体へ付けるためのアンカーとなる官能基を有すること，光獲得のための可視光線から近赤外線領域までの広い吸収帯を有することに加えて光安定性と溶解性が求められている[29]。また，分子内移動発色は push-pull 機構において push 側から pull 側へ電子が移動する。そこで，pull 側にアンカー基を入れることで，変換効率は高くなる。

フタロシアニン誘導体は遠赤外線から近赤外線領域までの大きな ε を示す堅牢な分子であり，高価なルテニウム錯体の代わりになると注目されている[26,30〜32]。従来からフタロシアニン誘導体は，超波長側の光エネルギーを利用する増感色素として研究されている[33,34]。

(2) 色素増感太陽電池用フタロシアニン誘導体

最初期のフタロシアニン誘導体を用いた色素増感太陽電池は，色素が金属酸化物半導体表面において会合するため，励起状態で色素の無輻射不活性化が生じ，LUMO と伝導帯との連携が悪いうえ，色素分子の対称性の問題によって電子の流れが悪く1％を越えない程度であった[35]。

その後，Reddy ら[34]と Cid ら[36]は tert-ブチル基を有する亜鉛フタロシアニン誘導体を用いて TiO_2 上にて色素のスタッキングを防ぎ，3から3.5％の効率を達成した（図6）。

Bisquert らは，フタロシアニンによる増感作用の性能を決定するエネルギー的あるいは速度論的な報告を行っている[37]。push-pull 効果を向上させるため，tert-オクチルフェノキシ基を導入した亜鉛および無金属フタロシアニン誘導体を合成した（図7）。この分子において無水酸部分がアンカーとなっていて，TiO_2 などに親和性を持たしている。

嵩高い2,6-ジフェニルフェノキシ基を有する亜鉛フタロシアニン誘導体の合成が報告されている[38]。このフタロシアニン誘導体の2,6-ジフェノキシ基はフタロシアニン間平面に対して垂直に位置しており，大きく分子構造をゆがませており，スタッキングを抑制している。このフタロシアニン誘導体は4.6％の変換効率と報告されている。また，2,6-ジイソプロピルフェニル基を有する亜鉛フタロシアニン誘導体は[39]，5.9％の変換

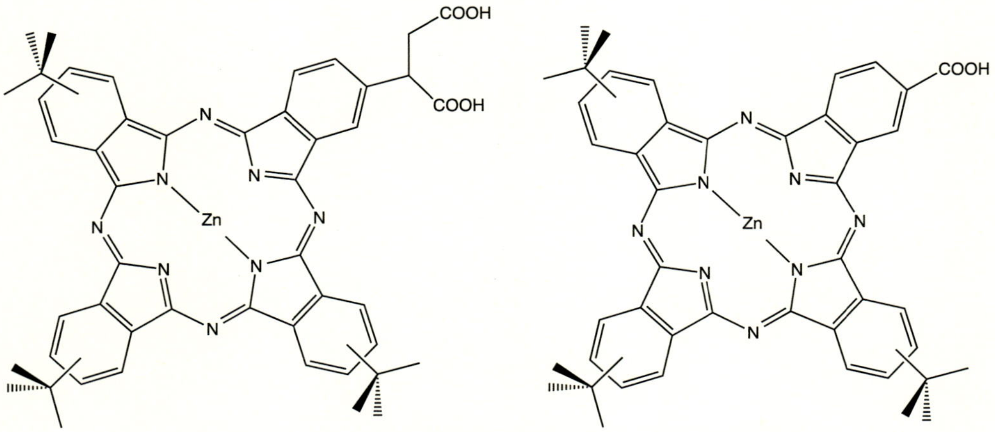

図6　tert-ブチル基を有する亜鉛フタロシアニン誘導体

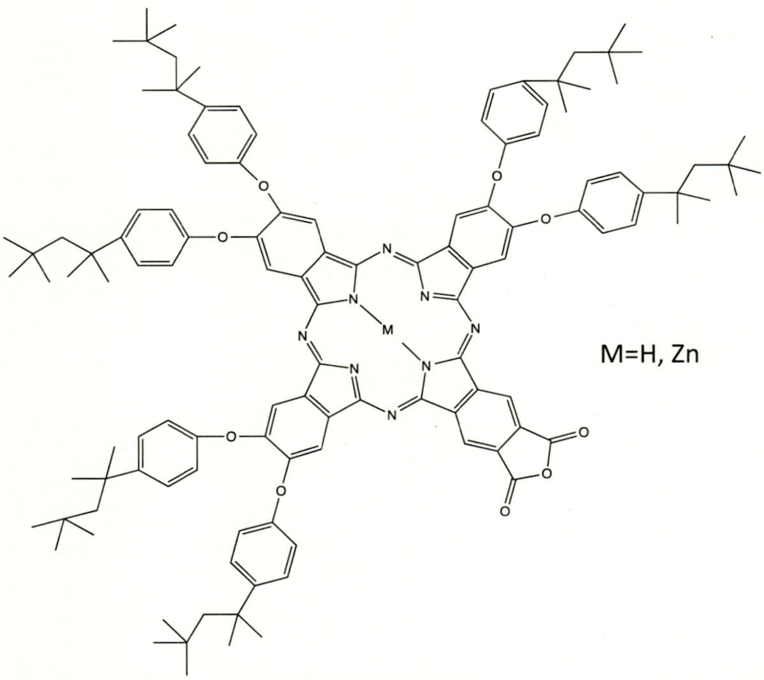

図7　オクチルフェノキシ基を導入した無金属あるいは亜鉛フタロシアニン誘導体

効率を有すると報告されている（図8）。

　近赤外線を吸収するフタロシアニン誘導体が報告されている[9～11,40]。ここで坂本ら[11]はノンペリフェラル位にチオアリール基を有する各種の金属および無金属フタロシアニン誘導体を合成し，最大855 nmにまでQ帯を移動させている（図9）。また，Torres

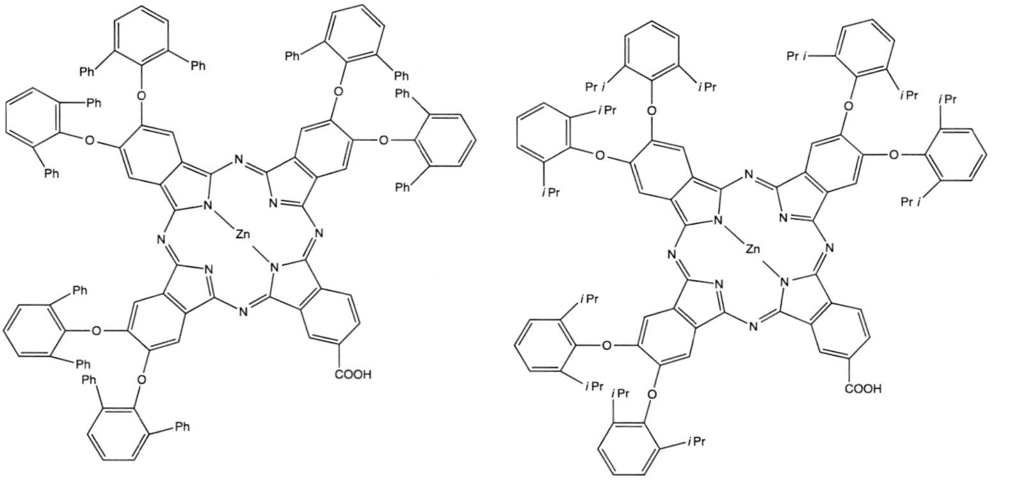

第 2 章　エネルギー変換分野

図 8　2,6-ジフェノキシ基あるいは 2,6-ジイソプロピルフェニル基を有する亜鉛フタロシアニン誘導体

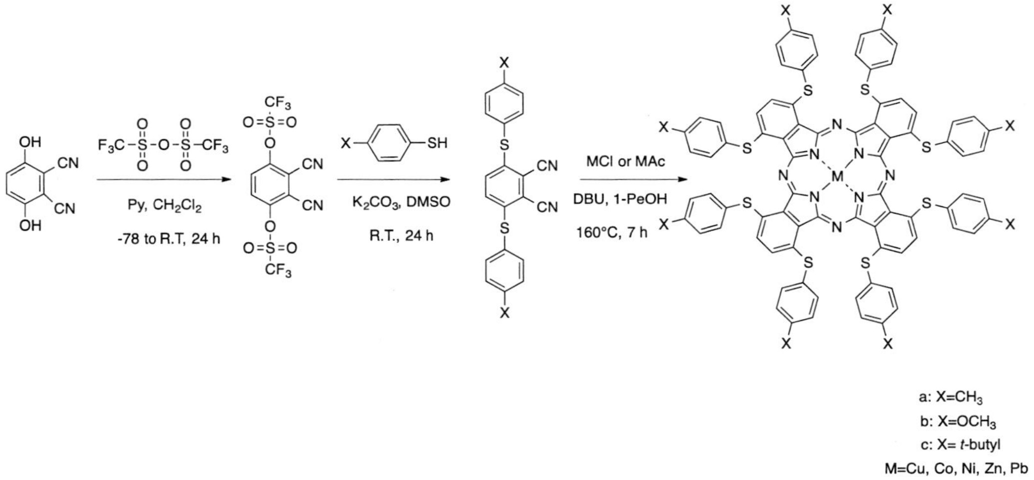

図 9　ノンペリフェラル位にチオアリール基を有するフタロシアニン誘導体

a: X=CH$_3$
b: X=OCH$_3$
c: X= *t*-butyl
M=Cu, Co, Ni, Zn, Pb

ら[41]は，光をパンクロマチックに吸収できる末端にビスチオフェンあるいはヘキシルビスチオフェンを報告している（図 10）。

中心金属をルテニウム Ru^{II}，チタン Ti^{IV}，ケイ素 Si^{IV} として，縦軸に配位子を有するフタロシアニン誘導体も興味を持たれている[26]。これらは外環に *tert*-ブチル基を有し，縦軸にアンカーとなる 4-カルボキシカテコール基を有している。

フタロシアニンのイソインドールユニットが一つ少ないサブフタロシアニン誘導体も

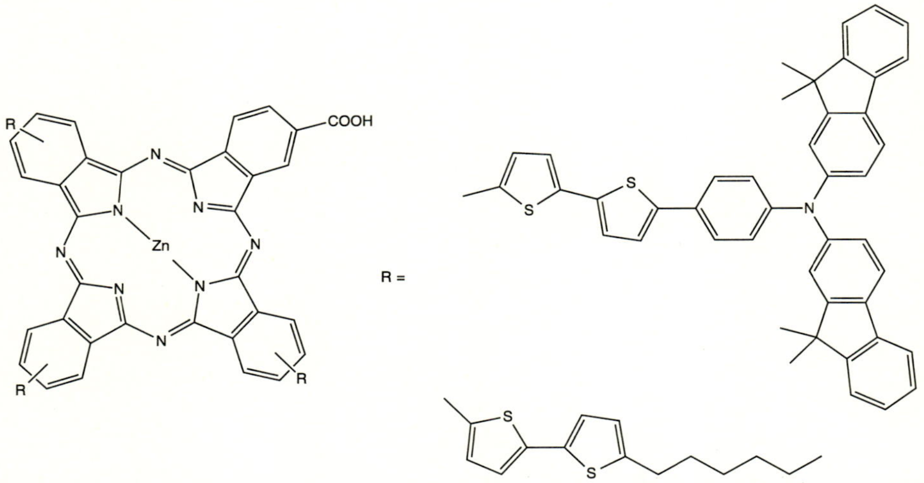

図10 ビスチオフェンあるいはヘキシルビスチオフェン基を有する亜鉛フタロシアニン誘導体

色素増感太陽電池用の色素として研究されており[9]，非対称型フタロシアニンを合成するための前駆体としての考えられている（図11）。

2.4 まとめ

フタロシアニンを用いた太陽電池はその半導体特性を利用した有機薄膜型太陽電池ばかりでなく，色素増感型太陽電池にも適用が考えられている。とりわけ地球上に降り注がれる太陽光のスペクトルを広く吸収する push-pull フタロシアニン誘導体は色素増感太陽電池の増感色素として期待がもたれている。ナノスケール結晶のコントロールができ，安定かつ750 nm 以上の吸収帯を有して分子会合を抑えられ，高い量子効果が得られるフタロシアニンは色素増感太陽電池の増感色素として有望である。

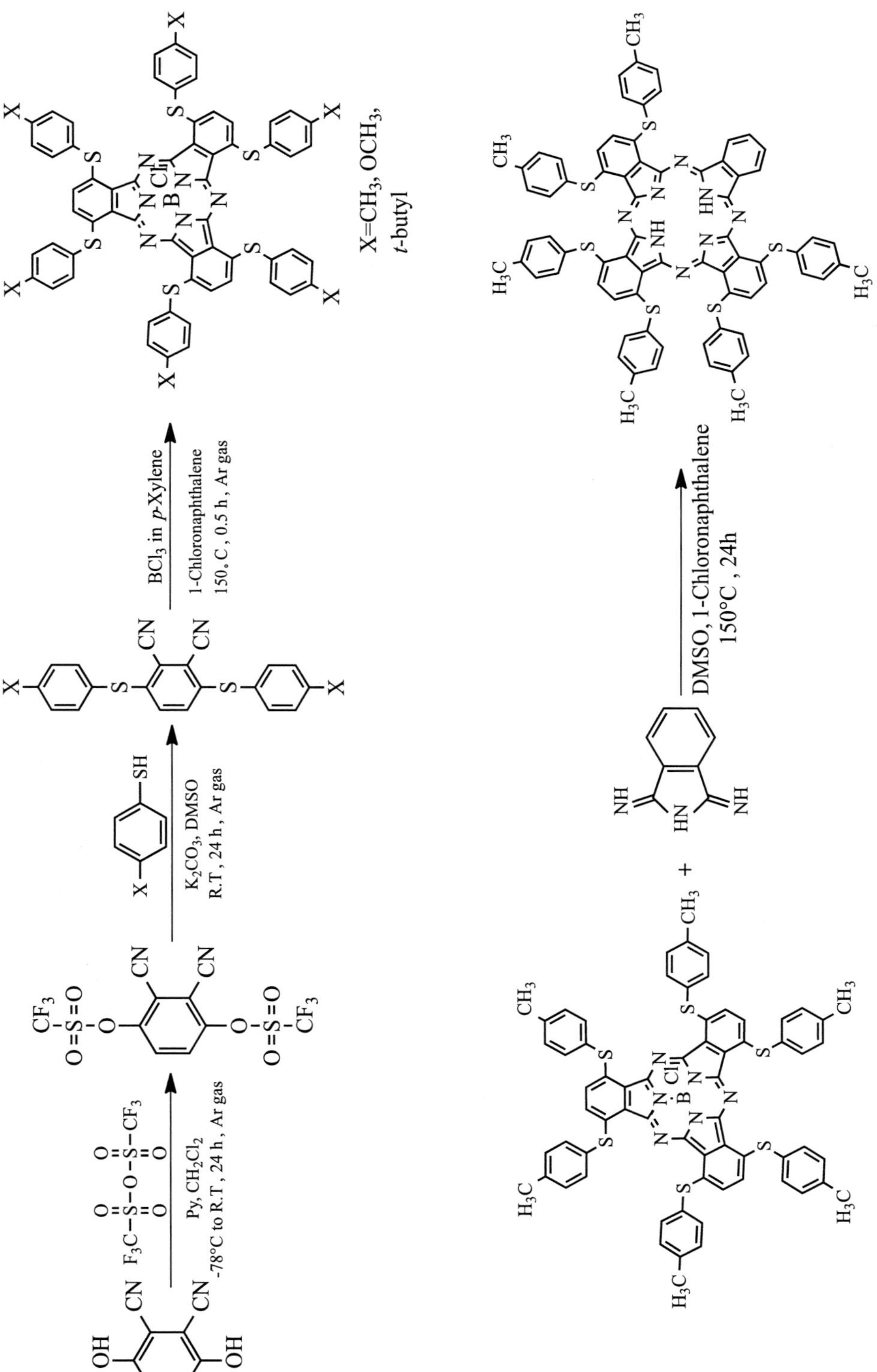

第 2 章　エネルギー変換分野

図11　サブフタロシアニン誘導体から非対称型フタロシアニン誘導体の合成

機能性色素の新規合成・実用化動向

文　　献

1) 荒川裕則，色素増感太陽電池，シーエムシー出版（2007）
2) E. A. Lukyanets, V. C. Nemykin, *J. Porphyrins Phthalocyanines*, **14**, 1-40（2010）
3) K. Sakamoto, E. Ohno-Okumura, *Materials*, **2**, 1127-1180（2009）
4) 廣橋亮，坂本恵一，奥村映子，機能性色素としてのフタロシアニン，アイピーシー（2004）
5) 白井汪芳，小林長夫，フタロシアニン　―化学と機能―，アイピーシー（1997）
6) 坂本恵一，色材，**75**, 286-293（2002）
7) E. Ohno-Okumura, K. Sakamoto, T. Kato, T. Hatano, K. Fukui, T. Karatsu, A. Kitamura, T. Urano, *Dyes Pigm.* **53**, 57-65（2002）
8) 大野（奥村）映子，坂本恵一，浦野年由，色材，**75**, 255-260（2002）
9) K. Sakamoto, S. Yoshino, M. Takemoto, K. Sugaya, H. Kubo, T. Komoriya, S. Kamei, S. Furukawa, *Am. J. Anal. Chem.*, **5**, 1037-1045（2014）
10) K. Sakamoto, S. Yoshino, M. Takemoto, K. Sugaya, H. Kubo, T. Komoriya, S. Kamei, S. Furukawa, *J. Porphyrins Phthalocyanines*, **19**, 688-694（2015）
11) K. Sakamoto, E. Ohno-Okumura, T. Kato, H. Soga, *J. Porphyrins Phthalocyanines*, **14**, 47-54（2010）
12) 坂本恵一，古谷直樹，曽我久司，色材，**85**, 2-8（2012）
13) K. Sakamoto, S. Yoshino, M. Takemoto, N. Furuya, *J. Porphyrins Phthalocyanines*, **17**, 605-627（2013）
14) K. Sakamoto, N. Furuya, H. Soga, S. Yoshino, *Dyes Pigm.*, **96**, 430-434（2013）
15) 村田滋，光化学　―基礎と応用―，pp. 144-150，東京化学同人（2013）
16) 田中正夫，駒省二，フタロシアニン　基礎物性と機能材料への応用，有機エレクトロニクス材料シリーズ6，ぶんしん出版（1991）
17) C. W. Tang, *Appl. Phys. Lett.*, **46**, 183（1986）
18) I. Yamada, N. Iida, Y. Hayashi, T. Soga, N. Shibata, *Jpn, J. Appied Physics*, **52**, 1-7（2013）
19) S. Tanaka, T. Handa, K. Ono, K. Watanabe, K. Yoshino, I. Hiromitsu, *Applied Physics lett.*, **97**, 1-3（2010）
20) T. Kawaguchi, S. Okumura, T. Togashi, W. Harada, M. Miyake, R. Haga, M. Ishida, T. Kurihara, M. Kanizuka, *ACS Applied materials Interface*, **7**, 19098-19103（2015）
21) J. Bartelmess, B. Ballestone, G. de la Torre, D. Kiessling, S. Campidelli, M. Prato, T. Torres, D. M. Guldi, *J. Am. Chem. Soc.*, **132**, 16202-16211（2010）
22) M. Fischer, K. R. Marks, I. Lepoz-Duarte, M. M. Wienk, M. V. Martinez-Diaz, R.A.

Janssen, P. Baueele, T. Torres, *J. Am. Chem. Soc.*, **131**, 8669-8676 (2009)
23) Y. Shinmura, M. Kubo, N. Ishiyama, T. Kaji, M. Hiramoto, *AIP advances*, **2**, 7 (2012)
24) B. O' Regan, M. Grätzel, *Nature*, **353**, 737-740 (1991)
25) M. Grätzel, *Nature*, **414**, 338-344 (2001)
26) M-E. Ragoussi, M. Ince, T. Torres, *Eur. J. Org. Chem.*, **2013**, 6475-6489 (2013)
27) M. Grätzel, *Prog. Photovoltaic Res. Applic.*, **8**, 171-185 (2000)
28) F. Gao, Y. Wang, D. Shi, J. Zhang, M. Wang, X. Jing, R. Humphry-Baker, P. Wang, S. Zakeeruddim, M. Grätzel, *J. Am. Chem. Soc.*, **130**, 10720-10728 (2008)
29) L. Giribabu, R. K. Kanaparthi, V. Velkannann, *Chem. Rec.*, **12**, 306-328 (2012)
30) G. de la Torre, C. G. Claessens, T. Torres, *Chem. Commun.* 2007, 2000-2015 (2007)
31) J. Mack, N. Kobayashi, *Chem. Rev.* **111**, 281-321 (2011)
32) C. G. Clasessens, U. Hahn, T. Torres, *Chem. Rec.*, **8**, 75-97 (2008)
33) W. N. Campbell, J. W. Kenneth, P. Wagner, K. Wagner, P. J. Walsh, K. C. Gordon, L. Schmidt-Mende, Md. K. Nazeeruddin, Q. Wang, M. Grätel, D. L. Officer, *J. Phys. Chem.*, **111**, 11760 (2007)
34) Y. Reddy, L. Giribabu, C. Lyness, H. J. Snaith, C. Vijaykumar, M. Chandrasekharam, M. Lakshmikantam, J-H. Yum, K. Kalyanasundaram, M. Grätel, M. K. Nazeeruddin, *Angew. Chem., Int. Ed.*, **46**, 373-376 (2007)
35) M. K. Nazeeruddin, R. Humphry-Baker, M. Grätzel, D. Wöhrle, G. Schnurpfeil, G. Schneider, A. Hirth, N. Trombach, *J. Porphyrins Phthalocyanines*, **3**, 230-237 (1999)
36) J.-J. Cid, J.-H. Yum, S.-R. Jang, M. K. Nazeeruddin, E. Martinez-Ferrero, E. Palomares, J.Ko, M. Gratzel, T. Torres, *Angew. Chem. Int. Ed.*, **46**, 8358-8362 (2007)
37) E. M. Barea, J. Ortiz, F. J. Payá, F. Fernández-Lázaro, F. Fabregat-Santiago, A. Sastre-Santos, J. Bisquert, *Energy, Environ. Sci.*, **3**, 1985-1994 (2010)
38) S. Mori, M. Nagata, Y. Nakahata, K. Yasuta, R. Goto, M. Kimura, M. Taya, *J. Am. Chem. Soc.*, **132**, 4054-4055 (2010)
39) M. Kimura, H. Nomoto, H. Suzuki, T. Ikeuchi, H. Matsuzaki, T. N. Murakami, A. Furube, N. Masaki, M. J. Griffith, S. Mori, *Chem. Eur. J.*, **19**, 7496-7502 (2013)
40) N. Kobayashi, T. Furuyama, K. Satoh, *J. Am. Chem. Soc.*, **133**, 19642-19645 (2011)
41) M. Ince, F. Cardinali, J.-H. Yum, M. V. Martínez-Díaz, M. K. Nazeeruddin, M. Grätel, T. Torres, *Chem. Eur. J.*, **18**, 6343-6348 (2012)

3 有機太陽電池材料を目指した新規ポルフィリノイド系有機半導体の開発

高尾優子*

3.1 はじめに

近年,エネルギーの枯渇問題や地球温暖化現象などの環境問題より,安全でクリーンな再生可能エネルギーへの需要が高まっており,なかでも太陽光エネルギーの有効利用という観点から最も取り組まれている研究対象の一つが太陽電池であろう[1]。現在の主流であるシリコン系や無機化合物系に比べて光電変換効率や耐久性などに課題はあるものの,軽量化や柔軟性,簡便な大量製造や低コスト化の可能性,低照度での使用や利用形態の多様性などの観点から有機系太陽電池の実用化も注目されてきた。そして,有機太陽電池材料として,活発に研究が行われてきた材料分野の一つがポルフィリノイドである。自然界で光合成を行うクロロフィルの類縁体群であり,太陽光を効率よく吸収して光励起電子移動を生じることから,光電変換材料の起源ともいえる機能性色素である。大環状複素芳香族化合物の多彩な機能と多様な分子設計を駆使し,有機半導体,光学材料,光増感剤,光触媒,医療用薬品など,その応用研究分野は多岐にわたる[2〜6]。

本稿では,ポルフィリノイド系色素の応用という観点から,有機太陽電池への適用を目指した主に有機半導体材料の開発について紹介する。この周辺分野におけるポルフィリノイド色素については,多くの研究成果が積まれてきており,なおさらに新しい発想や課題が提案され続けているが,比較的新しい研究報告などから現状を概観する。

3.2 ポルフィリノイド系色素

基本的なポルフィリン骨格の置換基や配位金属,軸配位子を変えることで,物性改良のための誘導体を数多く設計できるが,異なるポルフィリノイド骨格の利用も光化学的物性や電子状態などの特性を変化させる手段の一つである。4個のピロール環をメチンで結合した環状構造（ポルフィン）の周辺水素を置換した化合物の総称がポルフィリンであり,その基本骨格の元素の種類や数,結合の飽和度,ピロールやメチンの数など,部分的に異なった構造を基本骨格とする化合物も含めてポルフィリノイドと呼ばれている。フタロシアニンとして知られるテトラアザテトラベンゾポルフィリンもポルフィリノイドの一種であるが,古くから顔料などとして実用的に普及し,さらに精密材料への用途展開がなされており,独自の分野を形成している。ポルフィリノイドの例として,図1にテトラフェニルポルフィリン [TPP],フタロシアニン [Pc],クロロフィルの

---

* Yuko Takao （地独)大阪市立工業研究所　有機材料研究部　研究主任

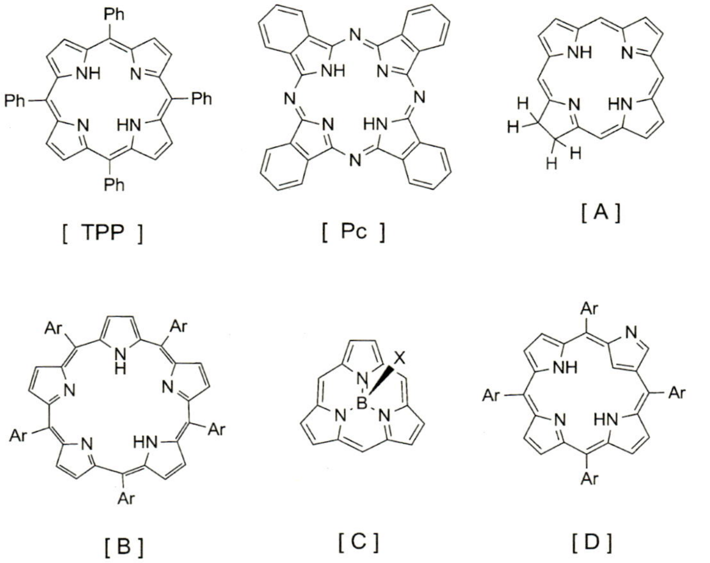

第 2 章　エネルギー変換分野

図1　各種ポルフィリノイドの構造の例

基本骨格であるクロリン［A］，環拡張系のペンタフィリン［B］，環縮小系のサブポルフィリン［C］，N-混乱ポルフィリン［D］の構造を示しておく。

3.3　有機太陽電池におけるポルフィリン色素

　ポルフィリン色素の応用が最も検討されてきた太陽電池は色素増感太陽電池（DSSC）であろう。その高い吸光係数と電荷分離効率から，光増感剤として多くのポルフィリン誘導体が設計され，性能の向上を目指した研究が行われてきた。特に近年，Grätzel らは D-π-A 構造を有し，可視光から近赤外領域にわたる広い波長領域の光捕集効率を増強したポルフィリン誘導体で（図2［E］），コバルト錯体レドックスシャトルを用いて，13.0％の光電変換効率（PCE）を達成している[7,8]。また，骨格の異なるポルフィリノイドについても DSSC への応用が検討されてきており，例えば，環拡張型ポルフィリンでは，近年，特異な構造を持つオキサスマラグジリンのホウ素錯体［F］について 5.7％の PCE が得られ，近赤外領域にまで至る幅広い波長範囲をカバーしたブロードな光吸収帯と良好な酸化還元電位で，DSSC 材料としての期待が示された[9]。一方，環縮小型ポルフィリノイドでは，サブポルフィリン誘導体［G］が DSSC 材料として用いられ，10.1％の PCE が報告されている[10]。他にもフラーレンなどアクセプターとの連結体，ポリマー修飾材料，自己集積体など，さらに組織体としての設計も行われ，構造や

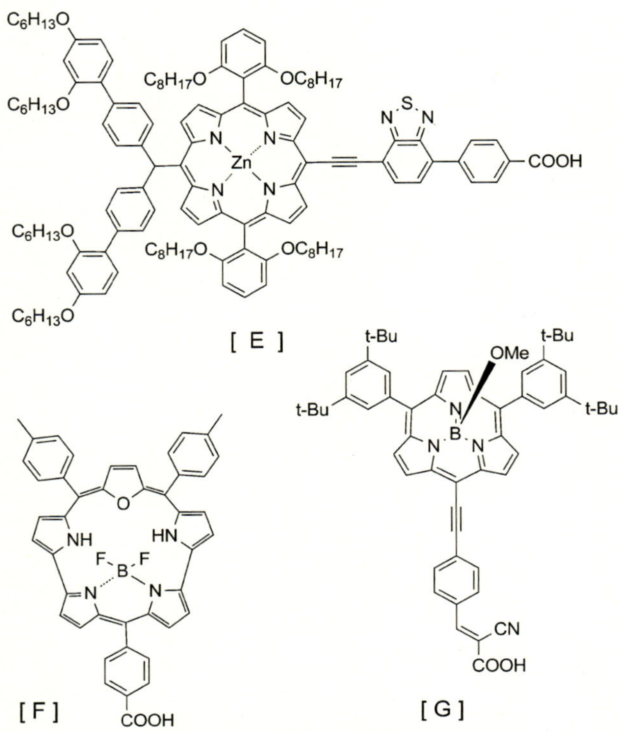

図2 色素増感太陽電池用光増感剤の例

機能の開発，実践的な物性改良に向けて新規な材料の開拓が行われている[11,12]。

3.4 有機薄膜太陽電池

　有機薄膜太陽電池（OPV）の光電変換機構の中心は光エネルギーの吸収，励起したp型有機半導体（電子ドナー）とn型有機半導体（電子アクセプター）間の電子移動，電荷分離に基づいており，発生した各電荷が電極に輸送され，電気エネルギーとして取り出される。主な素子構造には，p型とn型を二層に重ねたp–n平面ヘテロ接合型，p型とn型を混合して活性層とするp–nバルクヘテロ接合型，p層–n層間にpn混合層（i層）を挿入したp–i–nバルクヘテロ接合型がある。ポルフィリノイド系の低分子p型有機半導体としては，長波長領域の高い吸光係数，強い配向性による高い電荷移動度と長い励起子拡散長，蒸着製膜プロセスに強い耐熱性などから，フタロシアニン（Pc）材料がよく知られてきたが，近年，溶液プロセスへの期待などにより，溶解性の高い他のポルフィリノイド誘導体の適用も検討されてきた。

第2章　エネルギー変換分野

3.4.1　p-n バルクヘテロ接合型 OPV 用有機半導体

ドナー材料とアクセプター材料を混合して活性層とするバルクヘテロ接合（BHJ）型 OPV の利点はドナーとアクセプター間の大きな境界面積と励起子から境界面までの短い距離による電荷分離効率の増加であるが，半導体の物性以外に混合層のミクロ相分離状態など，複雑な要素の影響を考慮した工夫が重要となり，混合層における製膜性や材料間の界面制御などに関する様々な知見が報告されている。

Peng らはチオフェン-ジケトピロロピロールをエチニレンでメソ位に連結したポルフィリンを低分子ドナー（図3[H]）とし，PCBM をアクセプターとして，溶液プロセスによる BHJ 型 OPV を検討した[13]。平面的で剛直な置換基による強い π-π 相互作用

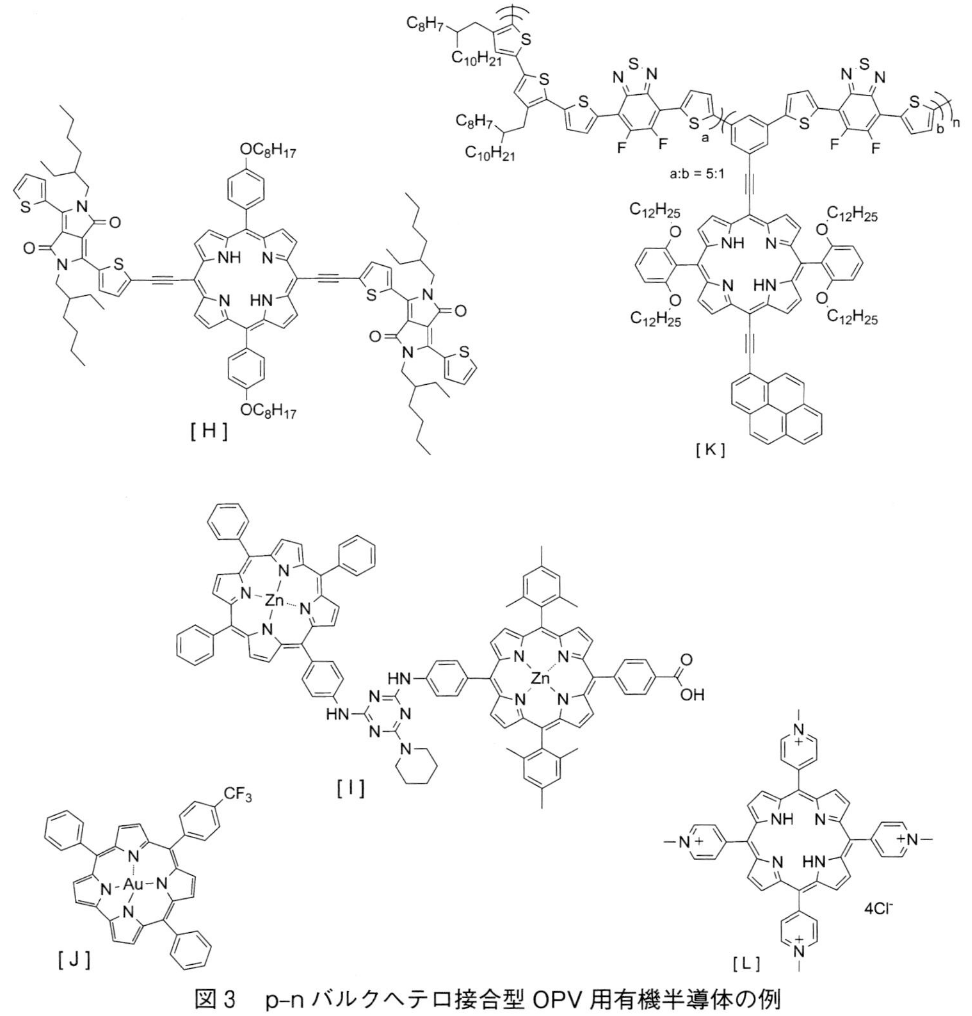

図3　p-n バルクヘテロ接合型 OPV 用有機半導体の例

とD-A効果により，固体状態における光吸収帯の長波長シフトとホール移動度の増加が見られ，また，製膜時に1,8-ジヨードオクタンを添加することで，微細な相分離状態が形成され，7.23%の光電変換効率（PCE）が得られている。連結性分子材料の例としては，2種のポルフィリン亜鉛錯体がトリアジンで架橋された連結誘導体をドナー［I］とし，$PC_{71}BM$ をアクセプターとした溶液プロセスによるBHJ型OPVにおいて，添加物の効果が検討されている[14]。製膜時にピリジンを添加することにより，2.91%のPCEが4.16%に向上しており，ピリジンによる結晶性の向上と，電荷分離や電荷移動への効果を報告している。また，骨格の異なるポルフィリノイド分子の例としては，コロール誘導体の金錯体を用いたBHJ型OPVが検討されている[15]。コロールはポルフィリンのメソ位の炭素が一つ欠けた構造を持つポルフィリノイド［J］で，三価のアニオン配位子として金属と錯形成し，溶解性も高く，三重項励起状態の寿命が長いため，電荷分離には有利と考えられる。トリフルオロメチルフェニル基を有するコロール誘導体をドナーとし，C_{70} をアクセプターとした共蒸着によるBHJ型OPVは4.0%のPCEを与えた。また，ローバンドギャップポリマー（PTB7）と $PC_{71}BM$ を用いた溶液プロセスによるBHJ型OPVにおいて，コロール誘導体を加え，3成分系の活性層にすることにより，5.3%のPCEが6.0%に向上している。Wang, Lin, Hsuらはピレン置換基を有するポルフィリンがローバンドギャップポリマーに組み込まれた半導体材料をドナー［K］に用い，$PC_{71}BM$ をアクセプターとしたBHJ型OPVについて報告している[16]。このドナーではエチニレンリンカーが共役系を拡張し，長鎖のアルコキシ基が色素の会合を抑制する構造を持っており，可視光全領域に近い吸収特性を示す。製膜時に1-クロロナフタレンを添加し，フラーレン誘導体であるC-PCBSDをカソード中間層に導入することで，8.5%以上のBHJ型OPVとしては高いPCEを記録した。さらに，VasilopoulouらはP型高分子PCDTBTと $PC_{71}BM$ を用いたBHJ型OPVにおいて，ポルフィリンの自己組織化ナノ構造体をカソード電極の界面層材料として用いた[17]。これは4つのメソ位にメチルピリジニウム塩を有するポルフィリン［L］で，有機基質上に平行に配列する。ポルフィリン平面に対し垂直方向の大きな分子双極子モーメントが発生し，電荷分離と電荷輸送効率が増加すると考えられ，このポルフィリン層を挿入することで，PCEが4.3%から7.1%に向上している。

3.4.2 p-i-n バルクヘテロ接合型OPV用有機半導体

p-i-n三層構造のBHJ型OPVでは，ドナーとアクセプターを混合したi層での電荷分離効率と，各半導体層のナノ構造制御による電荷輸送効率の向上が利点である。現在，ポルフィリノイド系半導体材料を用いたOPVでは，この素子構造で，最高レベル

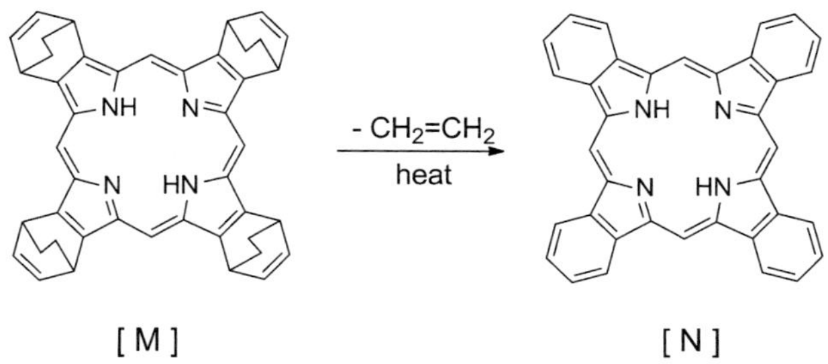

第 2 章　エネルギー変換分野

図4　p-i-n バルクヘテロ接合型 OPV 用テトラベンゾポルフィリンの生成

のPCEとして11.7%が報告されている[1]。不溶性ドナーを溶液プロセスで製膜しており，前駆体として，溶解性の高いテトラエタノテトラベンゾポルフィリン（図4 [M]）を溶液塗布し，加熱によって結晶性の高いテトラベンゾポルフィリン [N] に変換する。i 層では加熱中に櫛形に配列したドナーの柱状結晶構造が確認されており，アクセプターのマトリックス結晶とのナノ相分離構造は電荷分離や電荷輸送に好適であると考えられる[18]。また，ドナーの高い電荷移動度とアクセプターとして用いたフラーレン誘導体（SIMEF）のPCBMより高いLUMO準位も太陽電池特性の向上に有利である。このOPVについては三菱化学により既に実用的な製品化が進められている。

3.4.3　p-n ヘテロ接合型 OPV 用有機半導体

p-n ヘテロ接合型 OPV はドナーとアクセプターの境界面積が膜の接合面に限定され，高い PCE を得るには不利と考えられるが，シンプルな素子構造（図5）で[19]，有機半導体自体の物性や境界面の状況などを重点的に検討でき，新しい分子骨格の探索や，半導体の組み合わせの最適化など，興味深い展開がなされている。Mutolo らはフラーレン（C_{60}）をアクセプターとする p-n ヘテロ接合型 OPV のドナーとしてよく使用されていた銅フタロシアニン（CuPc）に替え，サブフタロシアニンボロンクロリド

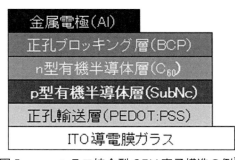

図5　p-n ヘテロ接合型 OPV 素子構造の例[19]

(SubPc) を用いた[20]。SubPc の HOMO 準位は CuPc よりも深く，アクセプターの LUMO 準位とのエネルギーギャップ (E_g) を増大させ (図 6)，E_g に依存する開放端電圧 (V_{OC}) が増加した[21]。PCE は(1)式のように V_{OC} や短絡電流密度 (J_{SC}) に比例するため，PCE も向上している。SubPc はフタロシアニンの環縮小型類縁体であり，その立体的なコーン型分子構造により，一次元的なパッキングと弱い分子間相互作用が薄膜にアモルファス性を与え，太陽電池特性の向上につながるという報告もある[22,23]。また，平面的な分子材料よりも溶解性が高く，溶液法による製膜にも有利と考えられる。さらに，Genoe らは SubPc の共役系を拡大したサブナフタロシアニンボロンクロリド (SubNc) を用い，長波長領域の強い吸収帯でセルの光捕集効率を高めて短絡電流密度 (J_{SC}) の改良に成功したが[24]，SubNc は HOMO 準位が浅く，E_g が減少し，V_{OC} と PCE は SubPc の場合より低下した。これは材料の物性改良時における E_g 制御の重要性を示している。

SubPc とその誘導体については有機太陽電池材料として活発に応用が検討されている[25]。また，SubNc にも関心は向けられ，Cheyns らは SubPc ドナーのセルと SubNc

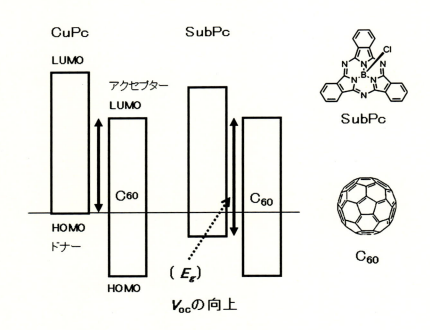

$$PCE = (J_{SC}V_{OC}FF)/P_0 \cdots\cdots (1)$$

PCE：光電変換効率、J_{SC}：短絡電流密度、V_{OC}：開放端電圧、FF：曲線因子、P_0：入力光エネルギー

図 6　OPV におけるエネルギーギャップ (E_g) の増大

第2章　エネルギー変換分野

ドナーのセルを積層したタンデム型 OPV で光電変換効率5.15％を報告した[26]。また，Torres らは SubNc ドナーに対してヘキサクロロ SubPc をアクセプターに用い，励起子ブロッキング層も検討して6.9％の変換効率を得ている[27]。さらに，ベルギーの Imec 社では SubPc と SubNc をアクセプターとして用い，p 型導電性高分子を組み合わせた三層カスケード構造のヘテロ接合型 OPV で，8.4％の PCE を報告している[28]。

無置換 SubNc の利用についての研究は増えたものの，SubNc 誘導体の有機太陽電池材料としての応用に関する報告は多くない。筆者らは SubNc 分子骨格による長波長吸収の維持と，HOMO 準位の深化による E_g の増大との両立を分子設計指針として，電子求引性基の導入による SubNc の誘導体化を図った（図7）[29,30]。ドナーとアクセプター間の電荷分離効率の維持には，それぞれの LUMO 間の差を保つ必要があり[31]，HOMO 準位の深化と，バンドギャップの縮小を意味する長波長シフトとはトレードオフの関係にあるため，エネルギー準位などの物性制御には繊細な分子設計を要する。

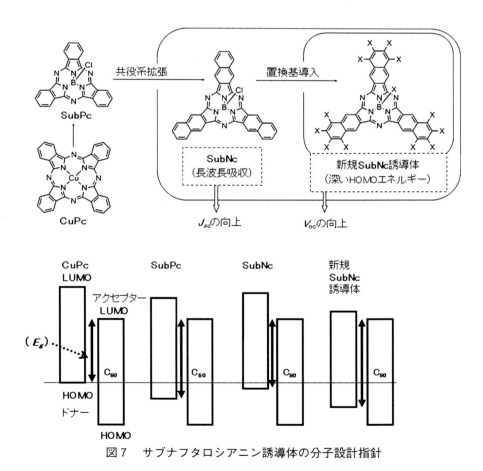

図7　サブナフタロシアニン誘導体の分子設計指針

SubNc 誘導体のフロンティア分子軌道準位の TD-DFT 法による計算では，分子の非平面的な構造にも拘わらず（図 8），ハロゲン置換 SubNc は無置換 SubNc に比べて HOMO の大きな深化を示し（表 1），置換基の種類や数による幅広い範囲での多様な制御の可能性を示唆している。また，ヘキサエチニル体 [5] では，ハロゲン誘導体ほど深化しないが，ヘキサシアノ体 [6] については，逆に HOMO，LUMO 共に深すぎると予測された。図 9 にフッ素置換誘導体類の合成例を示したが[32〜34]，一般に無置換 SubNc の合成では，環化反応の段階でナフタレン環の塩素化が部分的に進行して種々の副生成物が増えるのに対し，[3a] では合成ステップは増すものの，置換基により反応点がブロックされる上，分子の電子密度が下がるため，環化反応時の副反応が減少することが利点と考えられる[35]。得られたフッ素化 SubNc 誘導体類の可視吸収スペクトルにおける増強された Q バンドは全て SubPc に比べて大きな長波長シフトを維持した（図10）。また，各材料の薄膜について光電子分光法により HOMO 準位を実測し，光吸収端エネルギーを合わせて LUMO 準位を求めたが[36]，予測どおり十二置換体 [3a, b] の HOMO が大きく深化し，C_{60} の LUMO[37] との E_g は増大したものの，ドナーとアクセプターの LUMO 間の差が小さいことがわかった（図11）。一方，六置換体については，LUMO 間に十分なエネルギー差を保ち，HOMO は SubPc と同様のレベルにあり，ドナー材料としての可能性が示唆されている。

　他にも Bender らにより，部分的な塩素置換体の生成や，それを混合物ながらアクセプター層に使用した OPV で，4.3％の PCE が報告された[38]。この分野では，まだ分子設計の余地は多く，溶解性や分子間相互作用，電荷移動度など，最適な物性へのチューニングを目指した検討を進めている。

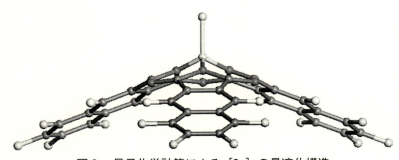

図 8　量子化学計算による [3a] の最適化構造

第2章 エネルギー変換分野

表1 フロンティアエネルギー準位の予測

[2a] : $X_1 = X_4 = H$, $X_2 = X_3 = F$, $Y = Cl$
[2b] : $X_1 = X_4 = H$, $X_2 = X_3 = F$, $Y = F$
[3a] : $X_1 = X_2 = X_3 = X_4 = F$, $Y = Cl$
[3b] : $X_1 = X_2 = X_3 = X_4 = F$, $Y = F$
[4a] : $X_1 = X_4 = H$, $X_2 = X_3 = Cl$, $Y = Cl$
[4b] : $X_1 = X_4 = H$, $X_2 = X_3 = Cl$, $Y = F$
[5] : $X_1 = X_4 = H$, $X_2 = X_3 = (C\equiv CH)$, $Y = Cl$
[6] : $X_1 = X_4 = H$, $X_2 = X_3 = CN$, $Y = Cl$

化合物	HOMO (eV)	LUMO (eV)
SubPc	−5.31	−2.79
SubNc	−4.84	−2.72
[2a]	−5.17	−3.03
[2b]	−5.10	−2.95
[3a]	−5.43	−3.32
[3b]	−5.37	−3.24
[4a]	−5.34	−3.22
[4b]	−5.27	−3.15
[5]	−5.07	−2.82
[6]	−6.14	−4.08
C_{60}	−5.99	−3.78

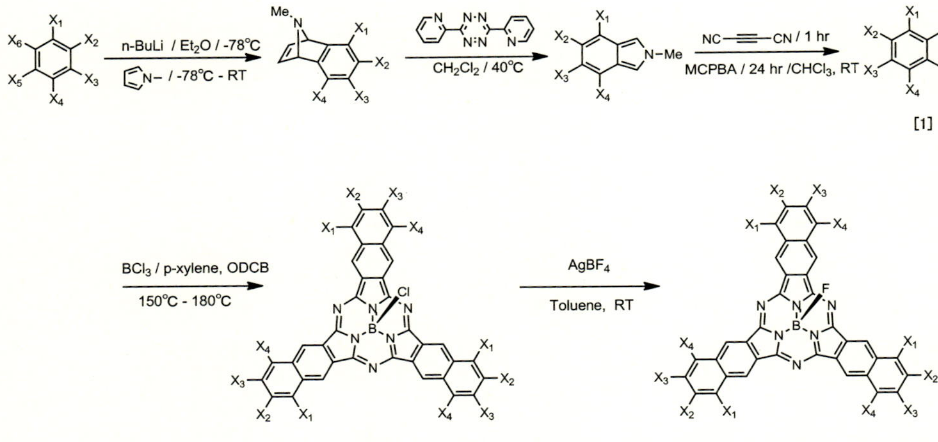

[2a] $X_1 = X_4 = H$, $X_2 = X_3 = F$ (26%)
[3a] $X_1 = X_2 = X_3 = X_4 = F$ (44%)

[2b] $X_1 = X_4 = H$, $X_2 = X_3 = F$ (70%)
[3b] $X_1 = X_2 = X_3 = X_4 = F$ (74%)

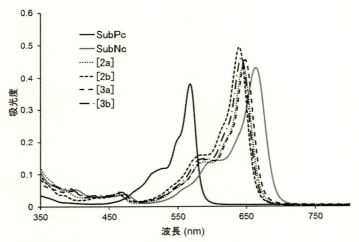

図9　フッ素化サブナフタロシアニン誘導体の合成

図10　*o*-ジクロロベンゼン（ODCB）溶液中における SubPc，無置換 SubNc とフッ素化 SubNc の紫外可視吸収スペクトル

3.5　おわりに

有機薄膜太陽電池では，今年（2016年），ドイツの Heliatek 社が吸収波長の異なる色素のセルを重ねたタンデム型 OPV で，13.2%の PCE を発表しており[39]，各分野で確実に研究の進展が見られている。ただ，有機系太陽電池では PCE の追求だけではなく，今後，様々な状況で使用可能な材料やシステムの実用化も注目されている。特に有機材料では必要な物性を制御する多様な分子設計が活かされ，さらに新しい分子骨格の探索

第 2 章　エネルギー変換分野

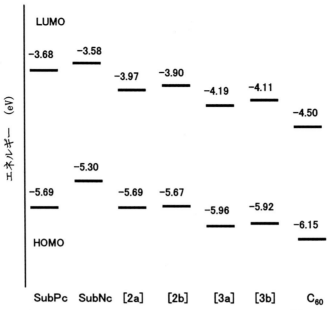

図11　薄膜状態の SubPc, SubNc, フッ素化 SubNc, C_{60}[37)] における
フロンティアエネルギー準位の実測値

や，構造と機能との関連の解明，誘導体化などが進められている。次世代の多様なニーズに対応しつつ，持続可能な社会を構築する手段の一つとして，これらの研究成果が大きく貢献することを期待したい。

　ポルフィリノイド系色素の基本的な物性や機能，有機太陽電池の原理，研究動向の詳細については，各種の成書や，其々の立場でまとめられた総説なども参照頂きたい[1,7,11,12,25,35,40,41)]。本稿の情報が新しい研究展開や検討などの際の一助にでもなれば幸いである。

文　　　献

1) 福住俊一監修，人工光合成，シーエムシー出版（2013）
2) Y. Kobuke *et al.*, *J. Am. Chem. Soc.*, **130**, 17212（2008）
3) D. Woehrle *et al.*, *J. Porphyrins Phthalocyanines*, **13**, 346（2009）
4) Y. Takao *et al.*, *J. Porphyrins Phthalocyanines*, **19**, 786（2015）

5) Y. Takao et al., *J. Porphyrins Phthalocyanines*, **14**, 64 (2010)
6) K. M. Kadish et al., (ed.), "Handbook of Porphyrin Science" Vol. 4, World Scientific (2010)
7) P. A. Angaridis et al., *Polyhedron*, **82**, 19 (2014)
8) M. Grätzel et al., *Nature Chem.*, **6**, 242 (2014)
9) C.-H. Hung et al., *Chem. Commun.*, **49**, 6882 (2013)
10) A. Osuka et al., *Angew. Chem. Int. Ed.*, **55**, 10287 (2016)
11) H. Imahori et al., *Chem. Commun.*, **48**, 4032 (2012)
12) S. Fukuzumi et al., *Dalton Trans.*, **42**, 15846 (2013)
13) X. Peng et al., *Energy Environ. Sci.*, **7**, 1397 (2014)
14) A. G. Coutsolelos et al., *RSC Adv.*, **4**, 50819 (2014)
15) C.-M. Che et al., *Adv. Funct. Mater.*, **24**, 4655 (2014)
16) C.-S. Hsu et al., *Adv. Mater.*, **26**, 5205 (2014)
17) M. Vasilopoulou et al., *J. Mater. Chem. A*, **2**, 182 (2014)
18) E. Nakamura et al., *J. Am. Chem. Soc.*, **131**, 16048 (2009)
19) B. Ma et al., *Chem. Mater.*, **21**, 1413 (2009)
20) K. L. Mutolo et al., *J. Am. Chem. Soc.*, **128**, 8108 (2006)
21) M. C. Scharber et al., *Adv. Mater.*, **18**, 789 (2006)
22) M. E. Thompson et al., *J. Am. Chem. Soc.*, **131**, 9281 (2009)
23) T. Torres et al., *Chem. Eur. J.*, **14**, 1342 (2008)
24) J. Genoe et al., *J. Mater. Chem.*, **19**, 5295 (2009)
25) T. Torres et al., *Chem. Rev.*, **114**, 2192 (2014)
26) D. Cheyns et al., *Appl. Phys. Lett.*, **97**, 033301 (2010)
27) T. Torres et al., *J. Am. Chem. Soc.*, **137**, 8991 (2015)
28) P. Heremans et al., *Nat. Commun.*, **5**, 4406 (2014)
29) Y. Takao et al., *Tetrahedron Lett.*, **55** 4564 (2014)
30) T. Mizutani et al., *Tetrahedron*, **72**, 4918 (2016)
31) L. J. A. Koster et al., *Appl. Phys. Lett.*, **88**, 093511 (2006)
32) G. Y. Yang et al., *Chem. Eur. J.*, **9**, 2758 (2003)
33) N. Kobayashi, "*The Porphyrin Handbook*", Vol. 15, p. 241, Elsevier Science (2003)
34) T. Torres et al., *Angew. Chem., Int. Ed.*, **50**, 3506 (2011)
35) T. Torres et al., *Chem. Rev.*, **102**, 835 (2002)
36) T. D. Golden et al., *Chem. Mater.*, **8**, 2499 (1996)
37) Y. Shao et al., *Adv. Mater.*, **17**, 2841 (2005)
38) T. P. Bender et al., *J. Mater. Chem. A*, **4**, 9566 (2016)

39) http://www.heliatek.com/en/press/press-releases/details/heliatek-sets-new-organic-photovoltaic-world-record-efficiency-of-13-2
40) W. Maes *et al.*, *Adv. Energy Mater.*, **5**, 1500218 (2015)
41) A. G. Coutsolelos *et al.*, *Dalton Trans.*, **45**, 1111 (2016)

第3章　医療分野

1　分子認識用色素；蛍光センサーの開発動向と利用

久保由治*

1.1　はじめに

　近年，バイオイメージング技術の急速な進歩は，生体組織や細胞の直接観測を可能にした。特に，生きた組織内での金属イオンや生理活性分子のリアルタイム観測は今や生命科学の進展に欠かせない存在になっている。高度な分子認識をもつ蛍光性色素は，蛍光顕微鏡を用いたイメージング技術になくてはならないプローブであり，そのニーズに合致した更なる開発が求められている。また，蛍光は高感度検出に向いているばかりでなく，様々な検出モードを選択できる点で有利である。最近では，可逆的な分子認識相互作用ではなく，アナライト（被検査物質）が選択的に色素分子と反応してセンシングする方法（ケモドジメーターともいう）も多く提案されるようになった（図1）。本稿では，医療分野における診断などで益々重要になるイメージング技術を念頭に，蛍光センサーの開発動向にスポットをあてる。

1.2　設計指針

　細胞内で生理活性物質や重要電解質（金属イオンやアニオン）の動態（濃度変化，活性変化など）を捉えるには，標的化学種を高選択的に捕捉する分子認識部位とその認識

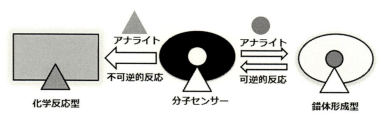

図1　蛍光センサーの概念図
アナライトを選択的かつ可逆的に結合するタイプと
アナライトと不可逆的な化学反応を発現するタイプ

＊　Yuji Kubo　首都大学東京　大学院都市環境科学研究科　分子応用化学域　教授

情報を高感度に増幅できる光学応答部位を兼ね備えなければならない。光学応答には，吸収による色調の変化や蛍光発光が利用される。しかし応答感度の面からは蛍光が有利である。その一方で，水溶性や低細胞毒性のものを選ばなくてはならないほか，励起光による生体組織のダメージ及びバイオ分子が発生するバックシグナルや散乱光の影響を考慮する必要がある。よって，センサー分子には用途に応じたチューニングが求められる。以降，読み出しモード別に開発事例を述べる。

1.3 Dexter型エネルギー移動

微量必須元素のうち，銅，亜鉛，鉄などはタンパク質の特定の部位に結合し，生理機能の発現を導く。一方で，過剰摂取による毒性も発現することから環境水中の規制物質でもある。それら金属イオンに対する蛍光センサーの合成例の中で，遷移金属イオンの最外軌道（d軌道）に空きがある場合，金属イオンの配位によって色素蛍光が消光する（ON-OFF型）。これは，一重項励起された蛍光色素（D^*）とその配位金属イオン（A^*）との間で電子交換型のDexterエネルギー移動で説明される（図2(a)）。この機構には波動関数の重なりが必要で，D-A間距離は10Å未満とされる。たとえば，アントラセン誘導型テトラアミン（1）（図2(b)）はCu^{2+}やNi^{2+}の遷移金属イオンと錯体形成した結果，蛍光消光が観測される。本系では，アントラセン9位炭素と金属イオンとの距離は3.5Åと見積もられている[1]。なお，実用面を勘案すると，ON-OFF型蛍光センサーは課題が多い。色素濃度や溶液のpHなどの測定条件の影響を受けやすいばかりでなく，複数の金属イオンが消光作用をもつとそれらの間での選択性は必然的に低下する。

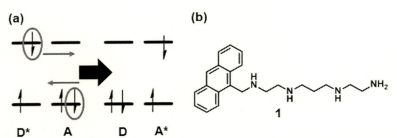

図2 (a) Dexter型エネルギー移動機構，(b) 関連ON-OFF型蛍光センサー

1.4 光誘起電子移動（PET）

アナライトの濃度上昇にともない，蛍光強度が増大するセンサーの開発にPET機構

の採用が有効である。蛍光部位と電子が豊富なアナライト受容部位（D）が架橋ドメインで接続したPET型蛍光センサーが比較的分子設計しやすい。図3にその応答機構を示す。アナライトフリーでは，一電子励起後Dから一電子が蛍光団部位のHOMOに入り，その結果として無輻射失活がおこり蛍光を発しない。しかし，アナライトとの相互作用により，DのHOMOレベルが安定化するように設計しておくと電子移動ができなくなり，OFF-ON型蛍光応答が観測される。標的化学種の結合を勘案しながら，蛍光色素とドナー部位を組み合わせるので，多種多様な蛍光センサーが提案できる。図4では，生体内での微量必須元素のなかで極めて重要なZn^{2+}に選択的応答できる蛍光センサーを示す。設計指針として，色素のHOMO準位はZn^{2+}結合部位（N,N-ビス（2-ピリジルメチル）エチレンジアミン）のHOMO準位より下位になるようにする。そこで部分構造としてキノイド構造を含むフルオレセイン系色素が用いられた。フルオレセインはpH指示薬として古くから知られており，高い蛍光量子収率（$\phi = 0.85$）を持つ水溶性色素である。さらに，中性付近で安定な蛍光を得ることを意図してフッ素がキサンテン部位に導入された[2]。合成された3はpH 7.4の緩衝水溶液（100 mM HEPES, I =

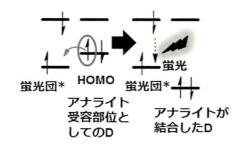

図3　PET型OFF-ON蛍光センサーの応答機構

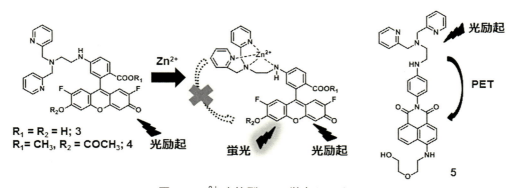

図4　Zn^{2+}応答型PET蛍光センサー

0.1（NaNO$_3$）中で490 nm（$\varepsilon = 7.4 \times 10^4$ M^{-1} cm^{-1}）に吸収極大を持つが，蛍光はほとんど発しない。そこにZn^{2+}を添加すると蛍光強度の増加が観測され，未添加時と比較して約60倍のOFF-ON応答を示した。その応答は化学量論的なZn^{2+}の添加でおこった（$K_a = 1.8 \times 10^8$ M^{-1}）。また，他の金属イオンの妨害を受けないことからZn^{2+}に対する蛍光センサーとして高い性能を示した。しかし，この分子構造では，細胞膜を通過できず，バイオイメージングには使えない。そこで，ジアセート体（**4**）に誘導することで細胞膜透過性を付与した。細胞内に存在するエステラーゼにより酢酸エステル部位が加水分解され，培養細胞内のZn^{2+}の濃度変化に対してイメージング化を達成している。なお，フルオレセインは固有の性質としてその光学特性がpHの影響を受け，pHが4を下回る酸性溶液では蛍光は発しない。そこで，フルオレセインにかわる関連蛍光プローブ（**5**）（図4）が提案されており[3]，さらに金属イオン以外を標的とした報告も種々ある。PET蛍光センサーは標的化学種に応じて蛍光団とアナライト受容部位を組み合わせるので，汎用性のある手法といえる。

1.5　蛍光共鳴エネルギー移動（FRET）

光励起したドナー（**D**）とアクセプター（**A**）との間で双極子-双極子に基づくエネルギー移動がおこる（図5）。Förster共鳴エネルギー移動とも呼ばれる。FRETの発現には，**D**の発光スペクトルと**A**の吸収スペクトルの重なりが必要であり，そのD/A対の励起エネルギー移動速度はそれらの間の距離に依存する。一般にその有効距離は〜100 Åにまで及ぶ。励起ドナー（**D***）の発光が50%減衰したDA間距離はFörster距離（R_0）と定義されている（(1)式）。

$$R_0(\text{Å}) = 9.78 \times 10^3 \left[\kappa^2 n^{-4} Q_D J(\lambda)\right]^{1/6} \tag{1}$$

(1)式中，κ^2は配向因子とよばれ，**D**と**A**の双極子モーメントの相対的な向きを示す。0（直交）から4（共線上／並行）までの値をとるが，両方のモーメントが自由回転を

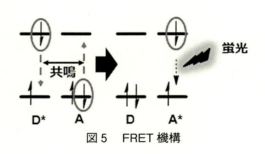

図5　FRET機構

第3章 医療分野

していれば，2/3に近似できる。nは媒体の屈折率で，水溶液中のバイオ分子では$n = 1.4$とする。Q_Dと$J(\lambda)$は，アクセプターフリーでのドナーの蛍光量子収率及びドナーとアクセプターとの重なり積分をそれぞれ示す。組み合わせる色素からR_0を見積もることができるので，用途に応じたFRET型蛍光センサーの設計に役立つ。本稿では，ローダミン色素を用いたFRETセンサーを紹介する（図6）。ローダミン色素は水溶液中で分子内スピロ環化平衡にもとづく光学特性を示す。閉環体が無色・無蛍光であるのに対してその開環体は赤色蛍光色素となるため，化学刺激でその平衡を開環体に誘導すれば，OFF-ON型の蛍光センサーとして機能できる。さらに，開環体が長波長吸収・長波長発光性であることに着目すると図5のアクセプター（$\bf A$）に都合がよい。Chattopadhyayらは，アミノキノリンとローダミン色素を分子内連係させたFRETセンサー（$\bf 6$）を合成した[4]。紫外光励起に対してローダミン色素が無蛍光であるのに対して，アミノキノリン部位は440 nm付近に短波長発光するので，FRETドナー（$\bf D$）としてふるまう。これらの$\bf D$と$\bf A$との組み合わせにおいて，R_0は40.6 Åと見積もられた。この値は分子内で各色素部位を近傍に配置すれば，高効率なFRETが得られることを示唆する。事実，HEPES緩衝溶液中（pH 7.4, 2% EtOH），紫外光励起（$\lambda_{ex} = 330$ nm）で440 nmに蛍光極大（λ_{em}）を示す発光スペクトルを示すが，そこにHg^{2+}を添加するなど発光点を示しながら，575 nmにλ_{em}をもつ新たな蛍光バンドを発現した。この変化は目視できる。図6に示されているように，Hg^{2+}の配位にともなってローダミン部位の開環反応が誘導され，アミノキノリン部位の蛍光スペクトルとローダミン開環色素の吸収帯がオーバーラップした結果，FRETに基づく赤色発光が観測されたものと考察される。また，金属イオン選択性の評価実験から，センサー（$\bf 6$）とHg^{2+}は

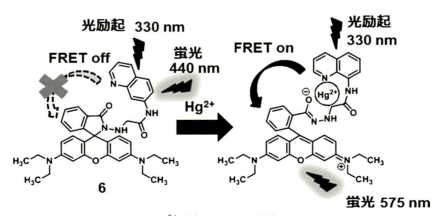

図6　Hg^{2+}応答型FRET蛍光センサー

選択的な結合親和性を発現した。

　OFF-ON型センサーにないFRETセンサーの特徴はレシオ測定を可能にすることである。蛍光レシオ法とは，異なる二波長での蛍光強度をそれぞれ観測し，それらの比を求めることで定量的な検出をおこなう方法をいう。一つの波長で観測をおこなう場合と比べて，濃度変化などに伴う測定誤差を軽減できるメリットがある。センサー（**6**）は生体試料のイメージングへの適用性も試験されている。すなわち，ヒト子宮頸部癌のHeLa細胞に培養を通じて外因性Hg^{2+}を導入し，得られた生体試料を用いてイメージング試験をおこなった。その結果，種々の濃度のHg^{2+}に対して，それぞれに応じた蛍光応答を観測した。Hg^{2+}は生体内に吸収・蓄積されやすい性質をもつ。たとえば，腎臓への蓄積は，グルタチオンの構成アミノ酸であるシスティン酸基のチオール基との結合によるものと考えられている。水銀毒性は水俣病を引き合いに出すまでもなく周知されているが，生体内動態の挙動解明が一層進むものと期待される。

　一方，FRET分子系のD/Aリンカー部位を化学刺激で切断することで，A側からの蛍光をD側のものにスイッチできる。この機構を用いたホスホジエステラーゼの蛍光検出が報告されている[5]。

1.6　励起状態分子内プロトン移動（ESIPT）

　光励起によるエノール型からケト型へのプロトン互変異性を励起状態分子内プロトン移動（ESIPT）という。その蛍光特性は溶媒などの外的要因に影響を受けやすいが，プロトン移動にともなう大きなストークスシフトが得られる。ESIPT過程は一般にヒドロキシ（アミノ）プロトンのカルボニル酸素（イミン窒素）への移動が，五員環もしくは六員環水素結合配置を通じて2Å未満でおこる。図7に典型的なESIPT色素である2-(2'-ヒドロキシフェニル)ベンゾオキサゾール（**7**）の光物理サイクルを示す[6]。基底状態で**7**は分子内水素結合で安定化されたエノール体（E）をとる。320 nmの紫外光で励起すると，その励起体（E*）は直ちにサブピコセカンドの時間スケールで励起ケト体（K*）へ互変異性する（ESIPT過程）。そのK*からの蛍光スペクトルは500 nmとなり，大きなストークスシフトが観測される。その後，基底状態のKになり，Eに戻る。他方，ESIPTに進まなかったE*は短波長発光（430 nm）を経てEに戻る。このような性質を示す蛍光センサーはバイオイメージングへの適用に都合がよい。すなわち，大きなストークスシフトは励起光からの干渉を回避でき，比較的高い光安定性が得られるだけでなく，バックグランドシグナルを低く抑えることができる。Linらは，ESIPT色素を改良して，硫化水素（H_2S）に応答できる化学反応型系蛍光プローブ（**8**）

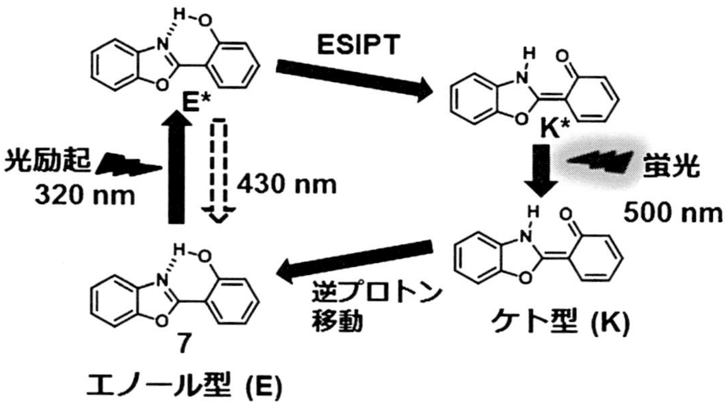

第 3 章　医療分野

図 7　ESIPT 過程をもつ 7 の光物理サイクル

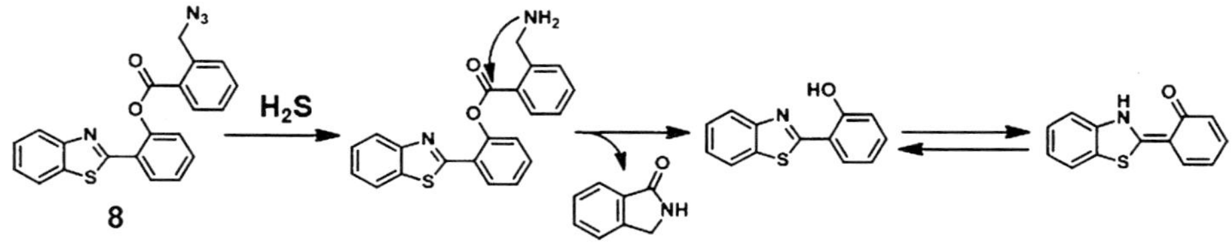

図 8　H$_2$S 応答型 ESIPT センサー

を報告している[7]（図 8）。H$_2$S といえば，毒ガスのイメージが強いが，最近では，H$_2$S による細胞保護機能が発見されるなど，その生理活性機構に注目が集まりつつある。センサー（8）は，ESIPT 特性をもつ 2-(2'-ヒドロキシフェニル)ベンゾチアゾール（**HBT**）にエステルリンカーを通じてベンジルアジドが連結されている。設計指針として，H$_2$S の還元力によってアジド部位がアミノになり，その後環化反応をトリガーとするエステル開裂反応を経て，系中で **HBT** が生成する。事実，8 の pH 7.4 の緩衝溶液中（20 mM，PBS），H$_2$S の濃度増加に従い 462 nm の発光強度の増加を観測した。H$_2$S フリーの条件と比較して，最大 400 倍発光強度が増した。この変化は目視でき，無色の溶液から青色に変化したという。本系での実験結果から H$_2$S の検出限界は 2.21×10^{-6} M と評価された。哺乳類の血清（30〜100 μM）や脳（160 μM）に存在する生理的 H$_2$S 濃度よりも極めて低く，生理条件下における H$_2$S の検出に対して有効であった。また，当該センサーで染色した HeLa 細胞中における外因性及び内因性の H$_2$S のイメージングを達成している。

1.7 凝集誘起発光（AIE）

　医療を含むバイオ関連分野で適用される分析試薬は，水系での使用が求められる。しかし，可視領域に発光特性をもつ多くの色素は有機π電子系であり，水溶性に乏しい。そこで，親水性置換基を導入するなどの改良が施されるが，濃度があがると色素間での会合が誘導され，濃度消光が観測される。さらに，標的化学種との結合についてはバルク水による競争的阻害がシグナル強度の低減や不安定さをもたらす場合がある。このような理由から，バイオ関連分野へ利用できる蛍光センサーの開発は魅力的なテーマであると同時に実利用への高いハードルを克服しなければならない。2001年 Tang らは，これまでの常識を覆す画期的な蛍光分子を発表した[8]。1-メチル-1,2,3,4,5-ペンタフェニルシロール（9）（図9）は EtOH 中での蛍光量子収率は 0.63×10^{-3} とほぼ無蛍光であるが，H_2O：EtOH ＝ 9：1 v/v の水溶液では0.21と333倍に増加し，蛍光色素へと変貌する。これは凝集状態において観測される蛍光発光であり，凝集誘起発光（AIE）と定義された。その特性をもつ分子を AIE ルミノゲンと呼ばれ，ペンタフェニルシロール以外にテトラフェニルエチレン（10）（図9）などが知られている。それらの構造的特徴はプロペラ型にあり，AIE 発現挙動に係わる。分子内回転運動が自由におこる溶解状態では励起状態の無輻射失活がおこり無蛍光であるが，凝集状態では，その回転運動が分子同士の会合により阻害され蛍光を示すようになる。凝集過程を分子認識によって誘導できる系を設計すれば，従来の分子認識色素では達成が困難なセンシングが可能になる。一方，蛍光応答は凝集状態の変化に基づく。よって，その分散状態や粒径をナノメートルスケールで制御することは困難なので，常に再現性のあるデータが得られる保証がなく，定量的な分析が難しい。AIE ならではの課題があることを知っておかなければならない。

　AIE を利用したセンシングの事例として，水溶液中でのシアン化物イオン（CN^-）のセンシングを紹介する。CN^- は健康被害や環境に悪影響を与える最も毒性の強いア

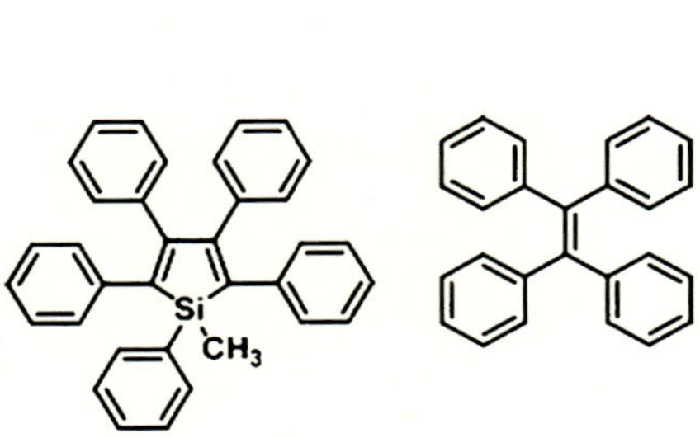

図9　AIE ルミノゲン

第3章　医療分野

ニオン種のひとつである。事実，飲料水に含まれる CN^- 濃度は1.9 μM 未満になるよう世界保健機関によって定められている。その一方で，シアン化物は工業的に利用されているので，工業排水や河川でのモニタリングは不可欠となる。Zhang らは，末端に第四級アンモニウム塩をもつシロール（**11**）とトリフルオロアセチルアミノ基を有する脂溶性化合物（**12**）を組み合わせた[9]。DMSO/H_2O（1/75, v/v）の溶液では，それら両者を溶解させても無蛍光であるが，そこへ NaCN を添加したところ，476 nm に λ_{max} をもつ蛍光バンドの増加が観測された（λ_{ex} = 370 nm）。その OFF-ON 機構は図10に示す。末端に第四級アンモニウム塩をもつシロール（**11**）はその正電荷故に両親媒性を発現する。単に化合物（**12**）を共存させた状態では，**11**と**12**との相互作用はルーズで**11**からの蛍光は弱い。しかしながら，CN^- が**12**のトリフルオロアセチルアミノ基に求核付加反応をおこして形成するシアノ付加体は負電荷を帯びる。その結果，**11**との間で静電的相互作用が粗溶媒相互作用に加わり会合が誘導された。添加 CN^- の濃度と蛍光強度の増加割合との間に直線性が認められたことから，CN^- の定量に成功している。その検出限界は7.74 μM であった。これはミセル様会合に誘導させることで一定程度の分散性がコントロールされていることに依ると思われる。

また，D-グルコースの定量検出に AIE 特性と酵素機能を協働させた研究が報告されている[10]。グルコースオキシターゼ（GOx）は D-グルコースの酸化する働きがある。その際，捕因子であるフラビンアデニンジヌクレオチド（FAD）が還元され $FADH_2$

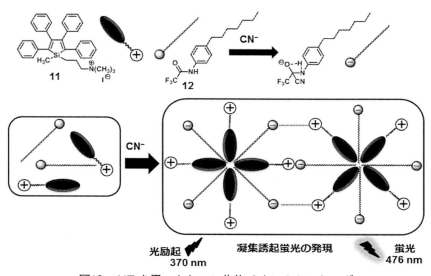

図10　AIE を用いたシアン化物イオンのセンシング

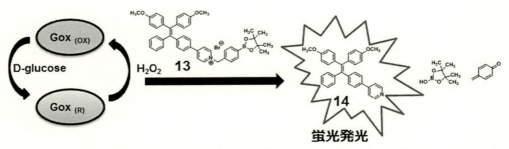

図11 AIEセンサーと酵素を組み合わせたD-グルコースの検出

を生じるが，最終的には酸素によって酸化され，その酸素は過酸化水素（H_2O_2）となる。この副生H_2O_2をセンシングできれば，水溶液中にD-グルコースの定量が可能となる。このセンシングスキームにそって13が合成された。N-4-（ベンジルボロニックピナコールエステル）ピリジニム基はH_2O_2による酸素付加反応，その後の加水分解を受ける。一連の反応結果として13は14に変換し，蛍光発光を導く（図11）。検出実験では，13とGOx含有HEPES緩衝溶液中（10 mM，pH = 7.4）に，種々の濃度のD-グルコースを加えて37℃で90分培養された。その結果，D-グルコースの濃度増加とともに，ほぼ直線的に蛍光強度の増加が観測され，D-グルコースの定量検出が可能になった。その検出限界は3.0 μMと報告されている。本系で検出を完了させるために90分を要することは，センサー利用の観点から課題であるが，合成分子のみによる高感度グルコースセンサーの開発が難しいことを考えると，酵素を介在させた蛍光OFF-ON型グルコースセンサーは興味深い。他方，H_2O_2は代謝反応の副生成物であるので，その生体内動態のモニタリングは生理学的に重要である。最近，爆発物検知を目的とするセキュリティー対策の観点から過酸化水素水の蒸気検出のニーズが増していることも指摘しておきたい。

1.8 近赤外光の利用

蛍光バイオイメージングは，生命現象を高感度かつ多色・動画化に進化しており，医療分野においては予防・診断・治療の高度化に不可欠な技術となっている。しかし，励起光に紫外光や可視光を励起抗光源に用いると，生体内タンパク質の自家蛍光の影響や光散乱といった問題のみならず，退色や光毒性に直面する場合がある。そこで，近赤外光を励起光として用いる蛍光イメージングに注目が集まっている。具体的には，$in\ vivo$での生体高分子の自家蛍光を最小限にかつ深部組織への浸透性を可能にする「光学窓（650〜900 nm；NIR windowともいう）」領域に蛍光を発するプローブが求められてい

る[11]。色素化学では，従来から近赤外線吸収色素の合成提案がおこなわれているが，バイオイメージングに利用できる色素は限定される。今後は，新しい設計指針にそった診断・イメージング用近赤外線発光色素の開発が盛んになるものと思われる。

1.9 結語

　分子認識機能をもつ色素は化学センサーとして定着しつつある。今や高選択的な錯体形成挙動をシグナル化する分子系だけでなく，高選択的な化学反応を誘導させてセンシングする手法も広がりつつある。本稿でスポットをあてた蛍光センシングでは，多彩な読み出しモードが採用できるばかりでなく，高感度な分析ができる点で優れている。分子認識は有機化学者・超分子化学者の特異領域ではなく，分析化学や細胞生物分野へ広く認知されている。バイオイメージングに代表される計測技術の長足の進歩に後押しされて，当該分野はますます高度化するであろう[12]。

文　　献

1) L. Fabbrizzi *et al.*, *Analyst*, **121**, 1763 (1996)
2) T. Nagano *et al.*, *J. Am. Chem. Soc.*, **124**, 6555 (2002)
3) X. Qian *et al.*, *J. Mater. Chem.*, **15**, 2836 (2005)
4) P. Chattopadhyay *et al.*, *RSC Adv.*, **4**, 14919 (2014)
5) W. H. Moolenaar *et al.*, *J. Biol. Chem.*, **280**, 21155 (2005)
6) A. Mordziński *et al.*, *Chem. Phys. Lett.*, **90**, 122 (1982)
7) W. Lin *et al.*, *RSC Adv.*, **6**, 62406 (2016)
8) B. Z. Tang *et al.*, *Chem. Commun.*, 1740 (2001)
9) D. Zhang *et al.*, *Org. Lett.*, **11**, 1943 (2009)
10) D. Zhang *et al.*, *Tetrahedron Lett.*, **55**, 1471 (2014)
11) K. Suzuki *et al.*, *Anal. Sci.*, **30**, 327 (2014)
12) J. S. Kim *et al.*, *Chem. Soc. Rev.*, **45**, 4651 (2016)

2　光線力学的療法用色素の開発

大山陽介[*1]，榎　俊昭[*2]

2.1　はじめに

　一重項酸素（$^1O_2$）発生光増感色素と低出力のレーザー光を用いた光線力学的療法（Photodynamic Therapy：PDT）は，生体への負担が少ない早期癌治療法として注目されている（図1(a)；一重項酸素（$^1O_2$）と基底三重項酸素（$^3O_2$）の電子配置）[1〜5]。PDTのメカニズムは図1(b)に示すように，光照射により癌細胞に吸着した光増感色素（^1Dye）が光励起一重項状態（$^1Dye^*$）を形成し，項間交差（Intersystem Crossing：ISC）により励起三重項状態（$^3Dye^*$）へと移り，基底三重項酸素（$^3O_2$）とのエネルギー移動を伴うISCにより反応活性な$^1O_2$へと変換する（TypeⅡ機構）。すなわち，PDTは，この活性な$^1O_2$が癌細胞を破壊する治療法である。PDT用$^1O_2$発生光増感色素に求められる特性として，①生体治療波長領域（Phototherapeutic Window：生体組織を透過する光の波長650〜900 nm）に強い光吸収を有すること，②$^1Dye^*$から$^3Dye^*$への高効率なISC（$S_1 \rightarrow T_1$）による高い三重項量子収率（Φ_T）を示すこと，③$^3Dye^*$と$^3O_2$との高効率なISCにより高い$^1O_2$発生量子収率（Φ_Δ）を示すこと，④水溶性であること，⑤腫瘍組織に特異的に集積すること（高い腫瘍親和性），⑥光増感色素の光線過敏症による皮膚炎症や発疹を引き起こさないこと，⑦光が存在していないときに（無光照射下）低毒性である，といった項目が挙げられる。一方で，$^3Dye^*$とその周囲に存在する電子供与体（溶媒や基質）間での電子移動により形成される色素ラジカルアニオン（$Dye^{\cdot -}$）から$^3O_2$へと電子移動を伴うTypeⅠ機構によりスーパーオキシド（$O_2^{\cdot -}$）が発生する。$O_2^{\cdot -}$も$^1O_2$と同様に，活性酸素種（Reactive Oxygen Species：ROS）であるが，より強力な癌細胞破壊特性（抗癌作用）を有するのは$^1O_2$と考えられている（図1(b)）。

　$^1O_2$を発生する光増感色素として，ポルフィリン系色素，フタロシアニン系色素，フェノチアジン系色素，キサンテン系色素，フラーレン（C_{60}）誘導体などが知られている[6〜9]。現在，認可され，実際に使用されているPDT用色素としてポルフィリン系色素がある。しかしながら，これらのポルフィリン系色素は，光線過敏症による皮膚炎症や発疹を引き起こすため，ポルフィリン系色素によるPDT施行後は数週間から1ヶ月間は直射日光を避け暗室での生活を強いられる。また，生体治療波長領域における光吸

[*1]　Yousuke Ooyama　広島大学　大学院工学研究院　物質化学工学部門
　　　応用化学専攻　准教授
[*2]　Toshiaki Enoki　広島大学　大学院工学研究科　応用化学専攻

第3章 医療分野

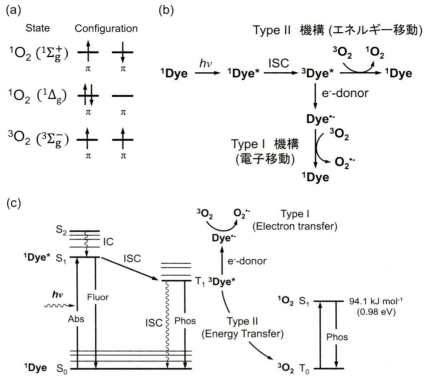

図1 (a) 基底状態と励起状態の酸素分子の電子配置，(b) 光増感色素による活性酸素種の生成および (c) エネルギー状態図（Abs：Absorption, Fluor：Fluorescence, Phos：Phosphorescence, IC：Internal Conversion, ISC：Intersystem Crossing）

収特性が弱く（モル吸光係数（ε）が小さい），PDTの効率が悪いといった欠点がある。近年では，BODIPY（Boron-Dipyrromethene の略称）系光増感色素の開発が盛んであり，$^1O_2$ の発生効率評価と癌細胞破壊率試験により，PDT 用光増感色素としての検討が行われている[10]。さらに最近，癌細胞の蛍光イメージングと PDT の両方を達成する目的から，高い輝度（Brightness：BT＝$\varepsilon \times \Phi_{fl}$（蛍光量子収率））と強い光毒性（癌細胞破壊）作用（Phototoxic Power：PP＝$\varepsilon \times \Phi_\Delta$）を兼ね備えた光増感色素に関心が集まっている。本稿では，光吸収特性や $^1O_2$ 発生効率に及ぼす光増感色素の構造や置換基の影響について概説し，光増感色素開発の最近の動向について紹介する。

2.2 一重項酸素 $^1O_2$ 発生の評価法

光増感色素により生成する $^1O_2$ は求電子剤として振る舞い，図2(a)に示すように，(A)ジエンとの Diels-Alder［4＋2］環化付加反応，(B)オレフィンとの［2＋2］環化付加反応，

および(C)アリル位に水素原子を有するオレフィンとの Schenck-Ene 反応を起こす[11,12]。特に，(A)の反応を利用した $^1O_2$ の間接的な分光学的検出法として，スカベンジャー法が一般的に用いられている。すなわち，1,3-Diphenylisobenzofuran（DPBF：λ^{abs}_{max} = 410〜420 nm）[13] や 1,5-Dihydroxylnaphthalene（DHN：λ^{abs}_{max} = 300 nm）[14] などの $^1O_2$ 捕捉剤（スカベンジャー）と $^1O_2$ との［4+2］環化付加反応を経由した酸化反応を，スカベンジャーの光吸収スペクトルの変化（スカベンジャーの光吸収帯の減衰あるいはスカベンジャー酸化物の光吸収帯の出現）から追跡することで，$^1O_2$ の発生を間接的に評価する方法である（図 2(b)）。スカベンジャー法により $^1O_2$ 発生を定量する方法としては，目的の光増感色素により生成した $^1O_2$ とスカベンジャーの反応による光吸収スペクトルの変化と，メチレンブルーなどの標準光増感色素（ref）を用いた場合の光吸収スペクトル変化および $\Phi_{\Delta ref}$ を比較することで，目的の光増感色素（sam）の $\Phi_{\Delta sam}$ を算出する相対量子収率法がよく用いられる（(1)式）。

$$\Phi_{\Delta sam} = \Phi_{\Delta ref} \times [(m_{sam}/m_{ref}) \times (L_{ref}/L_{sam})] \tag{1}$$

$\Phi_{\Delta sam}$，$\Phi_{\Delta ref}$：目的の光増感色素，標準光増感色素の $^1O_2$ 発生量子収率

m_{sam}，m_{ref}：目的の光増感色素，標準光増感色素を用いた場合における光照射時間に対するスカベンジャーの吸収極大波長（λ^{abs}_{max}）の吸光度変化の傾き

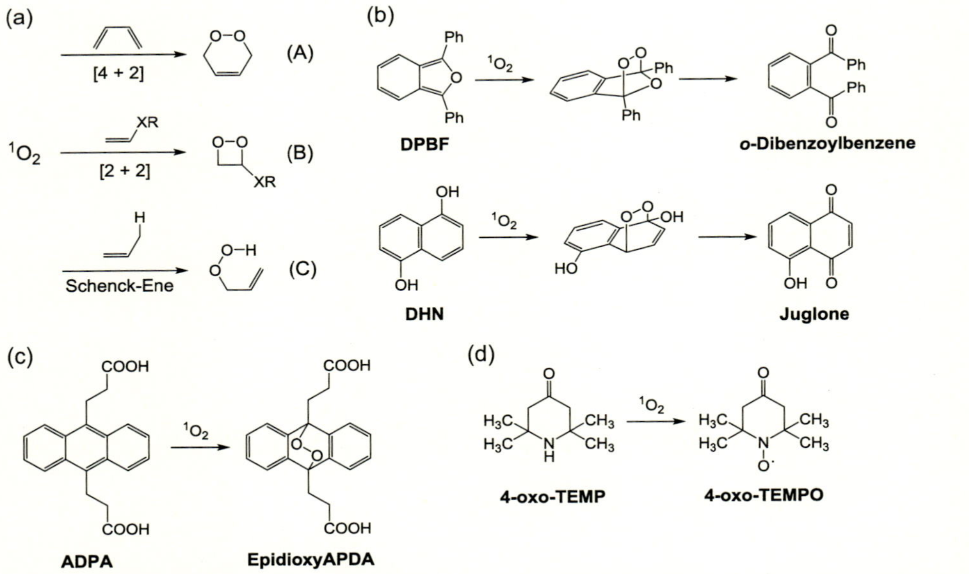

図 2　(a) 一重項酸素とオレフィンの反応，(b), (c) 一重項酸素のスカベンジャー（DPBF と DHN，および (d) スピントラップ剤の 4-oxo-TEMP と一重項酸素の反応

第3章　医療分野

L_{sam}, L_{ref}：光照射波長における目的の光増感色素，標準光増感色素の光捕集効率

（$L = 1-10^{-A}$："A"は，光照射（励起）波長における光増感色素の吸光度）

また，Anthracene-9,10-dipropionic acid（ADPA：$\lambda^{fl}_{max} = 430$ nm）のなどの蛍光性スカベンジャーと $^1O_2$ との［4＋2］環化付加反応による蛍光スペクトルの変化（ADPA の蛍光発光帯の減衰）を追跡することで，$^1O_2$ を検出する方法もある（図2(c)）[15]。

その他，間接的な $^1O_2$ の検出・定量法として，スピントラップ剤である 4-oxo-TEMP と $^1O_2$ の反応により生成する 4-oxo-TEMPO ラジカルの生成を電子スピン共鳴（Electron Paramagnetic Resonance：EPR）法により追跡する方法がある（図2(d)）[8,16]。

一方，直接的な $^1O_2$ の検出・定量法として，光増感色素により生成した $^1O_2$ のりん光 [$^1O_2(^1\Delta_g) \rightarrow {}^3O_2({}^3\Sigma_g^-) + h\nu$（1270 nm；0.98 eV）] を測定する分光学的手法があるが，高価な近赤外蛍光分光光度計を必要とする（図1(c)）[8]。

2.3 ポルフィリン系光増感色素

ポルフィリン系色素は，400～450 nm に強い Soret 帯吸収（$\varepsilon = \sim 10^6 \, M^{-1} \, cm^{-1}$）と 500～700 nm に弱い Q 帯吸収（$\varepsilon = \sim 10^4 \, M^{-1} \, cm^{-1}$）を有しており，生体治療波長領域で光増感作用を有する優れた PDT 用色素として早くから有望視されていた。水溶性のポルフィリン系光増感色素は，ポルフィリン骨格にスルホン酸，スルホン酸塩，カルボン酸，カルボン酸塩，N-アルキルピリジニウム基を導入することで得られる。現在，日本国内で厚生労働省から認可され，実際に使用されている PDT 用ポルフィリン系光増感色素として，ポルフィマーナトリウム（フォトフリン®）とタラポルフィンナトリウム（レザフィリン®）がある（図3(a)）[9]。第1世代光増感剤であるポルフィマーナトリウムの λ^{abs}_{max} は 630 nm であり，生体組織透過性の比較的良好な光波長領域に光吸収帯を有している。一方，第2世代光増感剤であるクロリン骨格のタラポルフィンナトリウムの λ^{abs}_{max} は 650 nm であり，ポルフィリン骨格のポルフィマーナトリウムに比べて，より生体組織内の光吸収物質の影響が少ない光波長領域に光吸収帯を有している。さらに，タラポルフィンナトリウムは，高い腫瘍集積性を示すだけでなく，光線過敏症を軽度に抑えることができることから，優れた PDT 用光増感剤として使用されている。

これまでに，$^1O_2$ 発生効率に及ぼすポルフィリン系光増感色素の中心金属および置換基の効果に関して，多くの知見が蓄積されてきた（図3(a)）[2,17]。フリーベースのテトラ

フェニルポルフィリン（H_2TPP）の Φ_Δ は0.6〜0.7程度であり，ポルフィリン系色素の標準光増感色素として用いられている（図3(a)）。中心金属として Zn^{2+}, Pd^{2+}, Cd^{2+} などの反磁性金属イオンを有するポルフィリン系色素は，高い Φ_Δ を示す。一方，Mn^{2+}, Co^{2+}, Cu^{2+} などの常磁性金属イオンを有するポルフィリン系色素の Φ_Δ は著しく低い。Φ_Δ は，三重項量子収率（Φ_T）および三重項状態の寿命（τ_T）と相関性があり，例えば，ZnTPP（$\Phi_\Delta=0.83$）や PdTPP（$\Phi_\Delta=0.88$）は，高い Φ_T（0.8〜1.0）と長寿命の τ_T（10^3〜$10^4\ \mu s$）を示すが，CoTPP や CuTPP（$\Phi_\Delta=<0.01$）は，著しく低い Φ_T と短寿命の τ_T を示す。一方，中心金属として Pt^{2+} を有する PtTPPS の Φ_Δ（0.06）は低いが，Pt^{4+} が配位したピリジル基を有する Pt4TPyP は，比較的高い Φ_Δ（0.50）を示す[18]。

さらに，興味深い置換基効果として，H_2TPP をスルホ化した H_2TPPS（$\Phi_\Delta=0.58$）やカルボキシル化した H_2TPPC（$\Phi_\Delta=0.56$）にシリル基を導入することで，Φ_Δ が向上する（$H_2TPPSSi$：$\Phi_\Delta=0.66$, $H_2TPPCSi$：$\Phi_\Delta=0.72$）（図3(a)）[19]。また，ジアザポルフィリン H_2DAP は，H_2TPP よりも，高い Φ_Δ（0.92）を示すことが報告されている[20]。

ポルフィリンの構造異性体であるポルフィセンは，赤色領域（630 nm〜）にポルフィリンよりも大きな ε（〜50000 $M^{-1} cm^{-1}$）を有することから，第2世代光増感剤として期待されている。フリーベースのポルフィセン H_2TPPo（$\Phi_T=0.52$, $\Phi_\Delta=0.23$）と中心金属として Cu^{2+} を有するポルフィセン CuTPPo（$\Phi_T=0.35$, $\Phi_\Delta=0.24$）に比べて，中心金属として Pd^{2+} を有するポルフィセン PdTPPo は，高い Φ_T（0.78）と Φ_Δ（0.78）を示す[21]。さらに，臭素置換したポルフィセン $H_2TPrPoBr1-4$ は高い Φ_Δ（0.49〜0.95）を示し[22]，これは，臭素原子の重電子効果によりスピン-軌道相互作用が増大し（一方，Φ_{fl} は減少），Φ_T が向上した結果である（図3(b)）。

ポルフィリン類縁体のルビリンの Se 置換体 RubSe は，633 nm（$\varepsilon=221000\ M^{-1}\ cm^{-1}$）に強い Soret 帯吸収，835 nm（$\varepsilon=42300\ M^{-1}\ cm^{-1}$）と1156 nm（$\varepsilon=121000\ M^{-1}\ cm^{-1}$）に2つの Q 帯吸収を有している（図3(b)）[23]。セレニウムルビリン RubSe は，pH に依存した $^1O_2$ 発生特性を示し，その Φ_Δ は pH 7.4 では低い（0.06）が，pH 5 では高くなる（0.69）。

また，ポルフィリン骨格，クロリン骨格，バクテリオンクロリン骨格の光学特性，電気化学的特性および光増感特性が比較されている。ポルフィリン系色素とクロリン系色素に比べて，バクテリオンクロリン系色素の Q 帯（740 nm 付近）は90 nm ほど長波長側に出現するが，Φ_Δ はやや低い傾向にある（図3(b)：H_2TPP, H_2THPC, H_2THPB）[24]。

近年，短波長領域に弱い Q 帯吸収を有するポルフィリン系色素の欠点を克服するた

第 3 章　医療分野

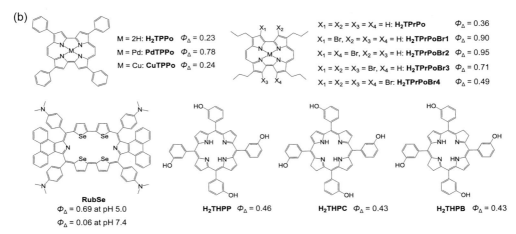

図 3　(a)　タラポルフィンナトリウム，ポルフィマーナトリウム，金属ポルフィリンおよびアザポルフィリン系光増感色素

図 3　(b)　ポルフィセン，ルビリン，ポルフィリン，クロリンおよびバクテリオンクロリン骨格を有する光増感色素

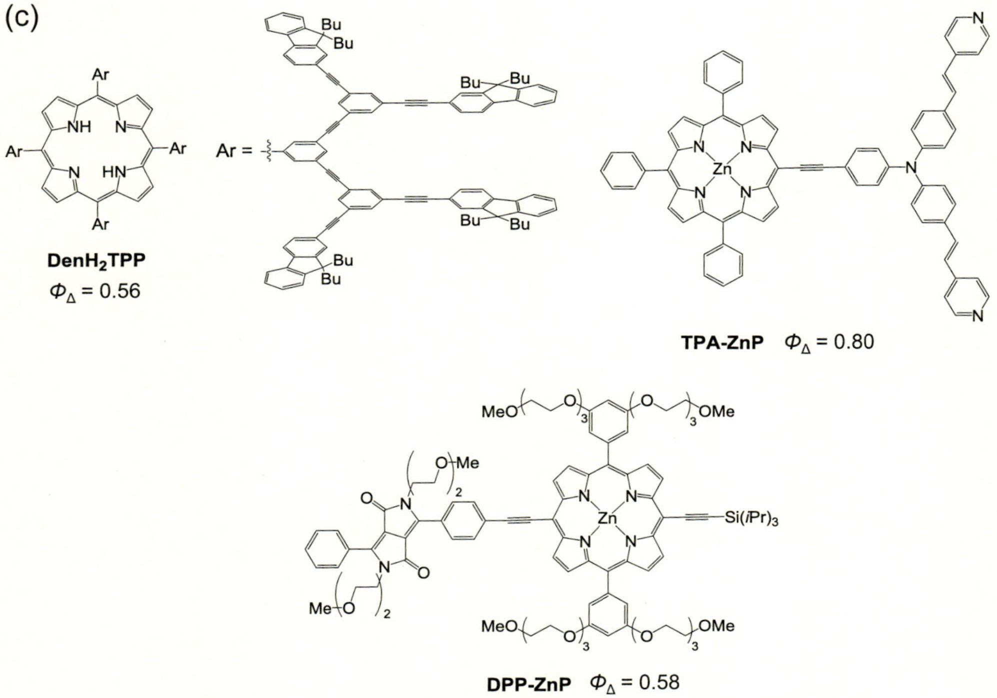

図3 (c) 二光子吸収特性を示すポルフィリン系光増感色素

めに，強い二光子吸収断面積（δ_2/GM）を有するポルフィリン系光増感色素の開発が行われている。二光子吸収（2PA：Two-Photon Absroption）は，分子が二個の光子を同時に吸収して励起される現象である（例えば，色素が1000 nmの光子を二個吸収することで，1000 nmの2倍のエネルギーギャップを有する500 nmの波長で励起したことになる）。したがって，二光子吸収色素を用いることで生体組織透過性が高い近赤外光を使用することができるため，深部の癌細胞だけを狙って治療することができる二光子PDTの実現に期待が寄せられている。例えば，光捕集効率を高めたデンドリマー化DenH$_2$TPP（290 GM@λ^{2PA} = 790 nm），トリフェニルアミノ基を有するTPA-ZnP（251 GM@λ^{2PA} = 830 nm）やジケトピロロピロールを導入したDPP-ZnP（2000 GM@λ^{2PA} = 910 nm）が，二光子吸収特性を示すポルフィリン系光増感色素として分子設計・合成されている[25~27]（図3(c)）。

以上のように，現在も新規なポルフィリン系光増感色素の分子設計・合成が活発に行われており，光・電気化学的特性や^{1}O$_2$発生効率に及ぼす中心金属や置換基の影響が調べられている。

2.4 フタロシアニン系光増感色素

フタロシアニン系色素は，300〜400 nm に弱い Soret 帯吸収と 650 nm 以上に強い Q 帯吸収（$\varepsilon = \sim 10^5 \text{ M}^{-1}\text{cm}^{-1}$）を有している。ポルフィリン系色素が Soret 帯吸収で強い光捕集効率を示すのに対し，フタロシアニン系色素は Q 帯吸収で強い光捕集効率を示すことから，生体治療波長領域で光増感作用を有する優れた PDT 用第 2 世代光増感剤として期待されている。顔料であるフタロシアニン系色素に水溶性を付与するには，フタロシアニン骨格にスルホン酸，スルホン酸塩，カルボン酸，カルボン酸塩を導入することが効果的である。一方，フタロシアニン系色素は，溶液中において強い π-π 相互作用と疎水性相互作用によりスタッキングした二量体や多量体などの凝集体を形成する。この凝集体の形成は，Q 帯吸収の短波長シフトに導くだけでなく，励起状態の失活（色素間でのエネルギー失活）を引き起こすため，光捕集効率，Φ_T および Φ_Δ を低下させる。そこで，グルコース，ガラクトースあるいはシクロデキストリンといった嵩高く水溶性の置換基をフタロシアニン骨格導入することで，凝集体の抑制が達成されている（図 4(a)）[2, 28〜30]。

ポルフィリン系光増感色素と同様に，フリーベースのフタロシアニン（Pc）に比べて，中心金属として Zn^{2+} や Al^{3+} などの反磁性金属イオンを有する Pc 系色素は，高い Φ_Δ を示すが，Co^{2+} や Cu^{2+} などの常磁性金属イオンを有する Pc 系色素の Φ_Δ は著しく低い（図 4(a), (b)）[2]。これは，反磁性金属 Pc 系光増感色素が，長寿命の三重項状態（$\tau_T = 10^2 \mu\text{s}$）を示すことに起因している。中心金属として Zn^{2+} を有する ZnPc の Φ_Δ は 0.5〜0.6 程度であり，Pc 系色素の標準光増感色素として用いられている。

テトラピラジノポルフィラジン系色素は，Pc のアザ類縁体であり，蛍光発光性と $^1O_2$ 発生特性を兼ね備えていることから，近年，光・電気化学的特性や $^1O_2$ 発生効率に及ぼす中心金属や置換基の効果に興味が持たれている。嵩高いフェノール基を有するテトラピラジノポルフィラジン系色素は，溶液中において凝集体を形成しておらず，単体由来の光物性を示す（図 4(c)）。フリーベースの TPyzPzsPO（$\lambda^{\text{abs}}_{\text{max}}$ は 672 nm，$\Phi_{\text{fl}} = 0.036$，$\Phi_\Delta = 0.056$）に比べて，中心金属として Zn^{2+} を有する ZnTPyzPzsPO（$\lambda^{\text{abs}}_{\text{max}}$ は 651 nm）は，高い Φ_{fl}（0.28）と Φ_Δ（0.58）を示す[31]。

このように，フタロシアニン系光増感色素は，生体治療波長領域に強い Q 帯吸収を有しているだけでなく，比較的高い $^1O_2$ 発生効率を示すことから，構造と $^1O_2$ 発生特性の相関性に関する研究が活発に行われており，PDT 用第 2 世代光増感剤としての実用化が期待される。

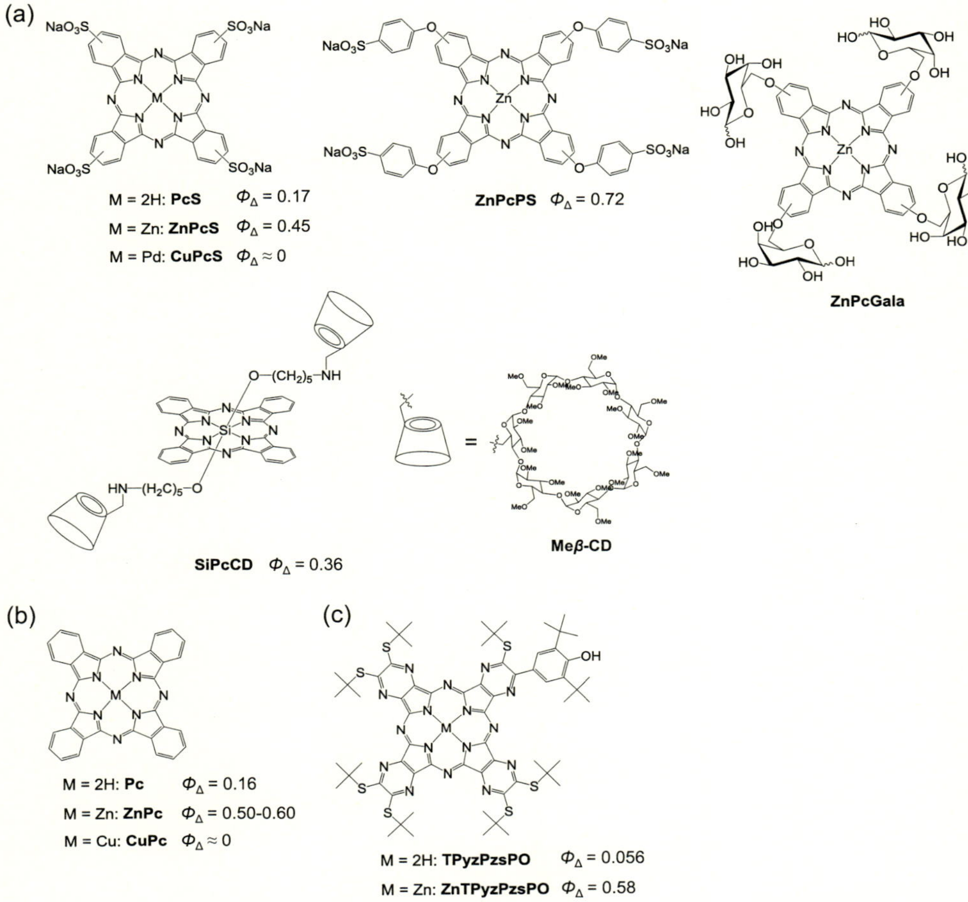

図4 (a) 水溶性を付与したフタロシアニン，(b) 金属フタロシアニン，および
(c) テトラピラジノポルフィラジン系光増感色素

2.5 BODIPY系光増感色素

　Boron-Dipyrromethene（BODIPY）系色素は，光安定性に優れ，赤色・近赤外光領域までおよぶ強い光吸収と蛍光発光特性を有していることから，近年，有機発光ダイオード（OLED）や色素増感太陽電池（DSSC）などのオプトエレクトロニクスデバイスへの応用，光学センサーおよびPDT用光増感色素としての利用が期待されており，BODIPY系色素の光物性，電気化学的特性，光増感特性および光電変換特性に関する研究が盛んである。

　多くのBODIPY系色素は，500〜550 nm（$\varepsilon = \sim 10^5 \text{ M}^{-1}\text{ cm}^{-1}$）付近に吸収極大波長を有していることから，生体治療波長領域（650〜900 nm）での利用が難しい。そこで，

第3章 医療分野

BODIPY系色素の吸収極大波長に及ぼす置換基効果が調べられてきた[10]。BODIPY骨格の3位と5位へのスチリル基の導入は，吸収極大波長を100 nmほど長波長シフトさせる（図5(a)；BODIPY-P1（$\lambda^{abs}_{max}=498$ nm），Sty-BODIPY-P1（$\lambda^{abs}_{max}=599$ nm））[32]。また，BODIPY骨格の2位と6位に臭素原子またはヨウ素原子を導入することにより，吸収極大波長はそれぞれ，30 nmまたは50 nmほど長波長シフトする（図5(a)；I2-BODIPY-P1（$\lambda^{abs}_{max}=529$ nm））[33]。また，BODIPY色素は，高いΦ_{fl}を有しているためΦ_Tが低く，PDTへの使用に適していない。BODIPY骨格上への臭素原子やヨウ素原子などの重原子の導入は，重原子効果によるスピン-軌道相互作用を増大（一方，Φ_{fl}は減少）させて，Φ_TとΦ_Δを劇的に向上することが明らかとなっている（図5(a)；BODIPY-P1（$\Phi_{fl}=0.65$，$\Phi_\Delta\approx0$），I2-BODIPY-P1（$\Phi_{fl}=0.02$，$\Phi_\Delta=0.83$））。1,3,5,7-テトラメチルTMBODIPY-1を2,8'位および8,8'位で二量化したTMBODIPY-D28とTMBODIPY-D88は，単量体に比べて高いΦ_Δを示すことが報告されている[34]。非縮環型BODIPY系色素（図5(a)；BODIPY-T2：$\lambda^{abs}_{max}=529$ nm）に比べて，チエノピロール縮環型BODIPY系色素（図5(b)；T2-BODIPY：$\lambda^{abs}_{max}=571$ nm）の光吸収スペクトルは40 nmほど長波長シフトしており，縮環型BODIPY系色素の中には700 nm付近に吸収極大波長を有するものもある（図5(b)）[35]。さらに，縮環型BODIPY骨格上に臭素原子を導入することでΦ_{fl}は減少するが，吸収極大波長の長波長シフトとΦ_Δが劇的に向上することが報告されている（図5(b)）[36]。例えば，T2-BODIPY-T2（$\Phi_{fl}\approx0.2$，$\Phi_\Delta\approx0$）に比べて，T2-BODIPY-T2Br2のΦ_{fl}（0.04）は低いが，Φ_Δ（0.63）は非常に高い。

上述したように，BODIPYコア上に導入した臭素原子やヨウ素原子の重原子効果によるスピン-軌道相互作用の結果，Φ_{fl}は減少し，Φ_Tを高めることができるが，臭素原子やヨウ素原子の存在は，無光照射下で毒性を発生させる。一方で，最近，癌細胞の蛍光イメージングとPDTの両方を達成する目的から，高い輝度（Brightness：BT$=\varepsilon\times\Phi_{fl}$）と強い光毒性（癌細胞破壊）作用（Phototoxic Power：PP$=\varepsilon\times\Phi_\Delta$）を兼ね備えた光増感色素に関心が集まっている。D'SouzaとYouらは，重原子置換をしていないチエノピロール縮環型BODIPY系色素T-BODIPY-P1（R＝H）が，690 nm付近に高いε（120000 M^{-1}cm^{-1}）と中程度のΦ_{fl}（0.22）を有しており，比較的高いΦ_Δ（0.42），BT（26400 M^{-1}cm^{-1}）およびPP（50400 M^{-1}cm^{-1}）を示すことを報告している（図5(b)）[37]。さらに，一連のT-BODIPY-Ps（$\lambda^{abs}_{max}=688\sim738$ nm，$\varepsilon=120000\sim287000$ M^{-1}cm^{-1}）の$^1O_2$発生特性に及ぼす電子求引性基と電子供与性基の影響について調査し，電子求引性基はHOMO-LUMOエネルギーギャップとΦ_Δを増加させることがわかった。電子供与性基を有するT-BODIPY-P4（R＝CH$_3$），T-BODIPY-P5（R＝OCH$_3$）

およびT-BODIPY-P6（R=OH）は，$^1O_2$発生特性を示さない。一方，電子求引性基を有するT-BODIPY-P2（R=CF$_3$）は，高いε（211000 M^{-1} cm^{-1}）とバランスのとれたΦ_{fl}（0.39）とΦ_Δ（0.47）を示すことから，優れたBT（82290 M^{-1} cm^{-1}）とPP（99170 M^{-1} cm^{-1}）を兼備している。T-BODIPY-Ps誘導体に関して，高い$^1O_2$発生特性（Φ_Δ＞0.2）を示すためには，1.5 eV以上のHOMO-LUMOエネルギーギャップが必要であることを示唆している。

Aza-BODIPY系色素は，生体治療波長領域に強い光吸収特性と比較的良好な蛍光発光特性を示す。Aza-BODIPY系色素の光吸収スペクトルは，BODIPY系色素に比べて100 nmほど長波長シフトし，650〜700 nm付近に高いε（〜10^5 M^{-1} cm^{-1}）を持った吸収極大波長を示す。さらに，Aza-BODIPY系色素は，BODIPY系色素と同様に顕著な重原子効果を示し，臭素原子やヨウ素原子などの重原子をAza-BODIPY骨格上に導入することでΦ_{fl}が減少し，それに伴いΦ_TとΦ_Δが劇的に向上することが明らかとなっている（図5(c)）。例えば，Aza-BODIPY-1-6に関して，ヨウ素原子を導入したAza-BODIPY-6は，680 nm（ε＝約50000 M^{-1} cm^{-1}）付近に吸収極大波長を有し，高いΦ_T（0.86）とΦ_Δ（0.80）を示す[38]。

以上のように，BODIPY系色素は，高いε，Φ_{fl}とΦ_Δおよび高い光安定性を有していることから，新しいPDT用光増感色素群を構築できるものと期待できる。しかしながら，これまでに開発された多くのBODIPY系光増感色素の光吸収波長は500〜600 nmに留まっており，生体治療波長領域で良好な光増感作用を発揮するためには，光捕集領域の長波長化が課題である。

2.6 キサンテン系およびフェノチアジニウム系光増感色素

ローズベンガル（RB），フルオレセイン，エオシンブルー，エリスロシンBおよびローダミン（Rhod）などのキサンテン系色素，およびメチレンブルー（MB）などのフェノチアジニウム系色素は，550〜650 nm（ε＝〜10^5 M^{-1} cm^{-1}）付近に吸収極大波長を有している。これらのキサンテン系とフェノチアジニウム系色素は，$^1O_2$（$^1\Delta_g$）と$^3O_2$（$^3\Sigma_g^-$）とのエネルギー差（94.1 kJ mol^{-1}≈1270 nm（$^1O_2$のりん光発光波長）≈0.98 eV）に近い励起三重項エネルギー準位（色素の基底状態（^{1}Dye）と励起三重項状態（^{3}Dye*）のエネルギー差）を有していることから（図1(c)），^{3}Dye*-$^1O_2$間での効率的なエネルギー移動により高いΦ_Δを示す優れた光増感色素である（図6(a)）[2,39]。RBとMBのΦ_Δは，それぞれ，0.7〜0.8と0.5〜0.6程度であり，キサンテン系およびフェノチアジニウム系色素の標準光増感色素として用いられている。

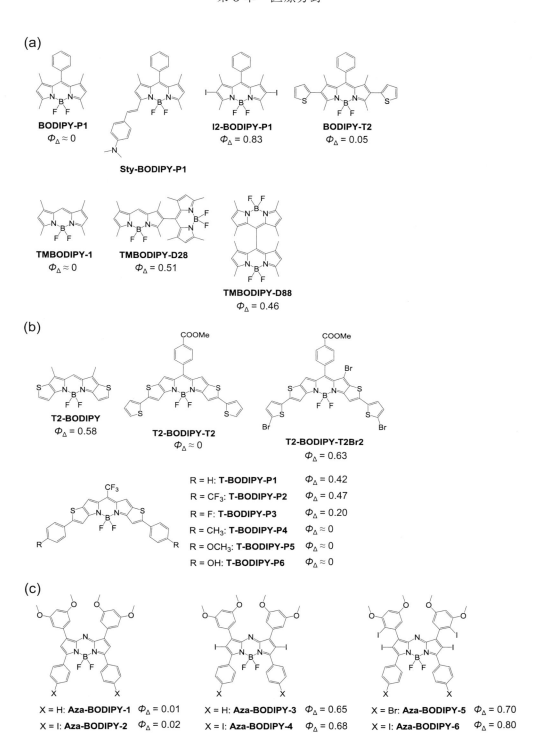

図5 (a) ハロゲン置換 BODIPY と BODIPY 二量体，(b) 縮環型 BODIPY，および (c) Aza–BODIPY 系光増感色素

キサンテン系およびフェノチアジニウム系色素の光・電気化学的特性に関する多くの研究結果から，キサンテン骨格への臭素原子またはヨウ素原子を導入により，吸収極大波長は長波長シフトし，ハロゲン原子の重原子効果によりΦ_TとΦ_Δが向上することが明らかとなっている。したがって，テトラヨード置換のRBやエリスロシンBは，効率的な光増感色素である（図6(a)）[40]。Dettyらは，ローダミン系／ローザミン系色素の架橋原子をS，SeおよびTeで置換した類縁体TMR-Eを合成し（図6(b)）[41]，光学特性および$^1O_2$発生効率に及ぼすカルコゲン原子の効果について調べた結果，O（0.84）＜S（0.44）＜Se（0.009）＜Te（＜0.005）の順にΦ_{fl}が減少し，O（0.08）＜S（0.21）＜Te（0.43）＜Se（0.87）の順にΦ_Δが増大することを報告している。この結果は，カルコゲン原子の重原子効果と良い一致を示しており，Teの比較的低いΦ_Δは短寿命のτ_Tに起因していると考察している。さらに，ローザミン系色素の置換基効果について調べ，9位への嵩高いフェニル置換基の導入（MeTMR-Te，3MeTMR-Te）やジュロリ

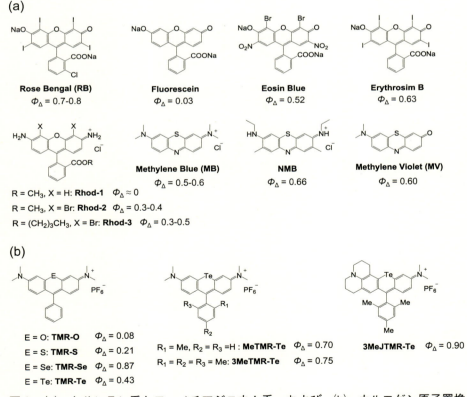

図6 (a) キサンテン系とフェノチアジニウム系，および (b) カルコゲン原子置換 (S，Se，Te) したローダミン系／ローザミン系光増感色素

第3章　医療分野

ジン環への置換（3MeJTMR-Te）は，色素の光励起状態（S_1）からの無輻射失活を引き起こす置換基の自由回転を抑制し，結果として高効率な ISC（$S_1 \rightarrow T_1$）と高い Φ_Δ に導くことを報告している[42]。

以上のように，多くのキサンテン系およびフェノチアジニウム系色素は高い Φ_Δ を有しているが，高い Φ_Δ を示すこれらの色素の光吸収波長は650 nm以下に留まっており，生体治療波長領域で効率的に利用するためには，光捕集領域のさらなる長波長化が課題である。

2.7　ピリリウム系，アジニウム系およびスクアリン系光増感色素

ピリリウム系色素およびピリジニウム環やピラジニウム環を有するアジニウム系色素は，良好な水溶性と腫瘍親和性（吸着性）を有し，600〜800 nm（$\varepsilon = 10^4 \sim 10^5$ $M^{-1} cm^{-1}$）付近に幅広い光吸収特性を示す。Dettyらは，一連のカルコゲン原子（O，S，Se，Te）含有ピリリウム系色素 PYP-E および PY-E を合成し，光学特性および $^1O_2$ 発生効率に及ぼすカルコゲン原子の影響を調査した（図7(a)）[43,44]。PYP-Eに関して，PYP-O（$\lambda^{abs}_{max} = 593$ nm，$\Phi_\Delta = 0.0004$）＜ PYP-S（$\lambda^{abs}_{max} = 685$ nm，$\Phi_\Delta = 0.0006$）＜ PYP-Se（$\lambda^{abs}_{max} = 730$ nm，$\Phi_\Delta = 0.014$）＜ PYP-Te（$\lambda^{abs}_{max} = 810$ nm，$\Phi_\Delta = 0.12$）の順に吸収極大波長が長波長シフトし，OやSに比べてSeやTe含有ピリリウム系色素は，その重原子効果により Φ_Δ が増大することを報告している。また，Te含有のPY-Teは，672 nm（$\varepsilon =$ 約55000 $M^{-1} cm^{-1}$）に吸収極大を有しており，その Φ_Δ は0.037を示した。一方，大山らは，Br^- あるいは I^- をカウンターアニオンとして有するD-π-A型ピラジニウム系色素 OEJ-1 と OEJ-2（電子供与性基：D，π骨格，電子求引性基：A）を分子設計・合成し，光学特性および $^1O_2$ 発生効率に及ぼすハロゲン原子の影響を調査した（図7(b)）[45]。OEJ-1 と OEJ-2 は，500〜700 nm に幅広い光吸収特性を示した。Br^- を有する OEJ-1（$\Phi_\Delta = 0.17$）に比べて，I^- を有する OEJ-2 は長波長領域に光吸収帯を有し，比較的高い Φ_Δ（0.22）を示すことを報告している。この結果は，Br^- よりも優れた I^- の重原子効果に起因していると考察している。

スクアリン系色素は1965年に合成されて以来，赤色・近赤外線吸収色素として情報記録，OLED，有機系太陽電池などのオプトエレクトロニクスデバイスへの応用展開が試みられてきた。PDT用光増感色素として開発されたスクアリン系色素 BTSQ（$\lambda^{abs}_{max} = 682$ nm，$\varepsilon = 295000$ $M^{-1} cm^{-1}$）は，0.05の Φ_Δ を示す[46]。一方，二光子吸収特性を有する PyrrSQ-1-3 は，700 nm 付近に吸収極大波長と0.025〜0.33程度の Φ_Δ を示すことが報告されている（図7(c)）[47]。また，ハロゲン原子の重原子効果により Φ_Δ が向上する

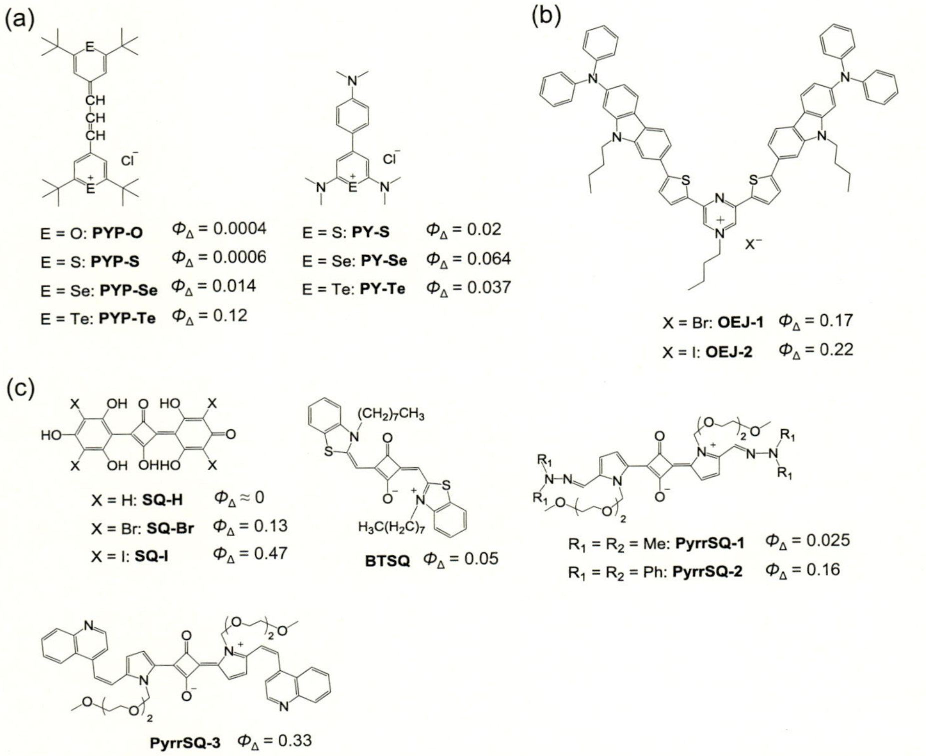

図7 (a) ピリリウム系，(b) アジニウム系，および (c) スクアリン系光増感色素

ことが明らかとなっている（図7(c)；SQ-H, SQ-Br, SQ-I）[48]。

このように，ピリリウム系，アジニウム系およびスクアリン系光増感色素は，優れた水溶性と腫瘍親和性，および生体治療波長領域に良好な光吸収特性を有するが，$^1O_2$ 発生効率が低い。色素骨格の修飾と $^1O_2$ 発生効率に関する研究が必要である。

2.8 複素多環系光増感色素

ペリレンジイミド（PDI）は，500〜600 nm（$\varepsilon = 10^4 \, M^{-1} \, cm^{-1}$）に光吸収極大波長を有し，高い化学的耐久性と光・熱的安定性を有していることから，光学センサー，バイオセンサーおよびオプトエレクトロニクス用色素として広く利用されてきた。PDIの $^1O_2$ 発生特性に関する研究例は少ないが，$^1O_2$ 発生効率に及ぼす PDI 骨格への置換基効果が調べられている（図8(a)）。PDI 骨格の1,7位あるいは2,5,8,11位を臭素原子で2置換あるいは4置換した PDI-Br2 と PDI-Br4 は，臭素原子の重原子効果により，高い Φ_Δ（それぞれ0.23と0.85）を示すことが報告されている[49]。一方，PDI 骨格の1,7位

第3章　医療分野

あるいは2,5,8,11位をフェニルエチニル基で2置換あるいは4置換することでも（PDI-PhE2とPDI-PhE4），比較的高い Φ_Δ を示す。特に，4つのフェニルエチニル基を導入したPDI-PhE4の Φ_Δ は，約0.6にまで達している。2,5,8,11位に para 置換アリール基を導入したAryl-PDI（λ^{abs}_{max} = 約530 nm）は，無置換PDI（λ^{abs}_{max} = 525 nm）に比べて高い Φ_T と Φ_Δ を示す[50]。メチルチオキシフェニル基導入したMeSPh-PDIの Φ_Δ は0.8であり，非常に高くなっている。また，Φ_T はPh-PDI（0.08）＜MeOPh-PDI（0.54）＜MeSPh-PDI（0.86）の順に増大しており，これはスピン-軌道相互作用が増大したことに起因していると考察している。

2位と6位の一方あるいは両方を4級アンモニウム塩含有アルキルアミノ基で置換した一連のナフタレンジイミド（NDI）は，高い水溶性を有し，500～600 nmに光吸収帯を示す（図8(a)：NDI-n2N3Br，NDI-n3N3Br，NDI-n2N4，NDI-n3N4）。NDI-n2N3BrとNDI-n3N3Brは，臭素原子の重原子効果により高い Φ_Δ（0.4～0.6程度）を示す。一方，NDI-n3N4は，臭素原子を有していないが，中程度の Φ_Δ（0.3）を示す[51]。

一方，ベンゾフェノンなどの芳香族カルボニル化合物は，低いエネルギー準位に位置する n–π* 励起状態を有することから，^{1}Dye* から ^{3}Dye* への高効率な ISC（$S_1 \rightarrow T_1$）を示す。この高効率な ISC の理由は，①$^1(\pi$–$\pi)^* \rightarrow {}^3(\pi$–$\pi)^*$ は禁制遷移であるが，$^1(n$–$\pi)^* \rightarrow {}^3(\pi$–$\pi)^*$ は許容遷移である，② n 軌道と π 軌道の空間的隔離により n–π* 遷移に関する電子交換エネルギーは小さいことから，芳香族カルボニル化合物の S_1 と T_1 間のエネルギーギャップは小さい，ためである（図1(b)）。Zhaoらは，芳香族カルボニル化合物である一連のケトクマリン系色素KCOU-1-5が，光吸特性は短波長領域（λ^{abs}_{max} = 約450 nm，ε = 約10000 $M^{-1} cm^{-1}$）にあるが（図8(b)），長寿命の三重項状態の（τ_T）を有し，中程度の $^1O_2$ 発生特性を示すことを報告している（Φ_Δ = 0.28～0.48）[52]。

その他，水溶性のビスアリーリデンシクロアルカノン色素AC-1とAC-2の吸収極大波長は，約480 nm（ε = 約60000 $M^{-1} cm^{-1}$）と短波長領域ではあるが，二光子吸収特性（AC-1：約900 GM@λ^{2PA} = 820 nm，AC-2：約1100 GM@λ^{2PA} = 820 nm）を有しており，中程度の Φ_Δ（AC-1：0.26，AC-2：0.14）を示す（図8(c)）[53]。

以上のように，複素多環系光増感色素は，比較的良好 $^1O_2$ 発生特性を有するが，多くの複素多環系光増感色素の光吸収帯は，生体治療波長領域（650～900 nm）よりも短波長側にある。PDT用光増感色素としての応用を図るためには，光捕集領域のさらなる長波長化が課題である。

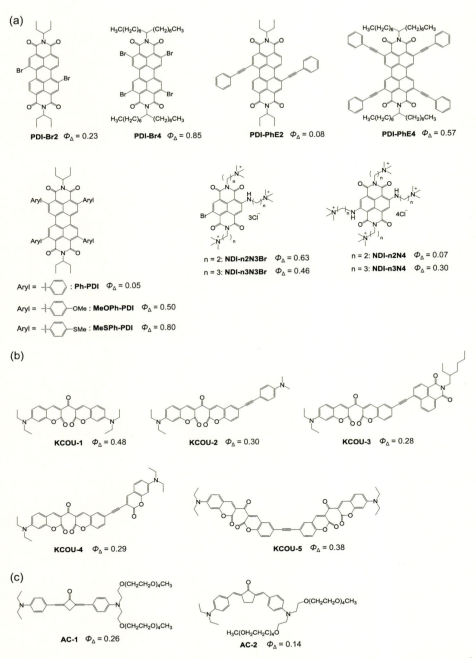

図8 (a) ペリレンジイミド系とナフタレンジイミド系，(b) ケトクマリン系，および (c) ビスアリーリデンシクロアルカノン系光増感色素

第3章　医療分野

2.9　遷移金属（Ru, Pt, Ir）錯体系光増感色素

Ru，Pt，Ir などの遷移金属錯体系光色素は，可視領域（350～550 nm）に Metal-to-Ligand Charge Transfer（MLCT）に由来するブロードな光吸収特性，遷移金属の重原子による高効率な ISC（$S_1 \rightarrow T_1$），長寿命の ^{3}MLCT 励起状態とりん光発光特性を有することから，有望な PDT 用 $^1O_2$ 発生光増感色素である。

$^1O_2$ 発生特性に関して活発に調査された遷移金属錯体は，トリスジイミン Ru(II) 錯体 [Ru^{II}(N^N)$_3$]$^{2+}$ である（図9(a)）[54,55]。多くの Ru(II) 錯体は，450～550 nm（ε = ~10^4 M^{-1} cm^{-1}）付近に MLCT に由来する吸収帯を示す。Ru(II) 錯体の $\varPhi_\Delta$ は，配位子の影響を強く受ける。トリス(2,2'-ビピリジル)ルテニウム(II) 錯体 [Ru(bpy)$_3$]$^{2+}$ の $\varPhi_\Delta$ は，重水中で0.22，重メタノール中で0.73程度であるが，トリス(4,7-ジフェニル-1,10-フェナントロリン)ルテニウム(II) 錯体 [Ru(dpp)$_3$]$^{2+}$ の $\varPhi_\Delta$ は，重水中で0.42，重メタノール中で0.97である。また，1,10-フェナントロリン配位子の4位と7位にベンゼンスルホン酸ナトリウム塩を有する Ru(II) 錯体 [Ru(dpds)$_3$]$^{2+}$ は，良好な水溶性と重水中で0.42および重メタノール中で約1.0の高い $\varPhi_\Delta$ を示す。

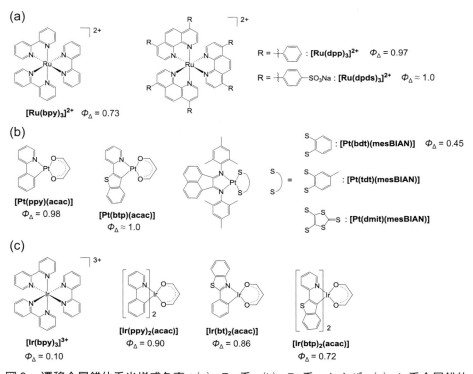

図9　遷移金属錯体系光増感色素：(a) Ru系，(b) Pt系，および (c) Ir系金属錯体

Pt(Ⅱ)錯体の中には，光化学的に不安定なものもあるが，非常に良好な $^1O_2$ 発生特性を示す（図9(b)）。モノアニオン性の配位子（C^N）を有するシクロメタル-ジケトナート化Pt(Ⅱ)錯体 [Pt(C^N)(O^O)] は，350〜450 nm 付近（$\varepsilon = 2000 \sim 6000\,M^{-1}\,cm^{-1}$）にMLCTに由来するブロードな吸収帯を示す。例えば，シクロメタル化配位子として2-フェニルピリジン（ppy）および2,2'-ベンゾチエノピリジン（btp）をそれぞれ有する [Pt(ppy)(acac)] と [Pt(btp)(acac)]（acac：アセチルアセトン）の光吸収帯は短波長領域ではあるが，重メタノール中においてその Φ_Δ は1に近い[56]。一方，ジイミン-アリールジチオレート白金(Ⅱ)錯体 [Pt(S^S)(mesBIAN)]（mesBIAN：ビスメシチルビアザナフテンキノン）は，750 nm（$\varepsilon = \sim 10^4\,M^{-1}\,cm^{-1}$）付近に比較的強いMLCT吸収帯を有しており，[Pt(bdt)(mesBIAN)] においては中程度の Φ_Δ（0.45）を示す（図9(b)：[Pt(bdt)(mesBIAN)]，[Pt(tdt)(mesBIAN)]，[Pt(dmit)(mesBIAN)]）[57]。

　Ir(Ⅲ)錯体の $^1O_2$ 発生特性に関する研究は比較的若く，現在も新規なIr(Ⅲ)錯体光増感色素の開発が盛んである[58]。アセトニトリル中において，トリス(2,2'-ビピリジル)イリジウム(Ⅲ)錯体 $[Ir(bpy)_3]^{3+}$ の Φ_Δ は0.1程度であり，$[Ru(bpy)_3]^{2+}$（$\Phi_\Delta = 0.57$）に比べて非常に低い（図9(c)）。一方，Thompsonらは，ジシクロメタル-ジケトナート化Ir(Ⅲ)錯体 $[Ir(C^\wedge N)_2(O^\wedge O)]$ が長寿命の τ_T と高い Φ_Δ を示すことを報告している（図9(c)：$[Ir(ppy)_2(acac)]$，$[Ir(bt)_2(acac)]$，$[Ir(btp)_2(acac)]$）[55,56]。例えば，2-フェニルピリジン（ppy）とアセチルアセトン（acac）のシクロメタル化Ir(Ⅲ)錯体 $[Ir(ppy)_2(acac)]$ の Φ_Δ は0.9である。

　以上のように，遷移金属系光増感色素は高い Φ_Δ を有しているが，その光吸収波長は500 nm以下に留まっており，生体治療波長領域で効率的に利用するためには，光捕集領域のさらなる長波長化が課題である。また，水溶性と無光照射下での低毒性の改善が望まれる。

2.10　おわりに

　本稿では，色素骨格別にPDT用光増感色素の光吸収特性，$^1O_2$ 発生特性および水溶性を示し，それぞれの色素骨格について光増感色素としての長所と短所について論じた。色素骨格への臭素原子やヨウ素原子などの重原子の導入は，スピン-軌道相互作用の増大（一方，蛍光発光性は減少）によりISC（$S_1 \rightarrow T_1$）を促進させ，高い Φ_T に導く。しかしながら，臭素原子やヨウ素原子の導入は，無光照射下で毒性を発生させることから，ハロゲン原子フリーの光増感色素の開発が望まれている。近年では，癌細胞の蛍光イメージングとPDTの両方を達成する目的から，高い輝度（Brightness：$BT = \varepsilon \times \Phi_{fl}$）

第 3 章　医療分野

と強い光毒性作用（Phototoxic Power：PP＝$\varepsilon \times \Phi_\Delta$）を兼ね備えた光増感色素に関心が高まっている。特に，BODIPY 系色素は，ハロゲン原子フリーにおいても高い BT と PP 特性を有することから，新たな PDT 用光増感色素群になるものと期待できる。しかしながら，本稿で示した高効率な $^1O_2$ 発生光増感色素は，生体治療波長領域 (650～900 nm) に光吸収を有する既存のポルフィリン骨格や BODIPY 骨格を基にしたものであり，新しい PDT 用色素骨格の分子設計・開発が停滞しているのが現状である。今後，PDT による早期癌治療法の成績向上と普及を促進することを目指すためには，高い BT と PP 特性を有する新しい光増感色素群の構築に挑戦し，PDT 用光増感色素としての可能性を提案することが必要であろう。

文　　　献

1) J. F. Lovell, T. W. B. Liu, J. Chen, G. Zheng, *Chem. Rev.*, **110**, 2839 (2010)
2) M. C. DeRosa, R. J. Crutchley, *Coord. Chem. Rev.*, **233-234**, 351 (2002)
3) M. Pawlicki, H. A. Collins, R. G. Denning, H. L. Anderson, *Angew. Chem. Int. Ed.*, **48**, 3244 (2009)
4) T. Patrice, "Photodynamic Therapy", Royal Society of Chemistry (2003)
5) J. M. Dąbrowski, L. G. Arnaut, *Photochem. Photobiol. Sci.*, **14**, 1765 (2015)
6) R. W. Redmond, J. N. Gamlin, *Photochem. Photobiol.*, **70**(4), 391 (1999)
7) J. W. Arbogast, C. S. Foote, *J. Am. Chem. Soc.*, **113**, 8886 (1991)
8) Y. Yamakoshi, N. Umezawa, A. Ryu, K. Arakane, N. Miyata, Y. Goda, T. Masumizu, T. Nagano, *J. Am. Chem. Soc.*, **125**, 12803 (2003)
9) M. Ethirajan, Y. Chen, P. Joshi, R. K. Pandey, *Chem. Soc. Rev.*, **40**, 340 (2011)
10) S. G. Awuah, Y. You, *RSC Adv.*, **2**, 11169 (2012)
11) M. Prein, W. Adam, *Angew. Chem. Int. Ed.*, **35**, 477 (1996)
12) A. Greer, *Acc. Chem. Res.*, **39**(11), 797 (2006)
13) K. Golinick, A. Griesbeck, *Tetrahedron*, **41**, 2057 (1985)
14) S. Takizawa, R. Aboshi, S. Murata, *Photochem. Photobiol. Sci.*, **10**, 895 (2011)
15) J.-M. Aubry, B. Mandard-cazin, M. Rougee, R. V. Bensasson, *J. Am. Chem. Soc.*, **117**, 9159 (1995)
16) S. Oriana, S. Aroua, J. O. B. Söllner, X.-J. Ma, Y. Iwamoto, Y. Yamakoshi, *Chem. Commun.*, **49**, 9302 (2013)

17) R. Bonnett, *Chem. Soc. Rev.*, **24**, 19 (1995)
18) M. Prein, W. Adam, *Angew. Chem. Int. Ed.*, **53**, 6938 (2014)
19) H. Horiuchi, M. Hosaka, H. Mashio, M. Terata, S. Ishida, S. Kyushin, T. Okutsu, T. Takeuchi, H. Hiratsuka, *Chem. Eur. J.*, **20**, 6054 (2014)
20) H. Shinmori, F. Kodaira, S. Matsugo, S. Kawabata, A. Osuka, *Chem. Lett.*, **34**(3), 322 (2005)
21) N. Rubio, F. Prat, N. Bou, J. I. Borrell, J. Teixidó, Á. Villanueva, Á. Juarranz, M. Cañete, J. C. Stockert, S. Nonell, *New J. Chem.*, **29**, 378 (2005)
22) H. Shimakoshi, T. Baba, Y. Iseki, I. Aritome, A. Endo, C. Adachi, Y. Hisaeda, *Chem. Commun.*, 2882 (2008)
23) J. Tian, L. Ding, H.-J. Xu, Z. Shen, H. Ju, L. Jia, L. Bao, J.-S. Yu, *J. Am. Chem. Soc.*, **135**, 18850 (2013)
24) L. G. Arnaut, M. M. Pereira, J. M. Dąbrowski, E. F. F. Silva, F. A. Schaberle, A. R. Abreu, L. B. Rocha, M. M. Barsan, K. Urbańska, G. Stoche, C. M. A. Brett, *Chem. Eur. J.*, **20**, 5346 (2014)
25) D. Yao, V. Hugues, M. Blanchard-Desce, O. Mongin, C. O. Paul-Roth, F. Paul, *New J. Chem.*, **39**, 7730 (2015)
26) F. Hammerer, G. Garcia, S. Chen, F. Royer, S. Achelle, C. Fiorini-Debuisschert, M.-P. Telulade-Fichou, P. Maillard, *J. Org. Chem.*, **79**, 1406 (2014)
27) J. Schmitt, V. Heitz, A. Sour, F. Bolze, H. Ftouni, J.-F. Nicoud, L. Flamigni, B. Ventura, *Angew. Chem. Int. Ed.*, **54**, 169 (2015)
28) X.-S. Li, M.-R. Ke, W. Huang, C.-H. Ye, J.-D. Huang, *Chem. Eur. J.*, **21**, 3310 (2015)
29) S. Mori, H. Yoshiyama, E. Tokunaga, N. Iida, M. Hayashi, T. Obata, M. Tanaka, N. Shibata, *J. Fluor. Chem.*, **174**, 137 (2015)
30) J. T. F. Lau, P.-C. Lo, W.-P. Fong, D. K. P. Ng, *Chem. Eur. J.*, **17**, 7569 (2011)
31) V. Novakova, M. Lásková, H. Vavřičková, P. Zimcik, *Chem. Eur. J.*, **21**, 14382 (2015)
32) A. Coskun, E. U. Akkaya, *Tetrahedron Lett.*, **45**, 4947 (2004)
33) W. Li, L. Li, H. Xiao, R. Qi, Y. Huang, Z. Xie, X. Jing, H. Zhang, *RSC Adv.*, **3**, 13417 (2013)
34) Y. Cakmak, S. Kolemen, S. Duman, Y. Dede, Y. Dolen, B. Kilic, Z. Kostereli, L. T. Yildirim, A. L. Dogan, D. Guc, E. U. Akkaya, *Angew. Chem. Int. Ed.*, **50**, 11937 (2011)
35) S. Ji, J. Ge, D. Escudero, Z. Wang, J. Zhao, D. Jacquemin, *J. Org. Chem.*, **80**, 5958 (2015)

36) Y. Yang, Q. Guo, H. Chen, Z. Zhou, Z. Guo, Z. Shen, *Chem. Commun.*, **49**, 3940 (2013)
37) R. L. Watley, S. G. Awuah, M. Bio, R. Cantu, H. B. Gobeze, V. N. Nesterov, S. K. Das, F. D'Souza, Y. You, *Chem. Asian J.*, **10**, 1335 (2015)
38) N. Adarsh, M. Shanmugasundaram, R. R. Avirah, D. Ramaiah, *Chem. Eur. J.*, **18**, 12655 (2012)
39) F. Ronzani, A. Trivella, E. Arzoumanian, S. Blanc, M. Sarakha, C. Richard, E. Oliveros, S. Lecombe, *Photochem. Photobiol. Sci.*, **12**, 2160 (2013)
40) P. Pal, H. Zeng, G. Durocher, D. Girard, T. Li, A. K. Gupta, R. Giasson, L. Blanchard, L. Gaboury, A. Balassy, C. Turmel, A. Laperriére, L. Villeneuve, *Photochem. Photobiol.*, **63**(2), 161 (1996)
41) M. W. Kryman, G. A. Schamerhorn, J. E. Hill, B. D. Calitree, K. S. Davies, M. K. Linder, T. Y. Ohulchansky, M. R. Detty, *Organometallics*, **33**, 2628 (2014)
42) M. W. Kryman, G. A. Schamerhorn, K. Yung, B. Sathyamoorthy, D. K. Sukumaran, T. Y. Ohulchanskyy, J. B. Benedict, M. R. Detty, *Organometallics*, **32**, 4321 (2013)
43) M. R. Detty, P. B. Merkel, R. Hilf, S. L. Gibson, S. K. Powers, *J. Med. Chem.*, **33**, 1108 (1990)
44) K. A. Leonard, M. I. Melen, L. T. Anderson, S. L. Gibson, R. Hilf, M. R. Detty, *J. Med. Chem.*, **42**, 3942 (1999)
45) Y. Ooyama, T. Enoki, J. Ohshita, *RSC Adv.*, **6**, 5428 (2016)
46) P. Salice, J. Arnbjerg, B. W. Pedersen, R. Toftegaard, L. Beverina, G. A. Pagani, P. R. Ogilby, *J. Phys. Chem. A*, **114**, 2518 (2010)
47) L. Beverina, M. Crippa, M. Landenna, R. Ruffo, P. Salice, F. Silvestri, S. Versari, A. Villa, L. Ciaffoni, E. Collini, C. Ferrante, S. Bradamante, C. M. Mari, R. Bozio, G. A. Pagani, *J. Am. Chem. Soc.*, **130**, 1894 (2008)
48) D. Ramaiah, A. Joy, N. Chandrasekhar, N. V. Eldho, S. Das, M. V. George, *Photochem. Photobiol.*, **65**(5), 783 (1997)
49) W. Yang, J. Zhao, C. Sonn, D. Escudero, A. Karatay, H. G. Yaglioglu, B. Küçüköz, M. Hayvali, C. Li, D. Jacquemin, *J. Phys. Chem. C*, **120**, 10162 (2016)
50) Z. Yu, Y. Wu, Q. Peng, C. Sun, J. Chen, J. Yao, H. Fu, *Chem. Eur. J.*, **22**, 4717 (2016)
51) F. Doria, I. Manet, V. Grande, S. Monti, M. Freccero, *J. Org. Chem.*, **78**, 8065 (2013)
52) D. Huang, J. Sun, L. Ma, C. Zhang, J. Zhao, *Photochem. Photobiol. Sci.*, **12**, 872 (2013)
53) Q. Zou, H. Zhao, Y. Zhao, Y. Fang, D. Chen, J. Ren, X. Wang, Y. Wang, Y. Gu, F. Wu, *J. Med. Chem.*, **58**, 7949 (2015)

54) D. García-Fresnadillo, Y. Georgiadou, G. Orellana, A. M. Braun, E. Oliveros, *Helv. Chim. Acta*, **79**, 1222 (1996)
55) O. J. Stacey, S. J. A. Pope, *RSC Adv.*, **3**, 25550 (2013)
56) P. I. Djurovich, D. Murphy, M. E. Thompson, B. Hernandez, R. Gao, P. L. Hunt, M. Selke, *Dalton Trans.*, 3763 (2007)
57) C. J. Adams, N. Fey, M. Parfitt, S. J. A. Pope, J. A. Weinstein, *Dalton Trans.*, 4446 (2007)
58) D. Ashen-Garry, M. Selke, *Photochem. Photobiol.*, **90**, 257 (2014)

機能性色素の新規合成・実用化動向

2016年10月25日　第1刷発行

監　　修	松居正樹	（T1029）
発 行 者	辻　賢司	
発 行 所	株式会社シーエムシー出版	
	東京都千代田区神田錦町1-17-1	
	電話　03(3293)7066	
	大阪市中央区内平野町1-3-12	
	電話　06(4794)8234	
	http://www.cmcbooks.co.jp/	
編集担当	上本朋美／門脇孝子	

〔印刷　尼崎印刷株式会社〕　　　　　　　　Ⓒ M. Matsui, 2016

落丁・乱丁本はお取替えいたします。

本書の内容の一部あるいは全部を無断で複写（コピー）することは，法律で認められた場合を除き，著作者および出版社の権利の侵害になります。

ISBN978-4-7813-1189-0　C3043　¥74000E